网络信息安全传输技术及其测评研究

宋颜云　著

中国水利水电出版社
www.waterpub.com.cn
·北京·

内 容 提 要

现代社会，计算机科技的迅速发展使互联网对人们日常生活的影响逐渐加深，人们不仅可以通过互联网迅速传递消息，还能通过互联网购物、出行、住宿等，这对现代人来说极为便利。可是随之而来的便是一些信息传输安全方面的问题。本书是对计算机网络中的信息传输安全及其评估问题的探讨分析。内容主要是网络中的信息传输安全技术研究（信息安全概述、网络安全传输技术简介、网络安全的相关基础、网络信息的安全传输技术、网络路由的抗毁和自愈）和网络信息安全测评技术（安全测评的概念、信息安全评估标准分析、网络信息安全测评理论、数据安全的测评评估、主机安全的测评评估、网络安全的测评评估）等。

本书适合从事网络安全工作的专业人员阅读，也可作为网络安全爱好人士的参考用书。

图书在版编目（CIP）数据

网络信息安全传输技术及其测评研究 / 宋颜云著
. -- 北京：中国水利水电出版社，2018.9（2022.9重印）
ISBN 978-7-5170-6940-9

Ⅰ.①网… Ⅱ.①宋… Ⅲ.①计算机网络—网络安全
—数据传输—研究 Ⅳ.①TP393.083

中国版本图书馆CIP数据核字（2018）第221632号

责任编辑：陈 洁　　　封面设计：王 斌

书　　名	网络信息安全传输技术及其测评研究 WANGLUO XINXI ANQUAN CHUANSHU JISHU JI QI CEPING YANJIU
作　　者	宋颜云　著
出版发行	中国水利水电出版社 （北京市海淀区玉渊潭南路1号D座　100038） 网址：www.waterpub.com.cn E-mail: mchannel@263.net（万水） 　　　　sales@mwr.gov.cn 电话：（010）68545888（营销中心）、82562819（万水）
经　　售	全国各地新华书店和相关出版物销售网点
排　　版	北京万水电子信息有限公司
印　　刷	天津光之彩印刷有限公司
规　　格	170mm×230mm　16开本　16.75印张　306千字
版　　次	2018年9月第1版　2022年9月第2次印刷
印　　数	2001-3001册
定　　价	74.00元

前　言

随着计算机科技的发展，互联网在现代人们的生活中已经必不可少，它不仅加快了信息的传播速度，使人们之间的联系日益密切，还极大地丰富和便利了现代人的日常生活。网络信息技术融入人们生活方方面面的同时，信息传输所产生的安全问题也日益受到关注。网络信息安全一直是伴随网络信息技术应用的难题。为了应对这一难题，有必要对信息安全传输及其测评技术进行研究。

网络信息安全传输技术及其测评研究，主要是对信息网络安全性进行分析描述、测试与评估，从而检验、评估它的安全性效果。经过测评，不仅能够分析、评估网络信息在网络攻击环境条件下的安全性，而且还能够在测试中发现和解决问题，并不断消除网络中存在的一些缺陷与隐患，让网络信息的安全性得到提高。

本书共6章，第1章为信息安全简述，主要包括网络安全的定义、信息安全的特点与定义、网络信息安全的内容及意义、信息安全弱点和信息安全风险来源、网络信息安全的主要目标。第2章主要讨论网络信息安全传输方法与管理，包括保证信息安全的方式，网络安全传输的定义、目标及功能，信息加密技术研究，防火墙技术研究，主动防御技术研究，新技术领域安全挑战的应对处理，非技术领域的网络信息安全管理等。第3章主要介绍网络信息安全测评技术，包括网络信息安全测评定义、网络信息安全测评基本要求、网络信息安全测评基本流程等。第4章主要讨论信息系统安全性相关评估标准，包括信息系统安全性评估标准之可信计算机系统评价标准、信息系统安全性评估标准之通用评估准则、我国信息系统的安全性评估标准等。第5章探讨研究网络信息安全测评技术，主要包括数据安全测评技术研究、主机安全测评技术研究、仿真技术在网络信息安全测评中的实际应用等。第6章分析讨论了网络信息安全测试评估模型，包括基于AHP的信息网络安全测试定量评估模型研究、基于等效分组级联BP的信息网络安全评估模型研究。

总体上看，本书内容本着理论联系实际的精神，在严密探讨理论知识的前提下，紧跟网络信息安全测评技术前沿，内容全面而丰富，兼顾了系统性、科学性和实用性。作者在撰写本书的过程中参考了大量国内外学术文献与专业资料，并引用了其中一些重要的图表和数据。由于时间仓促和作者水平所限，而且网络信息技术发展非常之快，因此书中难免存在不足之处，望同行专家学者及广大读者批评指正！

作者
2018年5月

目　录

第1章 信息安全简述

随着互联网技术的快速推进，21世纪已然成了信息化的时代。网络使人们的生活方式全面更新，并在很大程度上深刻地影响着人们的行为习惯和思考方式。因此，网络信息安全就成了现代社会和谐稳定发展的重要保证。本章主要讲解网络信息安全的概念、基本功能、主要内容、重要意义、风险来源和目标等。

1.1　网络安全

网络安全是一门涵盖多个学科的综合性学科，其中包括计算机科学、网络技术、通信技术、密码技术、信息安全技术、应用数学、数论、信息论等。现如今，网络安全与国民经济有着紧密联系，在其各个领域，网络信息的安全建立都是重中之重。下面就网络安全的基础知识、基本概念和属性做深入探讨。

1.1.1　网络安全的基础知识

随着互联网的蓬勃发展，全球化、信息化、资源共享等名词就成了当今世界的主流。网络占据了越来越重要的地位，从过去的重心放在军事、科技、文化、商业等领域，到现在网络信息已经慢慢渗透到了人们生活的方方面面。不论是整个社会，还是人们本身，都不可避免地越发依赖网络，也因此，网络信息的安全就变得尤为重要。

同世界上的其他物质一样，信息也是带有其本质属性的，如传播、共享以及自增值。但是，这些属性在发挥其用处的同时，又有一定的要求限制。例如，信息的传播是要有所控制的，信息的共享是要被授权的，信息的自增值是要求确认的。在网络信息不断全球化的进程中，保证其安全就成了网络信息新技术开发工作的重心。

为了进一步扩大互联网的应用范围，让网络为人们认识世界提供更多的便利，人们对网络信息的安全程度也有了更高的要求。针对网络信息本身所具备的开放性、国际性和自由性，下面就关于其具体要求做论述。

（1）开放性。互联网最大的特征就是其所具备的开放性。可以说，互联网的技术基本上是全面共享的，不论是个人还是群体，也因此，网络信息存在着巨大的安全隐患。对互联网的攻击可以是多个方面的，如物理传输线路、网络通信协议、系统软件和硬件等，网络信息一旦遭到破坏，可能会造成无法挽回的损失。

（2）国际性。互联网的覆盖范围涵盖全球，这就意味着任何一台接入互联网的计算机都有可能受到来自世界上任意国家、任意地区、任意机器的攻击。网络信息安全所遭受的威胁不是来自某一区域的，而是全球化的安全隐患。

（3）自由性。对于使用互联网的用户来说，它在网络上可以拥有相对最大化的自由。网络技术和网络信息的使用和分享，在互联网发展的过程中并没有严格的法律限制，用户只对自己的言语行为负责任。

互联网具有的开放性、国际性、自由性使得网络飞速发展，尤其是带给政府机构和事业单位的改革是跨越性的。利用网络信息的开放和自由，政府单位的办事效率和市场大幅度提升，竞争力也明显增加。但是互联网的巨大便利性又是把双刃剑，在不断优化人们生活的同时，又要时刻注意网络信息的泄露。如何保护政府、企事业单位的机密信息不受黑客和间谍的入侵，已成为政府机构和企事业单位信息化健康发展所要考虑的重要事情之一。

1.1.2 网络安全的基本概念

从实际意义出发，保障网络信息的安全就是最大程度保障网络信息的完整和私密，防止个人信息和企业机密被泄露。从广义层面上叙述，保障网络安全所涉及的领域包括有关网络信息的保密性、完整性、可用性、真实性等专业技术和原理。

网络安全即在网络信息的保存、传输以及使用的过程中，计算机的硬件、软件和系统在遭受攻击时，可以切实保护网络系统中的硬件、软件和数据的安全，尤其是保证网络信息不会被泄露或遭受破坏，使其能够保证正常工作，系统也可以正常运行。

站在不同角度看网络安全有着不同的意义。作为普通的互联网使用者，他们希望自己的信息得到全方位的保护，尤其是当涉及商业利益时，要尽可能地防止有人利用非法手段窃取用户信息，造成损失；作为互联网的开发者和技术人员，他们希望互联网的各种程序受到保护，尤其是对本地网络信息常用的访问、读写等技术操作，严格控制电脑病毒、不正当储存、网络资源的非法占用等安全隐患；作为安全保密部门，他们希望对国家高级机密做到最高防范，把任何对国家安全有害的网络信息都隔绝在外，同时防止任何有关国家的信息被非法分子通过网络窃取、破坏，给国家造成巨大经济损失，甚至对国家的安全造成严重威胁。作为人类教育的一环，网络充斥着大量的不良信息，这些非法资源和信息长期在互联网上流动，会给人们的思想带来不健康的影响，因此对其实行严格管理是非常重要的。

1.1.3 网络安全的属性

网络安全按照其有关定义可以总结出如下特征。

（1）保密性。指除了已授权的网络使用者外，其余网络用户均没有获得或使用其网络信息的权限。

（2）完整性。指用户的所有数据在存储和传输的过程中，没有得到授权之前，拥有保持完整的特征，即网络信息不能被更改、破坏或丢失。

（3）可用性。指网络信息可以按照被授权者的需要进行更改和储存，而在正常使用的网络范围内，网络信息遭到破坏或无法正常运行，都可以算作攻击网络安全的可用性。

（4）可控性。指网络信息在授权范围内可以正常流通，除此之外，网络信息的行为方式要得到严格控制。

（5）可审查性。指若网络用户做出对网络信息有安全隐患的操作时，可以从互联网中找到有关根据，如有必要，要使用户对其行为和操作负全部责任。

（6）可保护性。对计算机的硬件、软件和系统进行保护，避免病毒入侵。

1.2 信息安全的概念与基本功能

目前，信息系统在金融、贸易等多种商务领域占据越来越重要的地位。事实上，网络信息是把双刃剑，在将人们的生活变得愈发便利的同时，随之而来的是高科技犯罪率的提升。越来越多的不法分子钻互联网法律法规制度的漏洞，为自己谋得暴利。因此，保护信息安全就显得尤为重要。

1.2.1 信息安全的概念

在系统地介绍信息安全之前，需要对信息系统和信息安全的概念有所了解。

　　信息系统（information system）权威唐纳德·戴维斯（Donald Davies）给信息系统下的定义：用于收集、处理、存储和分发信息的相互关联组件的集合，其作用在于支持组件的决策与控制。

　　根据《中华人民共和国计算机信息系统安全保护条例》中的定义，信息系统的实质是人机系统，在提前规定好的系统技术目标下，利用与互联网相关的软件、硬件和必备的网络设备对网络信息进行收集、加工、储存、传输和搜索。根据这一定义，在当前技术条件下，信息系统的构成将以计算机系统和网络系统为主。而网络信息安全是对网络信息的各种特征进行严密性的保护，如信息的保密性、完整性、可用性等。

1.2.2　信息安全的基本功能

　　信息安全技术应具备防御、监测、应急、恢复等基本功能，下面分别简要叙述。

　　（1）网络信息安全防御。网络信息安全防御是指采取各种手段和措施，使网络系统具备阻止、抵御各种已知网络威胁的功能。

　　（2）网络信息安全监测。网络信息安全监测是指采取各种手段和措施，使网络系统具备监测、发现已知或未知的网络威胁的功能。

　　（3）网络信息安全应急。网络信息安全应急是指针对网络系统中的突发事件，采取各种手段和措施，使网络系统具备及时响应、处置网络攻击的功能。

　　（4）网络信息安全恢复。网络信息安全恢复是指针对已经发生的网络灾害事件，采取各种手段和措施，使网络系统具备恢复网络系统运行的功能。

1.3　网络信息安全的内容及意义

　　21世纪，以互联网现在的发展趋势和重要地位，可以说信息安全是国家安全的基础，只有守得住信息，才能更好地开展国家的各项工作。因此，本小节主要阐述网络信息安全的主要内容和重要意义。

1.3.1　网络信息安全的主要内容

　　互联网在不断带给人们生活便利的同时，一些网络技术同时也给人们带来了危害。因此保障网络信息安全对整个社会都意义重大。

1. 物理安全

物理安全就是指以物理方法对网络信息系统的设备和线路采取具体的安全保障手段，其主要目的是确保网络系统在任意正常的互联网环境下，接入正常的机器设备都可以通过正常的中间介质保证其正常运行，即确保网络设备和通信的正常运行。上述提到的环境因素主要指自然灾害，如地震、火灾、洪水等；主要的媒介因素包括电磁的辐射和泄漏等。物理安全历来受到广泛重视，国内外已经制定了许多标准和规范。物理安全所涉及的内容相当广泛，下面就较为重要的几点做具体论述。

（1）媒体安全。在媒体数据使用的过程中，可能会出现被盗取、丢失、媒体本身霉变、破坏等多种不安定因素。因此，为了确保媒体上储存的信息可以正常运行，除了要保护媒体信息的安全，也要对媒体本身的安全做出一定程度的保护。

（2）设备安全。互联网常用的设备不仅仅包括计算机，还有其中涵盖的保证计算机稳定运行的网络系统和计算机中的硬件、软件设备。在机器使用的过程中，要密切注意以下问题：电磁辐射导致的信息泄漏、网络线路非法分子截获、电源设备损坏等。

（3）计算机网络临界点安全。当互联网受到攻击时，即是保障网络安全的"临界点"被攻破了。这道临界的防线是保障互联网被侵入的最后一道"门"。常用的网络信息安全临界点有防火墙、内外网连接设备、无线网络设备、VPN设备等。

2. 密码技术

密码学是现代兴起的一门新型学科，它结合数学和计算机两种科学的精髓，并且不断发展出自己的特色。密码技术指的是将互联网信息在加密和解密之间进行变换的一种科学保护网络信息安全的技术手段。可以说，互联网信息安全的根本就是密码技术。密码技术的起源最早可以追溯到古希腊时期，伴随近代几次的科学革命，得到了跨越式的发展，尤其是作为政治和军事斗争的"一杆枪"，占据了意义非凡的地位。并且，在现代科学技术基础上发展起来的密码学对于网络信息各种特性的安全保护起到了非常重要的作用。

20世纪70年代，互联网技术大范围"入侵"人们的生活，可以说，带给人类以往的行为习惯一次巨大的冲击。同样，新的生活方式使得人们对信息安全保护的要求越来越高，因此，密码技术不断进行研发，开拓新的领域范围，专门研究密码学的机构也不仅仅只局限于官方，更多的私人企业加入其中。密码学在这急切要求科学进步的时代飞速发展。

密码技术所具备的理论知识和实践手段在保护网络信息安全方面居于最根本和最核心的地位，其在很多应用领域内都有着无可替代性。例如在国家机密安全的保护措施中，正是因为密码技术应用的关键，才使得一个国家各项工作的稳定运行。除此之外，密码技术还渗透了人们生活的方方面面，如电子邮件、政府信息上网、网上招生录取、网上购物、网络银行、数字化网络电视、网络远程教育、远程医疗诊断等。到21世纪，已经有几百种信息加密算法被公开发表，但是与此同时，也有多种的密码破解方法在不断地被开发，如唯密文攻击法、已知明文攻击法和选择密文攻击法等。密码技术按照不同的分类标准，有着不同类型的算法。按照加密密钥进行分类，包括对称密码算法和非对称密码算法；按照明文处理方式进行分类，包括序列密码和分组密码。其中，对称密码算法又被称为私钥算法，即对网络信息进行加密和解密的密钥是同一个，目前可以排得上名的私钥算法主要集中在欧美国家，如美国的DES（data encryption standard）及其各种变形Triple DES、GDES、NewDES，欧洲的IDEA，日本的FEAL-N、LOKl-91、Skipjack、RC4、RC5等。与此相对应，非对称密码算法被称为公钥算法，即进行加密和解密的网络信息所使用的密钥是两个完全不同的密钥，正所谓"丁是丁，卯是卯。"与私钥算法相比，公钥系统具备的安全性更高，因为即使掌握了其中一个密码，也无法破解另一个。比较著名的公钥密码系统有RSA密码系统、椭圆曲线密码系统ECC、背包密码系统、McEliece密码系统、Diffe-Hellman密码系统、零知识证明的密码体制和ELGamal密码等。

在"密码管理"方面主要讨论密码的生成、空间基础；非线性密钥空间可假定能将选择的算法加入到防篡改模块中，要求有特殊保密形式的密钥，从而使能偶然碰到正确密钥的可能性降低；在密钥发送时需要分成许多不同的部分，然后用不同的信道发送，即使截获者能收集到密钥，仍可保证密钥安全性；密钥验证需要根据信道类型判断是发送者传送、发送、验证、更新、存储密钥的管理机制。密钥更新可采用从旧密钥中产生新密钥的方法，改变加密数据链路的密钥。

3. 数字签名与认证技术

随着Internet的发展与应用的普及，除了需要保护用户通信的私有性和秘密性，使非法用户不能获取、读懂通信双方的私有信息和秘密信息之外，还需要在许多应用中保证通信双方的不可抵赖性和信息在公共信道上传输的完整性。数字签名（digital signatures，DS）、身份认证和信息认证等技术可以解决这些问题。

1976年，惠特菲尔德迪菲（Whitfield Diffie）和马丁赫尔曼（Martin Hellman）联合发表论文，第一次提出数字签名的概念。论文的主旨内容是指电子文本的不可抵赖性，即文件的使用者需要像在纸质文件上一样，进行签名和身份认证，这样就保证了电子文件的不可否认性。通常的电子文件是由数据单元组成的，在此基础上，添加一些附带的数据，或者直接利用密码转换处理原数据单元，以此保证电子文件所储存的信息的安全，并且确保该电子文件的有关人员不能否认经过数字签名后的文件的正式性，同时避免文件被仿冒。可以说，数字签名是对网络信息的一种不可抵赖的认证，所具有的签名信息可以通过互联网进行传送。

数字签名是在密码技术的基础上进一步发展得到的，主要运用公钥密码算法和私钥密钥算法，其中，公钥密码算法是数字签名的主要应用方面，具体可以分为普通数字签名和特殊数字签名。普通数字签名算法有椭圆曲线数字签名算法和有限自动机数字签名算法等。特殊数字签名有盲签名、代理签名、群签名、不可否认签名、公平盲签名、门限签名、具有消息恢复功能的签名等。

在现代商务活动中，很多的贸易交往都开始使用电子合同，应用在互联网的虚拟环境中的数字签名就显得尤为重要。因为这是身份认证的主要标志之一，在进行商业交易时，数字签名有着和在纸质合同上亲笔签名一样的法律效力（具体可以参照《中华人民共和国电子签名法》）。因此，站在法律的角度上严格限制数字签名具有非常重要的意义。例如，在有限域上，关于离散对数问题，美国联邦政府在自己国家统一制定了数字签名的标准。与加密邮件技术不同，对信息进行加密时的公钥通过数字签名技术能够很方便获得，但是其私钥被要求严格保管。数字签名所使用的系统集合硬件、软件设备，较为规范和严谨。已经被署名的文件，可以很容易地；对其进行身份识别，使得这些文件的真实性、可靠性以及不可否认性得到了保证。数字签名技术将现代商务的办公模式逐渐向无纸化转移，这不仅极大地提高了工作效率，也使得企业整体运行成本大幅降低。可以说，数字签名技术给人们的生活，尤其是在经济活动上，带来了极大的便利，改变了人们以往的生活方式。

在现代生活中，当人们在办理住宿、求职、银行存款等时，通常要出示自己的身份证来证明自己的身份。但是，如果警察要求你出示身份证以证明你的身份，按照规定，警察必须首先出示自己的证件来证明自身的身份。前者是一方向另一方证明身份，而后者则是对等双方相互证明自己的身份。网络信息认证技术是网络信息安全技术的一个重要方面，它用于保证通信双方的不可抵赖性和信息的完整性。在Internet深入发展和普遍应用的时代，网络信息认证显得十分重要。例如，人们在互联网上进行电子商务交易时，具体的交易内容可能没有完全保密的必要，但是对于进行整个商业活动的双方人员来说，商务信息的发送者必须确认对方已经接收到完整的，没有被窃取、篡改或替换的原始文件，这不仅仅是进行贸易活动的双方的经济利益的问题，更重要的是涉及网络信息在传输过程中是否安全。

用户与互联网主机之间进行的身份认证是目前最为常用的网络认证之一，其身份认证措施基本都是根据具体的互联网使用者自己设定的，如口令、密码、印章、信用卡、指纹、声音等。

为解决因特网的安全问题，世界各国对其进行了多年的研究，初步形成了一套完整的因特网安全解决方案，即目前被广泛采用的公钥基础设施（public key infrastructure，PKI）。PKI是一种遵循标准的利用公钥加密技术为电子商务的开展提供一套安全基础平台的技术和规范。它能够为所有网络应用提供加密和数字签名等密码服务及所必需的密钥和证书管理体系。用户可利用PKI平台提供的服务进行安全的电子交易、通信和互联网上的各种活动。PKI技术采用证书管理公钥，通过第三方的可信任机构——证书授权（Certificate Authority，CA）认证中心把用户的公钥和用户的其他标识信息捆绑在一起，在互联网上验证用户的身份。目前，通用的办法是采用建立在PKI基础之上的数字证书，通过把要传输的数字信息进行加密和签名，保证信息传输的机密性、真实性、完整性和不可否认性，从而保证信息的安全传输。PKI是创建、颁发、管理、注销公钥证书所涉及的所有软件、硬件的集合体。其核心元素是数字证书，核心执行者是CA认证机构。

授权管理基础设施是一个综合性的系统，其集合了各种属性部件，如证书、权威、证书库等，建立在资源管理核心的基础上，统一控制互联网的访问。授权管理基础设施配置有授权机构，其具备有关资源和证书访问权限的基本功能，如产生、管理、储存、分发、撤销等。授权管理基础设施在实际应用中，可以与公钥基础设施、目录服务等集合操作，建立新型的信息保护基础设施。根据授权管理的定义，可以对认可用户建立一个特定的授权服务。与公钥基础设施不同，授权管理主要是对互联网用户开放权限，但是需要公钥基础设施提供该用户的身份信息。

4. 安全协议

计算机网络安全以保证其自身的安全为目的，主要内容包括网络设备安全、网络系统安全和数据库安全等。网络安全协议对网络通信时，信息要求采取的格式和其所具备的含义做出了规定，即网络安全协议集合了互联网设备之间进行通信的所有规则，如网络服务器、计算机及交换机、路由器、防火墙等。互联网系统的结构通常为分层结构，即在建立完一层后才能再向上建立下一层，且相邻的两层之间，总是底下的一层服务上面的一层，但是却并不公开其具体的服务细节。因此规定了第n层协议，即不同设备之间的同一层（第n层）进行跨越式通信。由于互联网的分层结构，使得其每层的服务协议都有所差别，因此，要准确接收网络信息并能够将其识别，要求进行通信的两个层级之间具有的服务协议必须保持一致。正是这些网络协议才能使得不同计算机设备之间准确无误的传递信息。

网络安全协议就是在协议中采用了加密技术、认证技术以保证信息安全交换的安全的网络协议。它运行在计算机通信网或分布式系统中，为安全需求的各方提供一系列步骤。具体地讲，就是建立在密码体系上的一种互通协议，为需要安全的各方提供一系列的加密管理、身份认证及信息保密措施，以保证通信或者电子交易的安全完成。为了保证计算机网络环境中信息传递的安全性，促进网络交易的繁荣和发展，各种网络信息安全标准及协议应运而生，为网络信息交换提供了强大的安全保护。

常用的安全协议有安全外壳协议（secure shell orotocol，SSH）、安全套接字层协议（secure sockets layer，SSL）、安全电子交易（secure electronic transaction，SET）、网际安全协议（IP Security，IPSec）和公钥基础实施等。

5. 无线网络安全机制

无线网络就是利用无线电波作为信息传输的媒介构成的无线局域网（Wireless Local Area Networks，WAN）。与有线网络相比，无线网络的最大特点就是其传输网络信息的媒介为无线电波，并且，在实际应用中，两者可以相互补充，互为备份。在无线网络安全机制中，通常使用可以进行区域覆盖的无线局域网，其优点是网络覆盖面积大，可以跨越多维度进行信息传输。除此之外，还有点对点传输方式，对信息传输的对象要求较为准确。

在现代社会中，建立在有线网络基础上的无线网络发展迅速，已经逐渐取代了部分有线网络。无线网络具有较高的自由度，能够随时随地接入网络，进行信息传输，有效地解决了有线网络通信道路限制的问题；并且，无线网络搭配专业的辅助装备，可以最快的速度对互联网数据进行处理，保证了网络信息的及时性。但是，无线网络的方便快捷性也给其带来了安全隐患。无线网络承载信息的载体是传播在空间中的电磁波，很容易给不法分子造成可乘之机，借助专业工具，盗取信息。因此，保障无线网络传输信息的安全是非常重要的。

无线网络目前的应用方式可以概括为四种类型：①个人家庭的无线网络。随着无线技术的普及，越来越多的家庭开始引入无线网络，通常的表现形式为路由器。典型距离覆盖几米到十几米，可以与计算机同步传输文件，访问本地外围设备，如打印机等。②局域内的无线网络。这种类型的无线网络范围大，典型距离覆盖几十米至上百米。一般是私人或系统性的建立方式，所构建网络的整体水平有高有低。③无线LAN-to-LAN网桥。主要用于大楼之间的联网通信，典型距离为几千米，许多无线网桥采用IEEE 802.11b标准。④无线城域网和广域网。这种类型的无线网络是大面积覆盖的，一般为政府或公办机构系统化建立，其目的是提高所在城市的整体形象，增加竞争力，促进经济增长。这种无线网络多用在机场、火车站、社区、学校等。

在无线网络领域，常见的是IEEE 802.11标准。IEEE 802.11是IEEE最初制定的一个无线网络标准，主要用于解决办公室局域网和校园网、用户与用户终端的无线接入。与有线网络不同，无线网络在带给人们生活便利的同时，也带来了新的安全隐患，有些威胁甚至可以说比有线互联网所面临的问题更加严峻。例如非法分子通过专业仪器入侵无线网络，窃取或篡改用户信息；来自运营商的宽带无授权被冒用；借助某些网络破解工具，假替用户的AP、WEP等入侵网络。针对这些无线网络出现的问题，人们却选择了"忽视"，且大部分人认为若无线网络出现安全隐患则更多的是因为计算机硬件出了问题，整体行业不完善，WEP有漏洞存在，无线网络标准是否已经完全统一等问题。事实上，若要进一步强化无线网络的安全问题，应该将重点放在三个方面：一是计算机的硬件厂商是否应该加大新技术的开发工作；二是无线网络的整体行业是否应该制定一个统一的行业标准；三是对于保障信息和数据的安全，相比较精密的安全软件，更重要的是互联网用户自身的安全意识。

对不同的无线网络技术，有着不同的安全级别要求，大致可以分为四个层级：一级，利用无线网络媒介——电磁波本身具有的特性，如扩频、跳频等，阻止非法分子窃取数据；二级，对没有得到授权的互联网用户采取隔离或认证措施；三级，加强用户对个人信息的安全意识，为其网络数据添加严格的身份认证手段或用户授权口令，避免非法入侵；四级，可以适当对较为重要的数据额外进行加密，尽量减少不幸被窃取后造成的损失。

随着时代的不断进步和科学技术的发展，无线网络以其便捷性、自由性、高速性，必然会逐渐取代有线网络，因此，全面保护无线网络信息安全，加强其安全技术，是目前发展无线网络机制的重点。只有在一个安全且自由的空间内，无线网络才能最大限度地发挥其优势，为社会发展带来更多的生机。

6. 访问控制与防火墙技术

信息安全的门户是访问控制与防火墙技术。访问控制技术过去主要是用于单机状态，但如今随着网络技术的发展，该项技术也得到了长足的进步；而防火墙技术则是用于网络安全的关键技术之一。只要网络世界存在着利益之争，那么就必须要自立门户，即拥有自己的网络防火墙。

第一代防火墙出现在1986年，由美国的Digital公司最早成功应用在互联网上，也因此，防火墙的概念开始出现在人们的视野中。随后，作为代理服务器的第二代防火墙也逐渐被开发，其主要功能是向内部网络提供安全连接外部网络的中间媒介。代理服务器对互联网的作用是服务级别的，具有极高的安全性能。可以说，代理服务器的出现，杜绝了大部分直接朝向内网的攻击。第三代防火墙又被称为状态监控功能防火墙，其在代理服务器的基础上，有效地检测和监控网络数据的传输和接收，进一步增强了防火墙对恶意攻击的抵御性，极大地提高了网络信息的安全。目前，在集合了前三代防火墙安全性能和各自优势的基础上，科研人员进一步研发出安全性能为当前最高、技术手段最新的第四代防火墙。与传统意义上的防火墙不同，第四代防火墙是一个较大的系统，它结合了当下互联网中绝大部分的网络信息安全技术手段，对常见的计算机攻击，如木马病毒、互联网蠕虫、IP地址欺骗等，几乎可以做到绝对防御，信息安全保护程度极高。

访问控制是通过一个参考监视器来进行的。每次用户对系统内目标进行访问时，都由它来进行调节。用户对系统进行访问时，参考监视器便查看授权数据库，以确定准备进行操作的用户是否确实得到了可进行此项操作的许可。而数据库的授权则是由一个安全管理器负责管理和维护的，管理器以组织的安全策略为基准来设置这些授权。访问控制策略包括自由访问控制策略、强制性策略、角色策略。自由访问控制策略和强制性策略都很有用，但并不能满足许多实际需要。角色策略成功地替代了严格的传统的强制性控制并提供了自由控制中的一些灵活性。有效的分散式授权行政管理还可以使用改进的一些技术。

将计算机和网络安全更紧密地统一起来，发展信息安全是非常必要的。访问控制策略尽管在这方面已取得了很大进步，却还在发展之中。为此，必须引入防火墙技术。

一般来说，安全防范体系具体实施的第一项内容就是在内网和外网之间构筑一道防线，以抵御来自外部的绝大多数攻击，完成这项任务的网络边防产品就是防火墙。下面介绍防火墙的发展现状和未来发展趋势。

在目前采用的网络安全的防范体系中，防火墙占据着举足轻重的地位，因此市场对防火墙的设备需求和技术要求都在不断提升。未来防火墙的发展主要趋势如下。

（1）高速。影响防火墙发展的一个巨大缺陷是其处理数据的速度较慢，这样会给入侵造成可乘之机。目前，提高防火墙速度常用的技术手段包括专用集成电络（ASIC）、现场可编程门阵列（FPGA）和网络处理器，其中网络处理器的提速性最佳。并且，在网络处理器中，包含了较多的硬件协处理单元，因此可以结合算法进一步对防火墙进行提速。尤其建立在纯CPU基础上的防火墙，搭配使用ACL算法效果极佳。

（2）多功能。科技的巨大发展在给社会带来高效的同时，也使得网络环境越发复杂，互联网中包含了更多的不确定因素。因此，用户使用防火墙的成本也越来越高。为了尽可能地节约资金，满足个人或企业对网络的需要，防火墙应向着功能更加多样化方向发展。

（3）更安全。以目前的科研进度可以预想，在未来社会，网络必然会成为整个世界的主流，因此对网络信息和数据的安全度要求更高。换句话说，对防火墙的要求也会更高。用户希望在使用防火墙的操作系统时，可以得到更加安全的体验。

互联网是具有两面性的，在不断创造社会效益的同时，也在日复一日地忍受各种形式的网络攻击，如政府单位、商务企业、金融行业、媒体行业等，各自专业领域所蕴藏的价值不一样，受到侵害的程度也不尽相同。以互联网技术今日的地位，网络信息安全已经是组成国家安全的重要部分，特别是国防安全和国家网络经济发展安全。据不完全统计，依靠窃取网络信息和数据谋取暴利的非法人员数量在5年时间内以2.5倍的速率增长，几乎所有的规模稍大点儿的公司内部网络都被非法入侵过，其中也包括世界知名的商业网站，如亚马逊、雅虎、美国有线电视新闻网等，甚至有些从事保障网络信息安全的公司或网站也曾不同程度地遭受过"黑客"的入侵。这些被攻击的互联网都遭受了非常严重的经济损失。

7. 入侵检测技术

任何对资源、信息存在威胁的不安定因素都可以称为"入侵"。入侵多是对资源和信息进行破坏，使其失去完整性、机密性。而入侵检测就是在入侵活动完全实施前，提前发觉。入侵检测的实质是分析来自互联网关键点收集到的信息，从而判断是否对计算机进行过违反安全策略的操作，以及是否存在被攻击的痕迹。其中，特征检测和异常检测是入侵检测系统中常用的技术手段。

（1）特征检测。有些入侵行为可以用其显著的特征进行归纳，而相对应的入侵检测系统就是针对这一点，分析计算机的行为模式是否存在符合该特征的操作。特征检测对入侵行为有着非常准确的判断能力，可以简单直接地指出该入侵活动的基本内容，但是特征检测具有的最大缺陷只对已经被检测且分析过的入侵活动有效，一旦出现新型的入侵活动，特征检测是起不到任何作用的。还有一点值得注意，特征检测在使用过程中很容易会连带网络正常活动一起视为入侵，如何有效攻克这一难题，将是特征检测未来的发展方向。

（2）异常检测。当计算机内的某些活动与其正常活动不一致，出现较为异常的行为模式时，可以认为有入侵活动存在。为了更好地判断计算机是否被非法分子入侵，可以事先建立一份"活动简档"，用以记录网络主体正常运行下的行为模式，在使用异常检测技术时，利用"活动简档"作对照，通过比较进行分析是否存在入侵活动。可以预见，异常检测未来的发展重点在于如何撇除计算机的正常活动，如何设计程序算法建立一份完备的"活动简档"。

随着科学技术的发展，入侵的手段与技术也有了飞速的发展，如入侵的综合化、分布化和主体间接化等，这对入侵检测技术提出了更高的要求。今后，入侵检测技术要朝智能化、分布化等方向发展。所谓的智能化就是利用现阶段常用的专家系统神经网络、模糊技术、遗传算法等方法，加强入侵检测的辨识能力，如现有的专家系统，特别是具有自学习能力的专家系统，实现了知识库的不断更新与扩展，使设计的入侵检测系统的防范能力不断增强，应具有更广泛的应用前景。应用智能体的概念来进行入侵检测的尝试也已有报道。受到一致认可的解决方案是高效常规意义下的入侵检测系统与具有智能检测功能的检测软件或模块的结合使用。

8. 网络数据库安全与备份技术

数据库的生产在国外早已形成规模，实现了产业化和商业化发展。近年来，我国数据库的生产呈现出快速发展的势头。总体来看，网络数据库发展的情况具有下面几种特征。

（1）检索功能强大。

（2）品种齐全而多样，内容非常丰富。

（3）数据量极大，而且增长和更新的速度非常快。

（4）数据库系统有扩展整合功能。

（5）检索结果的显示与输出比较灵活，并有多种呈现方式。

（6）数据标准、规范、多元。

由于上述特征的存在，使得网络数据库的访问速度、查询速度以及安全控制等方面的相关研究成为网络信息领域的热门问题，同时也由于网络数据库的复杂性，使得这些问题的研究存在一定难度。

网络数据库应用系统将网络技术与数据库技术充分结合，这种信息处理方式在很大程度上提高了网络信息处理的能力。同时，也将分散的数据库连接到互联网中，充分发挥了各个数据库的价值。因为这些明显的优势，社会的各个方面都可见到数据库应用的身影。

由于在社会上的应用已经非常广泛，因此网络数据的安全问题也显得日益重要。关于网络数据库安全的要求，可以总结为下面几个方面。

（1）可用性。这一要求具体表现为数据库用户界面友好，在授权范围内用能够方面快捷地访问数据。

（2）保密性。这一要求具体表现为数据库用户的身份识别、访问控制和可审计性。

（3）完整性。这一要求具体表现为数据库在物理和逻辑上的完整性，以及库中元素的完整性。

目前来看，关于数据库安全的机制主要有三种形式：①对数据库进行加密；②建立访问控制机制；③进行用户身份认证。

通常情况下，一个数据库系统的安全方案往往包含多种机制。其中，最基本的安全机制就是进行用户身份认证，并建立相关账户和密码，管理员会对这些账户和密码进行管理和维护。用户在数据库中创建账户和密码之后，在下一次登录时就可根据账户和密码进行登录，服务器会根据登录信息验证用户的身份。现在市场上主流的数据库管理系统可为用户提供多种验证方案，包括基于主机的验证、基于密码的验证，以及基于第三方应用的验证。这大大方便了用户对数据库的使用。

数据库管理系统中主要的安全机制为访问控制策略。这是对用户设置了特定访问权限的一种技术。一个主体只有在被赋予了相应数据库对象访问权限的时候才能访问该对象。访问控制是许多安全方案实现的基础，可以通过创建特殊视图和存储过程来限制对数据库表内容的访问。目前，网络数据库管理系统访问控制具体分为以下四类：①任意访问控制模型。它主要采用的身份验证方案有消极验证、基于角色和任务的验证和基于时间域的验证。②强制访问控制模型。它基于信息分类方法，通过使用复杂的安全方案确保数据库免受非法入侵。③基于高级数据库管理系统的验证模型。对象数据模型包括继承、组合对象、版本和方法等概念。因此，基于关系数据库管理系统的自由和强制访问控制模型要经过适当的扩展才能处理这类新增加的概念。④基于高级数据库管理系统及应用（如万维网与数字图书馆）的访问控制模型。万维网是一个动态更新、高度分布的巨型网络。基于万维网的访问控制模型带来一些新的问题，如用户认证证书、安全数据浏览、匿名访问、分布式授权和验证管理等。基于数字图书馆的访问控制模型不仅需要解决通信保密问题，而且要解决基于数据内容的验证和保证数据完整性问题，此外，也必须实现分布式授权访问、验证及密钥管理。

当网络用户最初听到"备份"这个词的时候，感觉就如同老百姓最初听到"保险"这个词，熟悉至极，又陌生至极。保险的优势，只有发生意外的人才能体会到；备份亦然。因为，现在使用网络系统处理日常业务提高工作效率的同时，系统与数据安全的问题也越来越突出。一旦系统崩溃或数据丢失，用户或企业就会陷入困境。客户资料、技术文件、财务账目等数据可能被破坏得面目全非，严重时会导致系统和数据无法恢复，其结果是不堪设想的。

解决上述问题的最佳方案就是进行数据备份，备份技术的主要目的是一旦系统崩溃或数据丢失，就能用备份的系统和数据进行及时的恢复，使损失减少到最小。现代备份技术涉及的备份对象有操作系统、应用软件及其数据。要进行全面的备份，并不只是简单地进行文件复制。一个完整的系统备份方案，应由备份硬件、备份软件、日常备份制度和灾难恢复措施四个部分组成。选择了备份硬件和备份软件后，还需要根据用户的具体情况制定日常备份制度和灾难恢复措施，并由系统管理人员切实执行备份制度。系统备份的最终目的是保障网络系统的顺利运行，所以一份优秀的网络备份方案应能够备份系统的所有数据，在网络出现故障甚至损坏时，能够迅速地恢复网络系统和数据。从发现故障到完全恢复系统，理想的备份方案耗时不应超过半个工作日。这样，如果系统出现灾难性故障，人们就可以把损失降到最低。

9. 病毒防护技术

计算机病毒（computer virus）是指编制或在计算机程序中插入的破坏计算机功能或数据、影响计算机使用，并能自我复制的一组计算机指令或程序代码。可见，计算机病毒是一种人为的用计算机高级语言写成的可存储、可执行的计算机非法程序。因为这种非法程序隐蔽在计算机系统可存储的信息资源中，能像微生物学所称的病毒一样，利于计算机信息资源进行生存、繁殖和传播，影响和破坏计算机系统的正常运行，所以人们形象地把这种非法程序称为"计算机病毒"。计算机病毒本质上是一段程序，它附着计算机系统中其他可执行程序以及宿主程序，并依赖其宿主程序的执行而进行未经许可的复制和破坏。一般来说，计算机病毒的生成分两个阶段：感染阶段与攻击阶段。在感染阶段，计算机病毒进行自身代码的广泛复制。在攻击阶段，计算机病毒则进行该病毒程序所拟订的破坏。当一台计算机染上病毒之后，会有许多明显的特征。例如，文件的长度和日期忽然改变，系统执行速度下降，出现一些奇怪的信息，无故死机，更为严重的是硬盘已经被格式化了。

说到计算机病毒，在最开始出现这种新事物时很多人并不是很清楚，因为这并不是我们在现实生活中所能看到的。比如说自然界中的某些毒素，它们所存在的方式并不是独立的，而是依附在一些人类能够看得见摸得着的实物上。最常见的就是蛇，我们都非常清楚，带有毒液的蛇其毒素一般都依附在牙齿或者唾液中，沾染之后被感染者体内随着血液的循环流变全身，最后导致死亡。计算机病毒虽然对人类没有身体上的伤害，但是会对计算机的系统产生非常大的影响，严重者会盗取特定计算机内部数据，导致该计算机系统瘫痪。

从计算机网络的特点上来看，有一个最突出的优势，或者也是其他电子技术所不能超越的技术——共享性。在网络这个偌大的平台上，处在同一网络中的人可以在这里获得想要获取的资源。例如学校的电子图书馆，现在的学校几乎都设立两种不同类型的图书馆：一种是纸质图书馆；另一种便是电子图书馆。这里主要对后者来进行说明，电子图书馆最大的好处就是可以几个人同时看一本书，而纸质图书则不能实现。假如，学生需要研读某一本著作对其进行分析与解读，人数少一点还好，如果人数过多，就会导致有一部分人看不见这本书，而此图书又是绝版的，在市面上购买不到，另外一些看不见的人就看不到书的内容，导致分析不能正常进行或者延迟进行。电子书则不同，不同的人在不同的终端上可以同时翻阅同一本书来共同对其解读，从而更好地为人服务。

既然计算机病毒是存在的，并且通过对社会网络市场的调查我们也得知计算机网络病毒给人类带来的巨大伤害。因此，从一定程度上来看，加强对网络病毒的防范意识，减少网络病毒对人的危害是非常有必要的。但是，在对其进行预防的过程需要特别注意，这主要是由于网络病毒的变化性较大，需要我们在实际工作过程中不断调整对其预防策略，从而更好地防范网络病毒，以保证大家所使用的网络是一个健康的环境。

10. 远程控制与黑客入侵

一般来说，计算机系统的安全威胁主要来自黑客的攻击，现代黑客从以系统为主的攻击转变为以网路为主的攻击，而且随着攻击工具的完善，攻击者不需要专业的知识就可以完成复杂的攻击过程。首先是远程控制，指的是在本地计算机上通过远程控制软件发送指令给远程的计算机，使得远程的计算机无人值守也能够完成一系列工作，这是随着计算机网络的普及而产生的一种远程操纵计算机的方法。它只是通过网络来操纵计算机的一种手段而已，只要运用得当，操纵远程的计算机也就如同你操纵眼前正在使用的计算机一样。远程控制在网络管理、远程协作、远程办公等计算机领域都有着广泛的应用，它进一步克服了由于地域性的差异而带来的操作中的不便性，使得网络的效率得到了更大的发挥。其实，远程控制的具体操作过程并不复杂，关键是要选好适合远程控制中的软件工具，远程控制就是一把双刃剑，若利用不当，则会造成很大的安全隐患。

黑客（hacker），源于英语动词hack，意为"劈，砍"，引申为"干了一件非常漂亮的工作"。在早期麻省理工学院的校园俚语中，"黑客"则有"恶作剧"之意，尤指手法巧妙、技术高明的恶作剧。在日本《新黑客词典》中，对黑客的定义是："喜欢探索软件程序奥秘，并从中增长了其个人才干的人。他们不像绝大多数计算机使用者那样，只规规矩矩地了解别人指定了解的狭小部分知识"。在这些定义中，还看不出太贬义的意味。

许多处于unix时代早期的"黑客"都云集在麻省理工学院和斯坦福大学，正是这样一群人建成了今天的"硅谷"。后来，某些具有"黑客"水平的人物利用通信软件或通过网络非法进入他人系统，截获或篡改电脑数据，危害信息安全。于是，"黑客"开始有了"计算机入侵者"或"计算机捣乱分子"的恶名。但是与"黑客"不同，入侵者被称为"骇客"，这些人侵入网络的主要目的是破坏，他们具有专业的计算机知识，通常所做的工作一般是重复性的，如较为粗暴地对用户口令进行破坏。20世纪80~90年代，是计算机发展的高峰时期，网络数据更多地被汇总形成数据库，并逐渐集中在一小部分人手中，这种现象也被称为"圈地运动"。而绝大部分的黑客都对此表示反对，在他们的认知中，网络信息应该如同网络一样，为所有人共享，而不是被少部分人控制。也是因为如此，这些黑客们的注意力开始向着保存着机密信息的数据库转移，并有想进一步入侵的趋势。同一时期，互联网不再大范围开放，逐渐成为个人的所有物，在法律上算作私有财产之一。黑客的入侵行为给社会带来了诸多不安定因素，因此政府无法再对其视而不见，开始采取措施对其进行控制，并逐渐完善相关的法律法规。黑客们的活动在此时期受到了极大程度的遏制。

一般情况下认为，黑客常常会使用一些可以使他们达到"目的"的相关技术，具体内容如下：

首先，设法隐藏自身的IP地址，其往往会在其所侵入的主机方面入手，以一些安全性不高的代理服务器为直接的跳板进行侵入操作。

其次，该操作往往具有一定的试验性，不一定能百分百保证侵入成功，但是一旦侵入成功，在这样的情况下黑客就有办法从侵入成功的地方进行"进一步内侵"，即进入相关方面的内部的计算机系统。这时候，如果计算机的内部主机与外部相关方面的联系和安全机制比较完善，黑客往往会被成功阻止，对外部主机的威胁也就此消失。而一旦计算机的内部主机与外部相关方面的联系和安全机制不是很健全，黑客方面则会趁此机会对与计算机内部联系的外部主机进行一系列"窃取"操作，并得到计算机的控制权等，有时甚至会直接让内外部主机方面直接瘫痪。

最后，黑客如果入侵计算机是成功的，那么该计算机的一切情况将置于黑客的眼前，没有丝毫的秘密可言，即使是一些自己都不知道的计算机内容，黑客也往往知道它们的主要内容。

因此，我们在使用计算机的时候一定要注意以下两个方面的内容：

（1）要提高对网络安全的认知，尽量避免不必要的黑客威胁，最起码要知道哪些网络是安全的、哪些网络是不安全的。

（2）要学会如何进行防御黑客，熟练使用一些基本的网络杀毒方法，做到即使遭受攻击也可以很快处理的情况。

11. 信息隐藏与数字水印技术

首先，伴随着计算机网络的普及、推广和发展，多媒体技术也得到了很大的提升：一方面，已经达到了数字化的多媒体数据为人们提供了很大的方便，不仅可以对一些信息内容进行快速、安全、大容量的存取，也可以让人们更好地观看信息；另一方面，多媒体网络也呈向外、向深处继续扩展的趋势，不仅在网络上进行各种各样的交流、贸易服务，还能直接进行"见面"即视频服务，拉近了人们的距离。

但是，也产生了一些不好的问题，如商品专利得不到有效的、全面性的保护，互联网犯罪、多媒体毒瘤的泛滥等，都对先进的信息技术提出了"挑战"。

在这样的情况下，就需要找到一个既能发挥互联网多媒体技术便利，又能提高对专利的保护程度的新技术——信息隐藏技术出来，以解决这个难题。

其次，所谓的"信息隐藏"，即将需要保密的有关方面的信息进行隐藏方面操作，操作后可以将该保密文件很好地"藏起来"，藏到另一个非机密的多媒体形式之中。以此来达到隐藏保密文件的目的，并且信息隐藏的过程还要有抗毁坏能力，即隐藏的保密文件，在隐藏之后，基本不受外界变动的干扰，基本能保证自己一直"不变"——保留原文件的所有内容和形式。

最后，需要知道：信息技术现在已经广泛应用于有关通信方面的隐蔽领域和知识产权领域的保护方面。

另外，我们通常情况下所认为的安全密码在如今已经有了很大的安全隐患。密码从一定程度上来说可以对有关信息进行有效保护，但密码的使用往往也让黑客的攻击目标有一定的"可选"范围，黑客常常会专门在一些密码输入位置放入"黑客攻击"，攻击那些安全防御不是很完善的使用者，进而窃取其密码所保护的有关的信息，达到自己的非法目的，使合法通信通道变成黑客的"窃密"通道。人们为了防止这类问题的再次出现，采取了很多办法，信息隐藏技术这时也发挥出其巨大作用，成为打击黑客的一个重要核心技术和现代化的防护手段。

网络和多媒体技术的发展，为信息的传输和获取创造了十分方便的条件，然而多媒体信息版权保护问题也变得更加突出。当数据隐藏技术用于版权保护时，常被称为数字水印（digital watermarking）技术，称嵌入的信息为水印（watermark）。当数字产品的版权归属发生疑问时，仲裁人（法院等）可以通过检测水印判定版权归属。数字水印作为一种新兴的防止盗版的技术，日益受到人们的关注。它是将数字签名、商标等信息作为水印嵌入到图像中，同时要求不引起原始图像质量的明显下降，而且对于常见的图像处理操作应具有稳健的特性。嵌入的水印信息可以由计算机执行预定的算法提取出来。数字水印技术作为其在多媒体领域的重要应用，已受到人们越来越多的重视，并成为多媒体信息安全研究领域的一个热点，也是信息隐藏技术研究领域的重要分支。

数字水印的分类方法很多，下面简单介绍几种。

（1）水印脆性分类。

1）鲁棒性水印。水印不会因宿主变动而轻易被破坏，通常用于版权保护；2）脆弱水印。对宿主信息的修改敏感，用于判断宿主信息是否完整。

（2）水印检测过程分类。

1）盲水印，在水印检测过程中不需要原宿主信息的参与，只用密钥信息即可。

2）明文水印，明文水印的水印信息检测必须有原宿主信息的参与。

（3）嵌入位置分类。

1）空间域水印，直接对宿主信息变换嵌入信息，如最低有效位方法（用于图像、音频信息）和文档结构微调（文本水印）。

2）变换域水印，基于常用的图像变化［离散余弦变换（DCT）、小波变换（WT）］等。例如，对整个图像或图像的某些分块做DCT变换，然后对DCT系数做改变。

（4）可视性分类

数字水印可分为可见水印和不可见水印两种。

（5）宿主信息类型分类。

数字水印可分为图像水印、音频水印、视频水印和文本水印四种。

12. 网络安全测试工具及其应用

目前，操作系统存在的各种漏洞，使得网络攻击者能够利用这些漏洞，通过TCP/UDP端口对客户端和服务器进行攻击，非法获取各种重要数据，给用户带来了极大的损失。网络安全测试工具可以帮助网络管理员快速发现存在的安全漏洞，并及时进行修复，以保证网络的安全运行。

现在网络安全测试工具的种类比较多。如常用的网络扫描测试工具扫描器等，它是一种自动检测远程或本地主机安全性弱点的软件，通过使用扫描器可不留痕迹地发现远程服务器的各种TCP端口的分配及提供的服务，以及相关的软件版本。这就能让人们间接地或直观地了解到远程主机所存在的安全问题。其次是计算机病毒防范工具瑞星杀毒软件和江民杀毒软件等。还有防火墙与入侵检测等其他网络安全测试工具。

13. 网络信息安全实验及实训指导

学习的目的在于应用，而实验是应用的基础。要学习好网络信息安全技术，必须注重理论与实践相结合这一特点，针对这一特点和前面阐述的有关内容，本书将给出网络信息安全实验及实训的内容，并列出了有关的实验以及实验目的、实验原理、实验环境、实验内容与步骤和实验分析与思考，将技术原理与实现方法融合在一起，完成对某一特定技术的讨论与实践，以指导学生进行有效的实验与训练，来达到快速掌握网络信息安全技术的目的。

1.3.2 网络信息安全的重要意义

21世纪是知识经济时代，网络化、信息化已成为现代社会的一个重要特征。当今社会，人们的日常生活已经离不开网络，因此，保障基本的网络信息安全就显得十分重要。网络信息安全已经逐渐发展为计算机专业领域内的一门边缘性学科，其涵盖了多种科学技术理论知识与实际操作，如网络技术、密码技术、应用数学、通信技术、信息安全技术等。在现代化国家的发展中，保障国家安全的其中一个重要的基本点就是网络信息的安全程度。可以说，互联网技术涵盖了国家发展的方方面面，不仅仅只在经济建设上，还有社会体制建设、国防建设、民生建设等。以目前互联网的发展速度而言，网络时代是必然的趋势，各种媒体的快速演化、资源的开放与共享、商务活动电子化，这些都是信息化时代的成果。因此，若网络信息的安全得不到保证，就无法放心使用互联网，也就谈不上时代的进一步发展。人们传统的生活方式和行为习惯，因为网络而发生了巨大变化，过去时间和空间上的局限性被打破，经济建设和民生建设因为网络也得到了更高质量的改变，可以说，互联网让世界都变得更加亲近和活跃。

但是，互联网一定是完美的、没有任何瑕疵吗？答案是否定的。正是因为网络的四通八达，所有居于网络的信息都呈现开放性、资源共享性，因此，个人的信息安全就处于越发不安全的环境中。不仅如此，一个国家的政治、经济、军事等都因为网络信息的安全程度受到威胁。若是存在居心不良的入侵者非法盗窃国家的机密信息，那不仅仅是经济损失的问题，严重者可能会导致国家间的交往关系破裂。所谓谁掌握的资源和信息越多，谁就具备话语权。目前，网络信息武器已经成为当代最应该警惕的四大武器之一（其余三种分别为原子武器、生物武器、化学武器）。将网络信息可能遭遇的安全问题进行细数，其中包括信息的窃取、篡改、假替、黑客入侵、非法访问、网络犯罪、病毒传播等。

计算机网络的广泛应用已经对经济、文化、教育、科技的发展产生了重要影响，许多重要的信息、资源都与网络相关。客观上，几乎没有一个网络能够免受安全问题的困扰。依据英国《金融时报》曾经做过的统计，平均每20s就有一个网络遭到入侵，而安全又是网络发展的根本。网络信息安全是近20年来特别是近几年来迅速发展起来的新兴学科，由于其战略地位十分重要，各国都给予了极大的关注和投入。我国网络信息安全研究在这些年来取得了长足的进步，但是由于起步较晚、投入不足、研究力量分散，总体来说与发达国家相比还存在着较大差距。网络信息安全体系结构和网络安全协议的研究更是薄弱环节。面对激烈的网络信息战的对抗和冲突，面对日益增强的计算能力和人类智慧，网络信息安全理论与技术面临着空前的挑战和机遇。目前，国内外网络信息安全现状表现为以下几方面：

（1）普遍受到重视。计算机网络为其信息安全提供了更大的用武之地，保证网络和信息安全是进行网络应用及电子商务的基础。例如，网上订票由于转款上的问题，存在很多不便。

（2）政府大力支持。各国政府关于网络信息安全的技术扶持都非常强。我国进口的信息技术没有密码技术。美国政府严格控制密码技术出口。我国严禁进口，甚至禁止国外密码产品在中国展览。我国政府已经充分意识到网络信息安全的重要性，党和国家领导人为此多次作出重要的指示。国家"973"计划、国家"863"计划和国家自然科学基金已将网络信息安全理论与技术列为"十五"期间我国高新技术的重大研究课题。

（3）国际网络与其信息安全产业界发展迅速。如防火墙行业发展非常迅速。

（4）学术活跃。学术界关于安全密码的研究非常活跃。

（5）标准化、国际化。很多电信安全协议如通信协议都有安全标准，但密码技术还没有国际标准。我们必须在吸取国外信息安全的先进管理、理论和技术的基础上，奋发努力、勇于开拓、不断创新，独立自主地发展我国的网络信息安全技术。

网络安全问题的解决，除了必要的技术手段之外，世界各国也正在寻求各种法律手段，以立法的形式强制性地建立保护网络安全的法规。我国已经出台了《中华人民共和国计算机信息系统安全保护条例》《中华人民共和国计算机信息网络国际联网管理暂行规定实施办法》《中华人民共和国计算机信息网络国际联网管理暂行规定》《计算机信息网络国际联网安全保护管理办法》《互联网信息服务管理办法》《计算机信息系统保密管理暂行规定》《中共中央保密委员会办公室、国家保密局关于国家秘密载体保密管理的规定》《中国教育和科研计算机网暂行管理办法》《关于规范"网吧"经营行为加强安全管理的通知》《关于互联网中文域名管理的通告》等法律和法规，为我国的计算机网络信息安全提供了法律的保证。我们必须从国家和民族的最高利益出发，在国家主管部门统一组织下，集中力量开展网络信息安全研究，特别要加强对网络信息安全发展战略、网络信息安全理论、密码理论和技术、网络信息安全平台、网络安全芯片、网络安全操作系统、入侵检测与反击技术、网络信息安全检测和监控技术、电磁泄漏技术及病毒防治等方面的研究，确立自主的、创新的、整体的网络信息安全理论体系，构筑我国自主的新网络信息安全系统。

1.4 信息安全弱点和信息安全风险来源

在经济学和管理学专业，有一个很有名的基本概念，即木桶理论。简单概括为：一个木桶所能盛装的最大水量的决定性因素，并不是木桶的整体大小，而是组成木桶的最短的那块木板的长度。若是想要将木桶的整体容量大幅度提高，应该将最短木板的长度提高，即在关键点上下工夫。同理可得，在网络信息安全领域中，整体的防护强度应该取决于最薄弱的环节。因此，对于信息安全的"最短板"，找到它，并强化它，亡羊补牢不如未雨绸缪。

1.4.1　信息安全的弱点

信息资产及其安全措施在安全方面的不足和弱点导致的脆弱性常常被称为漏洞或薄弱点。系统自身的脆弱和不足，是构成信息系统安全问题的内部根源。

1. 操作系统

计算机的操作系统是通过动态网络进行连接的，其中，I/O的驱动程序和系统服务可以通过打补丁的方式进行升级和动态连接。这种网络的动态连接方式极易产生病毒，因此，操作系统本身的构成就可以视为一种不安全因素。对于操作系统的安全，仅仅只依靠打补丁或渗透等技术手段，几乎是不可能保证其安全的，且不仅是计算机本身的生产厂商，还包括黑客成员们都可以对其进行使用。例如，黑客攻击Unix系统所使用的技术手段就是上述观点的最佳例证。但是，有一点需要注意的是，现代系统进行集成和扩展的必要功能是相互矛盾的两种状态，分别为程序动态连接和数据动态交换，在实际操作中，要格外注意。

2. 计算机系统

与其他产品相比较，互联网的操作系统多呈现脆弱性，其导致因素主要表现为本身操作系统和网络通信系统的不安全性。就互联网的安全性而言，美国联邦政府对计算机的操作系统作了如下分级规定：最差的等级为D级，像DOS、原始的Windows 3.1和98系统等，即其计算机完全暴露在网络上，没有任何的安全技术对其进行防御工作，这类的操作系统一般只能用在机器本身对安全性要求的计算机上，如桌面计算机等；还有一类等级为C2的操作系统，如Unix系统和Windows NT等。与D级相比较，其安全性能已经得到了大幅度提升，在一般的网络中使用，可以在一定程度上保障网络信息的安全。但是，以上两种等级都存在着一个较大的安全隐患，即超级用户的存在。若非法分子通过某种不正当手段获得了超级用户口令，那么对该计算机而言，可以说所有的信息都可能被破坏。这种巨大的互联网威胁促使人们积极开发新的安全防护技术，即不再存在超级用户，并且使用静态口令进行身份认证。但是并不能说这样的措施就可以保障计算机处于绝对的安全环境内，一旦口令被入侵者破解，或口令被窃取，同样会造成网络信息的损失。

3. 协议安全

当前，计算机网络系统所使用的TCP/IP协议以及FTP、E-mail、NFS等都包含着许多影响信息安全的因素。众所周知，Robert Morries在VAX机上用C语音编写的一个Guess软件，根据对用户名的搜索，猜测机器密码口令的程序从1988年11月开始在网络上传播以后，几乎每年都给因特网造成巨大损失。黑客通常采用Sock、TCP预测或远程访问（RPC）直接扫描等方法对防火墙进行攻击。

4. 数据库管理系统安全

由于数据管理系统（DBMS）对数据库的管理是建立在分级管理的概念上的，因此DBMS的安全性也不高。而且DBMS的安全必须与操作系统的安全配套，这无疑是一个先天不足。

5. 人性

互联网的飞速发展是利弊共存的：一方面，它给人们的生活带来了巨大的便利。现代社会中，人们获得信息和资源的主要方式都依赖于网络，可以说"不出家门一步，便可知尽天下事。"另一方面，国家的整体安全和国民经济发展因为人们对网络的依赖在无形中形成了巨大的安全隐患。社会因为网络的不安定而受到攻击，因为人性的恶劣面而变得脆弱，这些，都是互联网发展与胜利果实一同带来的恶劣的一面。网络安全专家对非法黑客的分析是"存在一类电脑黑客，他们就像狡猾的狐狸，把自己进行全方位的伪装之后，利用人们人性上的一些特点（信任、善良、好奇心等），通过各种互联网欺诈手段（电子邮件、虚假网站、问卷咨询等），骗取用户的财产，入侵其网络，非法获得信息，实施犯罪。"

1.4.2 信息安全的风险来源

信息安全威胁的来源主要存在于四个方面：技术弱点、配置失误、政策漏洞、人员因素。

1. 技术弱点

（1）TCP/IP网络。TCP/IP协议是一个开放的标准，主要用于互联网通信。尽管有数量众多的专家参与协议的制定，但是面向开放的网络导致其不能保障信息传输的完整性和未授权的存取等攻击手段做出适当的防护。

（2）操作系统漏洞。主流的操作系统如Unix、Windows、Linux等，由于各种原因导致存在漏洞，必须由系统管理员经过安全配置、密切跟踪安全报告以及及时对操作系统进行更新和补丁更新操作才能保证其安全性。

2. 配置失误

最安全的技术在应用和实施过程中也有可能出现配置失误而导致安全威胁发生的情况。配置失误主要是由于操作者执行安全操作不到位或对安全技术理解不透彻引起的。以下是一些典型的配置失误导致的安全威胁。

（1）系统账户漏洞。管理员技术不足以适应岗位或由于疏忽、惰性的原因，未对默认的高权限系统账户进行处理。

（2）设备配置低下。如路由器、交换机或服务器使用带有漏洞的默认配置方式，或路由器的路由表未得到良好维护，服务器的访问控制列表存在漏洞等。

3. 政策漏洞

政策制定中未经过良好的协调和协商，存在不可能执行的政策，或政策本身违反法律条文或已有规章制度。

4. 人员因素

人员因素是造成安全威胁的最主要因素。即使是经过严格训练的专家也可能对安全造成重大威胁。通常，人员因素导致的安全威胁分为恶意攻击者导致的安全威胁和无恶意的人员导致的安全威胁。典型的恶意攻击者造成的安全威胁如下。

（1）道德品质低下。攻击者实施以诈骗、盗窃或报复为目的的攻击，其中尤其以报复为目的的攻击对组织来说最为危险。

（2）伪装或欺骗。社会工程学是一类重要的攻击方式，其核心在于通过伪装和欺骗来获取攻击者所需要的信息。

（3）拒绝服务攻击。攻击者目的是为了干扰正常的组织运作，借此达到攻击的目的。

（4）突发事故。突发事故可能导致设备损坏或线路故障等。

（5）缺少安全意识。组织成员缺乏必要的安全意识，不曾接受过必要的安全培训，缺少安全意识是引发社会工程学攻击的主要因素。

（6）工作负担不合理。参与安全工作的工作人员与工作量不能较好匹配，协同工作能力低下或者工作流程分配不合理，都可能造成设备的配置错误，也有可能出现工作人员相互推卸责任，导致"三个和尚没水喝"的情况。

1.4.3 物理安全问题

在网络信息安全中，物理安全指的就是要保证网络系统和计算机有安全的物理环境，保证网络和计算机设备不被破坏，要充分考虑自然事件有可能对计算机系统带来的威胁并做出及时的措施来规避，对接触计算机系统的人员要有一套合理且完善的技术控制方法。

1. 计算机机房的安全等级规定

为了充分保护网络信息安全，并且避免对资源造成不必要的浪费，应该规定计算机机房不同的安全等级，对应的机房场地应该提供对应的安全保护措施。根据GB 9361—2011标准《计算站场地安全要求》，计算机机房的安全等级分成两个等级：A级和B级。

（1）A级。将需要最高安全性的系统和设备放置在该类机房中，对于计算机机房的安全有着非常严格的要求，要有完善的计算机机房安全措施。

（2）B级。对计算机机房的安全的要求较为严格，要有较为完善的计算机机房安全措施。

在实际的建设过程中，依据计算机系统安全的切实需要，机房安全可以按照某一个安全级别和网络设备说明书中的物理安全要求来具体执行，当然，也可以按照某些级别进行综合执行，这里所说的综合执行指的就是一个机房可以按照类执行，譬如，对电磁波进行A级防护，对消防设施和火灾报警进行B级防护。

2. 电源问题

若要保证网络系统以及计算机系统可以正常地运行，那么就必须注意电源的安全及保护问题。设备受到损害的原因之一就是由于电源设备落后或者电压的不稳定，电压过高或者电压过低都会给设备造成不同程度的伤害。譬如，一台电子商务服务器突然断电，那么交易就会中断，很有可能发生一些本来不必要的法律纠纷。因此，计算机在工作过程中，一定要保证电源的稳定以及正常供电。

为了避免设备突然断电或者其他供电方面的一些问题，首先供电要符合设备制造商对于供电的具体规定及要求。保持供电不中断的具体措施主要包括以下几点内容：

（1）配置不间断电源（UPS）。

（2）设置多条供电线路，防止某条供电线路发生故障。

（3）备用发电机。

支持关键运营的设备一定要使用不间断电源，这样可以保证其正常关机或者持续运转。与此同时，还需要制订不间断电源出现故障时的应急计划。对于不间断电源一定要定期对其储电量进行检查，并在制造商的指导下对其测试。

备用发电机主要是用于长时间的断电，如果安装了发电机，就应该按照制造商的要求定期对其进行监测。并且，要准备好充足的燃料，保证发电机可以长时间发电。

此外，在计算机系统断电时，硬件中的某些元件可以作为电源使用，保存很多信息，所以我们也要定期对这些元件进行检查，保证这些元件是完好无损的。

根据相关部门制定的标准，通常情况下，机房的电源至少应该满足以下几点条件：

（1）电子计算机机房用电负荷等级和供电要求应该按照现行国家标准《供配电系统设计规范》的规定严格执行。

（2）计算站应设专用可靠的供电线路。

（3）供配电系统应充分考虑计算机系统有扩散、升级等可能性，并应该预留备用容量。

（4）电子计算机机房应该由专用电力变压器供电。

（5）计算机系统的供电电源技术应该按GB/T 2887—2011中的规定严格执行。

（6）机房内其他电力负荷不能由计算机主机电源和不间断电源系统供电。主机房内应该设置专用动力配电箱。

（7）从电源室到计算机电源系统的分电盘使用的电缆，载流量应减少50%。

（8）如果采用表态交流不间断电源设备,那么就应该按照国家标准《供配电系统设计规范》（GB 50052-2009）以及现行的相关行业标准所规定的要求，采取一些限制谐波分量的有效措施。

（9）如果城市电网电源质量不足以满足计算机的供电要求，那么应该结合实际情况采用相应的电源质量改善措施以及一些隔离防护措施。

（10）如果计算机机房的低压配电系统采用频率50Hz、电压220/380V TN-S或者TN-C-S系统。计算机主机的电源系统应该符合设备的要求。

（11）单相复合应该均匀地分配在三相线路上，并且应该使三相负荷不平衡度小于20%。

（12）电子计算机的电源设备应该靠近主机房设备。

（13）机房电源进线应该按照现行国家标准《建筑防雷设计规范》来采取一定的防雷措施。电子计算机机房电源应该采用地下电缆进线。如果只能采用架空进线时，应该在低压架空电源进线处或者专用电力变压器低压配电母线处，装设低压避雷器。

（14）主机房中应该分别设有维修和测试用电源插座，两者应该有着较为明显的区别标志。测试用电源插座应该是由计算机主机电源系统供电，至于其他房间应该适当地设置维修用电源插座。

（15）主机房中活动地板下部的低压配电线路应该采用铜芯屏蔽导线或者铜芯屏蔽电缆。

（16）活动地板下部的电源线应该尽量地与计算机信号线远离，并避免并排敷设。如果不能避免，应该采取一些屏蔽措施。

3. 机房场地所处环境的选择

由于网络系统具有复杂的技术，一些电磁干扰、温湿度以及震动等都会对计算机系统的安全性和可靠性带来一些影响，比如导致工作不稳定、性能降低或者是出现故障，甚至还会缩短零部件的使用寿命。为了让网络系统以及计算机可以安全、可靠、长期且稳定地工作，应该谨慎选择机房所处的工作场所。

（1）地质的可靠性。

1）不能将机房建立在地震区。

2）不能将机房建立在淤泥、杂填土、流沙层和地层断裂的地质区域中。

3）应该尽量去避免建立在低洼、潮湿区域。

4）那些建立在山区的机房应尽量地避开泥石流、滑坡、雪崩以及溶洞等抵制不牢靠的区域。

（2）环境的安全性。

1）机房应该尽量地去避开环境污染区（例如化工污染区），还有那些易产生油烟、粉尘以及有毒气体的区域。

2）为了避免网络系统以及计算机受到周围不利环境的一些意外破坏，我们认为机房应该选择那些远离生产或储存易燃、易爆物品以及具有腐蚀性的场所等。

3）应该远离重盐害地区。

4）应该尽量地避免坐落雷击区域。

（3）远离强振动源以及强噪声源。

1）应该远离机场、火车站以及剧院等噪声源。

2）应该远离冲床、锻床等振动源。

3）应该避免机房窗户直接临街，可以通过远离主要的交通要道来实行。

（4）场地抗电磁干扰性。

1）应该避开那些容易产生强电源冲击的干扰源以及微波频率的强磁场干扰场所，譬如电气化铁路、高压传输线等。

2）应该避开或者远离那些无线电干扰源和微波线路的强磁场干扰场所，例如雷达站和广播电视发射台等。

4. 环境及人身安全

（1）漏水与水灾。计算机系统的使用需要电源，所以水对于计算机来说是有着很大的杀伤力的，它能够使计算机设备发生短路而损坏。因此，机房必须要做一些必要的防水措施。机房的防水措施主要是从以下几个方面进行考虑的。

1）主机房中如果设置地漏，地漏下应该设置水封装置，并且有防止水封破坏的相应措施。

2）主机房中不能有与其无关的给排水管道穿过。

3）机房不应该设置在用水设备的下层。

4）机房中的设备需要用水时，其给排水干管应该暗敷，引入支管应当暗装。管道穿过主机房墙壁及楼板处，应该设置套管，管道和套管间应该采取可靠的密封措施。

5）暗装排水地漏处的楼地面应该低于机房内的其他楼地面。

6）机房的房顶与吊顶应该采取防渗水措施。

（2）火灾。火灾对于网络系统以及计算机来说是非常危险的，不仅如此，还会危害人的生命和财产安全，特别是计算机机房，使用电源数量较大，防火是必须要采取的措施。为了保证火灾的发生，及时地发现火灾，发生火灾后能够及时地消防和保障人的安全，对于机房应该考虑以下的措施。

1）机房中应该设置火灾自动报警系统，这样可以及时地发现异常状态，并且应该符合现行国家标准《火灾自动报警系统设计规范》（GB 50116-2013）的规定。根据使用目的的不同，可以选择设置红外线传感器以及自动火灾报警器等监视设备。

2）采用防火的建筑结构和材料。

3）机房的耐火等级应该符合现行国家标准《高层民用建筑设计防火规范》《建筑设计防火规范》（GB 50016-2014）等的规定。

4）报警系统和自动灭火系统应与空调、通风系统连锁。空调系统所采用的电加热器，应设置无风断电保护。

5）机房应该至少有两个安全出口，最好是设置在机房的两端。门应该向疏散方向开放，并且在任何情况下都应该保证可以下机房内打开。并且，走廊和楼梯间应该保持畅通，有明显的疏散指示标志。

6）机房和其他建筑物合建时，应该单独设防火分区。

7）主机房应该采用感烟探测器。如果设置有固定灭火系统，应该采用感烟以及感温两种探测器的组合。

8）主机房、基本工作间和第一类辅助房间的装饰材料应该选择使用非燃烧材料或者难燃烧材料。

9）机房中存放的废弃物应该采用有防火盖的金属容器。

10）机房中的记录介质应该存放在金属柜或者其他可以防火的容器中。

11）主机房、基本工作间不应使用水质灭火器，相反，应设二氧化碳或者卤代烷灭火系统，并应该按照现行有关规范的要求执行。

12）如果主机房内设有空调设备，那么空调设备应该受主机房内电源切断开关的控制。机房内的电源切断开关应该靠近工作人员的操作位置或者主要出入口。

13）设有二氧化碳或卤代烷固定灭火系统及火灾探测器的机房，其吊顶的上、下及活动地板下都应该设有探测器和喷嘴。

14）设置卤代烷灭火装置的机房应该配置专用的空气呼吸器或者氧气呼吸器。

15）风管不应该穿过防火墙和变形缝。如果必须穿过，那么应该在穿过防火墙处设置防火阀；穿过变形缝处，应该在两侧设防火阀。

16）在气体灭火防护区内设置的消防排风系统，其排风管的制作以及安装应该严密，风阀应安装在靠近电子计算机机房易于操作、维修的地方，阀门应该启闭灵活。

（3）自然灾害。自然界会发生种种不可避免的灾害，例如地震、洪水、火山爆发以及大风等。对此，需要采取一些措施来积极应对，建立合理的检测方法及手段来尽可能预测这些灾害的发生，从而采取预防措施。例如，通过加强建筑的抗震等级来尽量减小地震带来的危害，采用避雷措施来规避雷击。所以，应该事先就制订一些自然灾害的对策，在灾害来临时应该采取的措施以及灾害发生后如何进行恢复工作等。通过对不可避免的自然灾害事件合里制订较为完善的计划以及预防措施，应该充分考虑不同地区建立相应的备份及灾难恢复系统。

（4）物理安全威胁。

生活中除了自然灾害之外，还有其他情况对计算机系统的物理安全会造成一定的威胁。例如，如果化工厂泄漏了有毒气体，那么就会腐蚀网络系统及计算机系统的设备。对此，计算机和网络安全管理人员应该有清晰的了解。

5. 网络设备及计算机设备的防泄漏

为了防止网络设备和计算机设备中的信息泄漏，主要有两种技术途径来进行抑制：其一是物理抑制技术，该技术是抑制所有有用信息的外泄；其二是电子隐蔽技术，该技术是用干扰、调频等技术来掩饰网络设备和计算机设备的工作状态以及保护信息。

物理抑制技术还可以分成两种方法：包容法和抑源法。其中，包容法主要是屏蔽辐射源，进而阻止电磁波的外泄传播。而抑源法则是从线路和元器件入手，从根本上阻止网络设备和计算机设备向外辐射电磁波，进而消除产生较强电磁波的根源。

在实际的应用过程中，网络系统及计算机设备主要采用以下几种防泄漏措施：

（1）利用噪声干扰源。噪声干扰源有白噪声干扰源和相关干扰器两种。

使用白噪声干扰源有两种方法。一种是把一台可以产生白噪声的干扰器放在网络设备和计算机设备旁边，使干扰器产生的噪声与网络和计算机设备产生的辐射信息混杂在一起向外辐射，这样就使得计算机设备产生的辐射信息不容易被接收复现。在使用该方法时，需要注意的是干扰源不应该超过相关的EMI标准，同时也要注意白噪声干扰器的干扰信号与网络和计算机设备的辐射信号是两种不同特征的信号，宜于被区分之后对计算机的辐射信息进行提取。另一种是把用来处理重要信息的计算机设备放置在中间位置，周围放置一些处理一般信息的设备，让这些设备产生的辐射信息一起向外辐射，使得接收复现时难辨真伪，而且还会给接收复现增大难度。

而相关干扰器会产生大量的仿真计算机设备的伪随机干扰信号，使得辐射信号与干扰信号在空间叠加成一种复合信号向外辐射，对原辐射信号的形态进行破坏，这样一来接收者就不能对该信息进行还原。相比于噪声干扰源，相关干扰器的效果要更好，但是因为该方法往往采用覆盖的方式，且干扰信号的辐射强度较大，所以比较容易导致环境的电磁噪声污染。

（2）使用低辐射设备。低辐射设备指的就是经过有关测试合格的TEMPEST设备，这类设备的价格非常昂贵。这个方法是防止网络和计算机设备信息泄露的一项根本措施。在设计生产这些设备时就已经对可以产生电磁泄露的集成电路、元器件、连接线以及阴极射线管等采取了防辐射措施，将设备的辐射抑制到最低限度。

（3）距离防护。因为设备的电磁辐射在空间传播时会随着距离的增加而有所衰减，所以在距离设备有一定的距离时，设备信息的辐射场强就会变得非常弱，导致接收不到辐射的信号。这种方法相对来说比较经济，但是也只是适用于有较大防护距离的单位。在条件允许时，在机房的位置选择时应该考虑这个因素。安全防护距离与设备的辐射强度和接收设备的灵敏度相关。

（4）屏蔽措施。抑制电磁辐射的方法之一就是电磁屏蔽。计算机系统的电磁屏蔽包括电缆屏蔽和设备屏蔽。其中，电缆屏蔽指的是屏蔽计算机设备的通信电缆和接地电缆。而设备屏蔽指的则是将存放计算机设备的空间利用具有一定屏蔽度的金属丝网屏蔽起来，再把该金属网罩接地。至于屏蔽的效能怎样，则是由屏蔽体的反射衰减值的大小，以及屏蔽的密封程度来决定的。

（5）采用微波吸收材料。现在已经生产出了微波吸收材料，这些材料各自适用的频率范围不同，而且有着不同的其他特性，可结合具体情况，采用对应的材料来减小电磁辐射。

6. 电磁泄漏

电磁泄漏发射技术属于信息保密技术领域的主要内容之一，美国国家安全局和国防部曾经联合研究和开发这个项目，主要是对计算机系统和其他电子设备的信息泄露及对策进行研究，包括怎样抑制信息处理设备的辐射强度，或者采取相关的技术措施使得对手无法接收到辐射的信号，或者从辐射的信息中很难提取出有用的信号。这个技术是由政府严格把控的，各个国家对于这个技术领域都是严格保密的，核心技术内容的机密级也是非常高的。

网络设备和计算机设备在工作的过程中均会产生电磁泄漏，只是程度不同而已。比如，主机各种数字电路中的电流会产生电磁泄漏，键盘上的按键开关会引起电磁泄漏，显示器的视频信号也会产生电磁泄漏，在打印机工作时也同样会产生电磁泄漏，等等。计算机系统的电磁泄漏主要有两种途径：其一是信息通过控制线、电源线、地线以及信号线等向外传导造成的传导泄漏。一般来说，起传导作用的地线和电源线等同时有着传导和辐射发射的功能，即传导泄漏往往伴随着辐射泄漏。其二是通过电磁波的形式辐射出去，也称作辐射泄漏。计算机系统的电磁泄漏能够使各个系统设备相互干扰，设备性能降低，还会使设备无法正常使用，甚至会暴露信息，使得信息安全受到威胁。

根据大量的理论分析以及实际测量表明，对网络和计算机设备电磁辐射强度有影响的因素如下：

（1）距离。保持其他条件相同的情况下，距离辐射源越远，辐射强度就越小，反之，距离辐射源越近，辐射强度也就越大。换句话说，辐射强度与距离成反比。

（2）功率和频率。设备的功率越大，辐射强度就会越大。信号频率越高，辐射强度也就越大。

（3）屏蔽状况。辐射源的屏蔽与否，屏蔽情况的好坏，都会对辐射强度造成很大的影响。

1.5 网络信息安全的主要目标

为了切实保证网络信息安全，需要清楚地了解其攻击的来源和安全目标。

1.5.1 网络安全的目标

在互联网的操作系统中，网络传输十分重要，网络信息的调令和反馈都是在此基础上建立的。因此，为了更好地保护网络信息的安全，首先要做的就是保障网络信息传输的安全。在网络信息传输过程中，以下几点安全隐患需要特别注意。

1. 截获

有技术的攻击者想要截获正在传输过程中的网络信息非常容易，只需要通过构建物理或逻辑措施在其传输的连接线路上，就可以直接窃取和监听个人或计算机服务者方面的机密信息。

2. 伪造

攻击网络常用的方式之一是假冒用户身份，身份认证是较为传统的保护网络信息安全的一种技术手段，通常使用密码进行认证，而这些密码基本上都是以代码的形式进行传输。用户使用身份认证读取信息时，使用的认证密码一般为明文，很大程度上会被攻击者直接在网络上进行拦截，从而伪造用户身份，窃取信息。

3. 篡改

一旦用户的网络信息被入侵者窃取且篡改，那么用户将无法得到原本有价值的信息，还有可能因为入侵者的陷阱造成巨大的损失。

4. 中断

用户使用的网络进行正常通信，被攻击者为了自己的不良目的以任意手段打断。

5. 重发

入侵者将窃取来的网络数据打包，重新发送给用户的服务器，如银行，以此达到自己的目的。

1.5.2　信息安全的目标

信息安全的目标是指保障信息系统在遭受攻击的情况下信息的某些安全性质不变。通俗地讲，信息安全的目标提出了这样一个问题，即信息究竟怎样才算是安全了呢？在提出信息安全的目标之前，有必要先分析一下各种安全攻击以及这些攻击对信息系统造成的影响。

1. 安全性攻击

为了获取有用的信息或达到某种目的，攻击者会采取各种方法对信息系统进行攻击。这些攻击方法分为两类：被动攻击和主动攻击。其中，被动攻击试图了解或利用通信系统的信息但不影响系统资源，而主动攻击则试图改变系统资源或影响系统运作。

（1）被动攻击。被动攻击指攻击者在未被授权的情况下，非法获取信息或数据文件，但不对数据信息做任何修改，通常包括监听未受保护的通信、流量分析、解密弱加密的数据流、获得认证信息等。被动攻击的特性是对传输进行窃听和监测，攻击者的目标是获得传输的信息。

1）搭线监听。搭线监听是将导线搭到无人值守的网络传输线路上进行监听。只要所搭的监听设备不影响网络负载，通常不易被发觉。然后通过解调和正确的协议分析，就可以掌握通信的全部内容。

2）无线截获。通过高灵敏接收装置接收网络站点或网络连接设备辐射的电磁波，然后对电磁信号进行分析，可以恢复数据信号进而获得网络传输的信息。对于无线网络通信，无线截获与搭线监听有同样的效果。

3）其他截获。用程序和病毒截获信息是计算机技术发展的新型手段，在通信设备或主机中种植木马或施放病毒程序后，这些程序会将有用的信息通过某种方式远程发送出来。

4）流量分析。流量分析即指入侵者通过所窃取的信息进行模式观察和分析，得出进行数据交换的双方的基本信息，包括地理位置、通信次数和信息内存，从而对互联网用户进行攻击。

以上四种都属于常见的被动攻击手段。要防止网络的被动攻击，重点不在于阻止，而是预防。因为被动攻击不会篡改用户数据，因此可以通过对信息加密的方式保护网络信息的安全。

（2）主动攻击。主动攻击包括对数据流进行篡改或伪造，具体可以概括为以下四种。

1）伪装。指某实体假冒别的实体，以获取合法用户的被授予的权利。

2）重放。指攻击者对截获的合法数据进行复制，然后出于非法目的再次生成，并在非授权的情况下进行传输。

3）篡改。指对一个合法消息的某些部分进行修改、删除，或延迟消息的传输、改变消息的顺序，以产生混淆是非的效果。

4）拒绝服务。阻止或禁止信息系统正常的使用。它的主要形式是破坏某实体网络或信息系统，使得被攻击目标资源耗尽或降低其性能。

主动攻击的特点与被动攻击恰好相反。被动攻击虽然难以检测，但可采取相应措施有效地防止，而要绝对防止主动攻击是十分困难的，因为需要保护的范围太广。因此，对付主动攻击的重点在于检测并从攻击造成的破坏中及时地恢复。

分析这些攻击可以看出，被动攻击使得机密信息被泄露，破坏了信息的机密性；主动攻击的伪装、重放、消息篡改等破坏了信息的完整性；拒绝服务则破坏了信息系统的可用性。

2. 信息安全的目标

信息安全的目标是保护信息的机密性、完整性和可用性，即 CIA（confidentiality，integrity，availability）。下面以用户 A 和用户 B 进行一次通信为例介绍这几个性质。

机密性指保证信息不被非授权访问，即用户 A 发出的信息只有用户 B 能收到，假设有第三方获取了信息也无法知晓内容，从而不能使用。一旦有第三方获取了信息内容，则说明信息的机密性被破坏。

完整性也就是保证真实性，即信息在生成、传输、存储和使用过程中不应被第三方篡改。如用户 A 发出的信息被第三方用户 C 获取了，并且对内容进行了篡改，则说明信息的真实性被破坏。

可用性指保障信息资源随时可提供服务的特性，即授权用户可以根据需要随时访问所需信息。也就是说要保障用户 A 能顺利地发送信息、用户 B 能顺利地接收信息。

三个目标只要有一个被破坏，就表明信息的安全受到了破坏。信息安全的目标是致力于保障信息的这三个特性不被破坏。构建安全系统的一个挑战就是在这些特性中找到一个平衡点，因为它们常常是相互矛盾的。例如，在安全系统中，只需要简单地阻止所有人读取一个特定的对象，就可以轻易地保护此对象的机密性。但是，这个系统并不是安全的，因为它不能满足正当访问的可用性要求。也就是说，必须在机密性和可用性之间找到平衡。

但是平衡不是一切，事实上，三个特征既可以独立，也可以有重叠，如图1-1所示，甚至可以彼此不相容，如机密性的保护会严重地限制可用性。

图1-1　信息安全性质之间的关系

除了以上三个基本特性之外，不同的信息系统根据其业务类型的不同，可能还有更加细化的具体要求。

（1）可靠性。保障网络信息安全的其中一个最基本要求就是网络的可靠性。即事先对系统正常运行所具备的条件、时间和功能进行规定，然后测试其全部完成需要的功能的概率。可以说，网络系统越可靠，互联网出现事故的可能性越小。对于网络可靠性的研究基本上偏重于硬件可靠性方面。研制高可靠性元器件设备，采取合理的冗余备份措施仍是最基本的可靠性对策，然而，有许多故障和事故，与软件可靠性、人员可靠性和环境可靠性有关。

（2）不可抵赖性。不可抵赖性主要是针对网络通信而言的特征。它要求进行网络通信的所有参与者，包括通信人、通信信息、通信过程等，都必须是真实可信的。不可抵赖性也可以表述为不可否认性，由此也可以归纳出其具有的两方面特征：①源发证明。即保留信息发送者参与通信的全部过程与记录，避免出现问题时，发送者否认该信息的真实性和来源。②交付证明。即保留信息接收者参与通信的全部过程与记录，避免出现争议时，接收者否认该信息的真实性和去向。

（3）可控性。可控性是对信息及信息系统实施安全监控。管理机构对危害国家信息的来往、使用加密手段从事非法的通信活动等进行监视审计，对信息的传播及内容具有控制能力。

（4）可审查性。使用审计、监控、防抵赖等安全机制，使得使用者（包括合法用户、攻击者、破坏者、抵赖者）的行为有证可查，并能够对网络出现的安全问题提供调查依据和手段。审计是通过对网络上发生的各种访问情况记录日志，并对日志进行统计分析，是对资源使用情况进行事后分析的有效手段，也是发现和追踪事件的常用措施。审计的主要对象为用户、主机和结点，主要内容为访问的主体、客体、时间和成败情况等。

第2章　网络信息安全传输方法与管理

21世纪，是信息化时代，人们利用网络进一步认识世界，改造世界；可见，网络信息的处理、传输以及储存也变得十分便利。人们在享受这份方便快捷的"服务"的同时，也在时刻地担心信息的丢失与泄露。因此，研究网络信息安全传输是具有非常重要的现实意义的课题。本章内容以网络信息安全传输为中心，围绕其各个方面展开，包括网络信息安全传输的基本概念、目标、功能，保护网络信息安全的各种技术手段以及如何应对新型技术领域的挑战。

2.1 保证信息安全的一般方法

众所周知，威胁到信息安全的因素多且复杂，以目前的科学技术而言，尚未有合适的方法将其全部解决，以完全确保网络信息的安全传输和保存，因为总会出现新的安全隐患。尽管如此，在计算机的专业领域内，还是有一些常规方法可以在一定程度内保证网络信息的安全。下面就可以保证信息安全的一般方法做具体阐述。

2.1.1 隐藏式保护

这是最简单的安全防护方法。一般情况下，如果环境和保护机制令人费解或不被大众熟知，则认为这一安全措施是有效的，最简单的例子是对信息使用加密。隐藏式保护采用了隐藏的方法来达到保护的目的，从另一个角度来说，提高了攻击者获取有价值信息所需付出的成本，但是隐藏式保护并不能完全阻止攻击者达到最终的目的。例如，经过加密的信息可以通过暴力破解进行解密，而密钥的长度只是决定了暴力破解所需的计算资源和时间。

在大多数安全环境中，单纯的隐藏式保护被认为是不安全的。通常应该与其他安全措施联合使用。例如，一个网络管理员将某一服务的默认端口转移到另一个更加隐蔽的端口以提供对网络的保护，但是攻击者实际上可以通过各类方法找到该服务。因此，该管理员可能应用防火墙来限制该服务的访问，或者应用入侵检测系统（IDS）来保证服务的正常运行。

2.1.2　最小特权原则

保护计算机系统安全的最基本原则之一就是最小特权原则，即当互联网中的主体完成某一项操作时，网络本身就会给予这些主体必备的最小特权。最小特权的目的是为了尽可能地避免网络信息因事故、操作错误、篡改网络部件等原因出现不必要的损失，在此基础上，给予网络主体某些特权但这些特权应该是有所限制的。

最小特权包含两个方面的含义：一是赋予主体的特权可以保证主体完整地完成所需要的操作或任务；二是主体被许可的特权仅仅只是"必不可少"的，这在很大程度上对主体有所限制。

最小特权原则要求每个用户和程序在操作时应当使用尽可能少的特权，而角色允许主体以参与某特定工作所需要的最小特权去登录系统。被授权拥有强力角色（powerful roles）的主体，不需要运用其所有的特权，只有在那些特权有实际需求时，主体才去运用它们。如此一来，可减少由于不注意的错误或是侵入者假装合法主体所造成的损坏发生，限制了事故、错误或攻击带来的危害。它还减少了特权程序之间潜在的相互作用，从而使对特权无意的、没必要的或不适当的使用不太可能发生。这种想法还可以引申到程序内部，只有程序中需要那些特权的最小部分才拥有特权。

最小授权原则的最简单例子是：企业中通常采用的基于角色的访问控制模型（role based access control），安全管理人员根据企业运行中组织人员所处的角色以及他在公司内进行工作所需的资源状况来分配资源的使用权限。

2.1.3　信息分层安全

由于没有一个安全系统能够做到百分之百的安全，因此，不能依赖单一的保护机制。给予攻击者足够的时间和资源，任何安全措施都有可能被破解。如同银行在保险箱内保存财物的情形：保险箱有自身的钥匙和锁具；保险箱置于保险库中，而保险库的位置处于难于达到的银行建筑的中心位置或地下；仅有通过授权的人才能进入保险库；通向保险库的道路有限且有监控系统进行监视；大厅有警卫巡视且有联网报警系统。不同层次和级别的安全措施共同保证了所保存的财物的安全。同样，经过良好分层的安全措施也能够保证组织信息的安全。

在如图2-1所示的信息安全分层情况下，一个入侵者如果意图获取企业在最内层的主机上存储的信息，必须首先想方设法绕过外部网络防火墙，然后使用不会被入侵检测系统识别到和检测到的方法来登录企业内部网络；此时，入侵者面对的是企业内部的网络访问控制和内部防火墙，只有在攻破内部防火墙或采用各种方法提升访问权限后才能进行下一步的入侵；在登录主机后，入侵者将面对基于主机的入侵检测系统，而他也必须想办法躲过检测；最后，如果主机经过良好配置，通常对存储的数据具有强制性的访问控制和权限控制，同时对用户的访问行为进行记录并生成日志文件供系统管理员进行审计，那么入侵者必须将这些控制措施一一突破才能够顺利达到他预先设定的目标。即使入侵者突破了某一层，管理员和安全人员仍能够在下一层安全措施上拦截入侵者。不同防护层次同时也保证了整个安全系统存在冗余，一旦某一层安全措施出现单点失效，不会对安全性产生严重的影响。同时，提高安全层次的方法不仅包括增加安全层次的数量，也包括在单一安全层次上采用多种不同的安全技术协同进行安全防范。

图2-1 信息安全分层示意图

在使用分层安全时需要注意的是，不同的层级之间需要协调工作，这样，一层的工作不至于影响另外层次的正常功能。假如每一层的安全机制都相当复杂，则整个安全系统的复杂程度将会以指数形式增加，安全人员正确理解安全机制以及一般组织成员使用系统将会受到相当的影响。正确的处理方法是需要安全人员深刻地理解组织的安全目标，详细地划分每一个安全层次所提供的保护级别和所起到的作用，以及层次之间的协调和兼容。

2.1.4　多样性防御

多样性防御（diversity of defense）的原则实际上是安全分层原则的一个补充。它涉及分层安全中不同的层次尽量采用不同的技术进行构建。例如，对于网络防御中常用的防火墙而言，安全人员在构建防火墙时，可以选用不同厂商的产品。对于攻击者来说，依赖单一的攻击技术不可能攻破所有的安全层次。而防御多样性的另一个优点在于，一旦某层防御措施出现安全漏洞，不会影响其他层次的安全性。

在实施多样性的防御之前，首先需要考虑安全实施的复杂性。一般而言，很少有产品能够使安全性与复杂性达到完美统一，因此多样性防御总会带来系统复杂性的上升。安全人员和管理人员必须在防御的多样性和配置的复杂性之间权衡利弊。

2.1.5　保持简单

通常而言，安全性和复杂性是相背离的，因为越是复杂的东西越难于理解，而理解和掌握是解决安全问题的首要条件。越是复杂的系统，它出错的机率就越大。例如，一段200万行的程序代码可能隐藏的漏洞比一段20万行的程序代码要多得多。保持简单原则意味着我们在使用安全技术和实施安全措施中，需要使安全过程尽量简洁，使用的安全工具尽量易于使用且易于管理。

保持简单的最简单例子是设置包过滤防火墙或者服务器主机安全加固。通常应对包过滤防火墙的所有出入站连接设置为默认拒绝，而后根据需要增加允许的出入站连接。而服务器主机安全加固中，应将所有默认的应用服务设置为关闭，而后根据应用需要启动服务。

2.2　网络安全传输的定义、目标及功能

网络信息的安全传输就是为了最大限度地保障信息安全，避免网络数据因为某些因素被泄露或破坏，造成损失。下面就网络安全传输的定义、目标和功能做具体阐述。

2.2.1　网络安全传输的定义

早期，人们给网络安全传输下的定义为保障网络信息的私密性，换句

话说，就是在网络上传输信息时，要注意使用安全传输渠道，特别是一些保密性较强的信息或个人的私有信息等。在互联网技术飞速跨越的今天，网络信息传输的安全性又延伸了更多的涵义，即对网络信息的其他特征，如完整性、可控性、可用性、不可否认性等，都要保护其在传输过程中的"安全"。因此，网络信息安全传输到目前为止，发展出了多种多样的基础理论知识和实践技术，如攻、防、测、控、管、评等。

2.2.2　网络安全传输的基本目标

就现代社会而言，保护信息安全的核心技术是加密技术，即在充分研究了信息的结构，并且对其进行评估之后，对密码技术的基本理论的实践化应用。为了进一步在传输和保存过程中保护较为敏感的网络信息，有必要加强对信息的监管，并且创建更为周全的安全保护策略。网络安全传输的基本目标如图2-2所示。

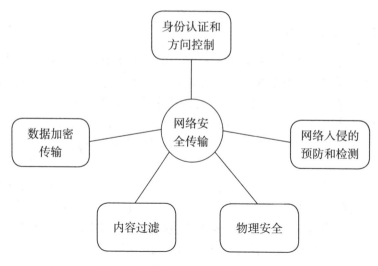

图2-2　网络安全传输的基本目标

1. 身份认证和访问控制

目前，最常见的控制用户访问而进行的身份认证技术是密码技术，其他常用的还有指纹识别、面部识别、智能卡牌等，目的都是避免非法分子窃取个人网络信息。伴随新型科学技术的出现，较为先进的基于密码学理论基础之上的新的身份认证方式正在实践中，包括利用用户口令输入的击键特征、基于混沌理论的一次性口令等。

2. 数据加密传输

网络信息在传输过程中要进行的一个关键步骤是加密，即利用密钥转换网络信息，目的是尽可能地避免信息被截获。经过加密的信息在没有密钥的前提下，无法被识别，也就是说，即使不小心被非法分子窃取，也能在一定程度内保护信息的安全。

3. 网络入侵的预防和检测

现在常用的、保护互联网免受非法分子攻击的基础性预防和检测技术有三种，即入侵检测技术、虚拟专用网技术和防火墙。入侵检测技术是预防出现非法入侵者，它可以对潜在的入侵者以及他们试图入侵网络的方式做出预判，保护用户网络；虚拟专用网是一种可以使处在不同地理位置的网络用户彼此之间进行安全连接的网络，即共同分享一个跨越式的公共网络；防火墙可以对不同网络之间的分组数据按照最先预定好的方式进行掌控，即严格限制网络信息的进出。

4. 内容过滤

内容过滤即对网络信息的筛选，避免非法数据入侵计算机。常用的网络技术包括病毒防护软件、地址检测系统、垃圾邮件屏蔽等。

5. 物理安全

物理安全指的是承载网络信息的载体的安全，常用的技术手段包括电脑锁、缆线等。

2.2.3 网络安全传输的功能

网络安全传输技术主要分为两类：一类主要用于构建安全的传输环境，包括防火墙技术、入侵检测技术及主动防御技术等；另一类用于构建安全的传输路径，包括密码学相关技术、虚拟专用网技术及网络抗毁技术等。

密码学技术是保护公共网络上所传输的大量敏感信息的不可缺少的工具。密码学技术的基本目标是保证网络信息内容的机密性、完整性和承诺的不可否认性。信息内容的机密性确保信息内容不被非授权获取，一般采用加密技术来实现，包括对称加密技术和公钥加密技术。信息内容的完整性确保信息在传递或存储的过程中没有遭到有意或无意的篡改，一般采用散列技术来实现。信息内容的不可否认性防止了网络实体否认以前的承诺或行为，一般采用数字签名、实体认证、零知识证明等技术实现。然而，在各种新型互联网应用环境下，传统的密码学这种硬安全技术已经无法完全满足网络安全的需求。信任管理这种软安全技术为解决新型互联网技术中的安全问题提供了一种有效的途径，能促成来源于不同自治域、可能陌生的实体之间的协作活动，并且保证协作的安全性和高效性。信任管理技术的核心是建立信任模型，一般采用的方法包括加权平均方法、功率统计方法、隐马尔可夫模型方法等。

防火墙是一个由软件和硬件设备组合而成、在内部网和外部网之间、专用网与公共网之间的边界上构造的保护屏障，是一种保证网络环境安全性的重要技术手段。它一般由计算机硬件和软件结合组成，在Internet与Intranet之间建立起一个安全网关，从而保护内部网免受非法用户的入侵。防火墙的主要组成部分包括服务访问规则、验证工具、分组过滤和应用网关等。

入侵检测系统可以说是对防火墙功能的进一步加强，即网络安全保护的第二道"大门"。入侵检测技术可以预判潜在入侵者和其攻击方式，系统性地保护互联网免受非法分子的攻击，极大地提高了计算机系统管理员对互联网的监管作用，很大程度上保证了完整的网络信息。

主动防御技术判断病毒入侵的依据并不是通常以为的病毒的特征表现，而是病毒的作用在系统程序上的行为。因此，预判系统程序的行为并对其进行实时防护，就是这里所讲的主动防御技术。主动防御技术可以做到传统的安全防护软件无法处理的事，如发现木马和病毒并解决，阻止恶性软件的入侵等。主动防御技术也是一种软件，是病毒研究工程师研发的能够自行预判病毒所在的专业性技术。

当互联网出现问题时，为了保护分组数据的安全，不影响其转发的能力，路由系统议案都可以自行恢复或重建，这就是网络的抗毁性。提高网络路由的抗毁性需要从网络特性、业务特性、故障模型和需求特性四个方面综合考虑。目前，关于网络抗毁技术的研究主要集中在网络路由自愈过程中涉及的突发网络毁击事件感知技术、路由策略的自主控制技术、网络路由的抗毁性评估技术。

2.3　信息加密技术研究

保障网络信息安全的基础是信息加密技术。在计算机领域内，密码学在结合数学和计算机等专业知识的基础上，已然形成了一门新的学科。信息加密技术通过各种加密算法，如对称密码算法、非对称密码算法、数字签名密码算法、单向散列函数等，确保网络信息的安全传输。

2.3.1　对称密码算法

1. 基本原理

对称密码算法又称为单密钥密码系统，即对数据进行加密的密钥和对数据进行解密的密钥是相互对称的，两者所使用的密钥可以说是一致的。对称密码算法的原理如图2-3所示。

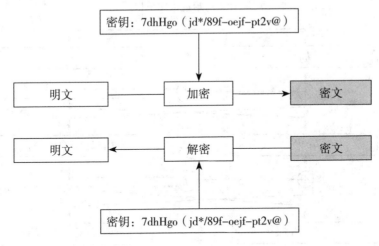

图2-3　对称密码算法基本原理

　　由图2-3对对称密码算法做出总结：对原始网络数据进行加密处理，使其变成没有可读性的密文。当需要获取信息内容时，只需要使用加密时使用的密钥进行破解即可。对称密码的算法具有计算量小、机密速度快等优势，在传输某些加急的网络数据时，有着广泛的应用。但是，由于对称密码使用同样的密钥进行加密和解密，一旦密钥被泄露，那么将无法保证信息的安全。因此，在进行信息传输时，尽可能地选择较为安全传输通道，避免非法分子从中拦截，造成损失。

　　针对对称密码算法，下面主要介绍三种，即DES算法、IDEA算法和RC算法。

　　2. DES密码算法

　　DES（Data Encryption Standard）是一种分组密码算法，使用56位密钥将64位的明文转换为64位的密文，密钥长度为64位，其中有8位是奇偶校验位。在DES算法中，只使用了标准的算术和逻辑运算，其加密和解密速度很快，并且易于实现硬件化和芯片化。

　　（1）算法描述。DES算法对64位的明文分组进行加密操作，首先通过一个初始置换（IP），将64位明文分组分成左半部分和右半部分，各为32位。然后进行16轮完全相同的运算，这些运算称为函数f，在运算过程中，数据和密钥结合。经过16轮运算后，通过一个初始置换的逆置换（IP^{-1}），将左半部分和右半部分合在一起，得到一个64位的密文，如图2-4所示。

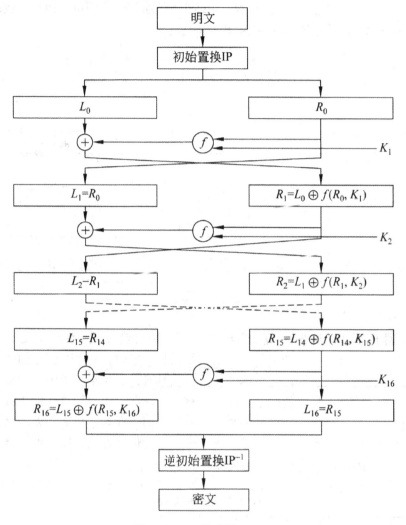

图2-4　DES算法原理

每一轮的运算步骤如下所示。

A. 进行密钥置换，通过移动密钥位，从56位密钥中选出48位密钥。

B. 进行f函数运算。

a. 通过一个扩展置换（也称E置换）将数据的右半部分扩展成48位。

b. 通过一个异或操作与48位密钥结合，得到一个48位数据。

c. 通过8个S-盒代换将48位数据变换成32位数据。

d. 对32位数据进行一次直接置换（也称P-盒置换）。

C. 通过一个异或操作将函数 f 的输出与左半部分结合，其结果为新的右半部分；而原来的右半部分成为新的左半部分。

每一轮运算的数学表达式为

$$R_i = L_{i-1} \oplus f(L_{i-1}, K_i)$$
$$L_i = R_{i-1}$$

式中，L_i 和 R_i 分别为第 i 轮迭代的左半部分和右半部分，K_i 为第 i 轮48位密钥。

1）初始置换和逆初始置换。DES算法在加密前，首先执行一个初始置换操作，将64位明文的位置进行变换，得到一个乱序的64位明文，见表2-1，表中元素将按行输出。

经过16轮运算后，通过一个逆初始置换操作，将左半部分和右半部分合在一起，得到一个64位密文，见表2-2，表中元素将按行输出。

表2-1　初始置换表

58	50	42	34	26	18	10	2
60	52	44	36	28	20	12	4
62	54	46	38	30	22	14	6
64	56	48	40	32	24	16	8
47	49	41	33	25	17	9	1
59	51	43	35	27	19	11	3
61	53	45	37	29	21	13	5
63	55	47	39	31	23	15	7

表2-2　逆初始置换表

40	8	48	6	56	24	64	32
39	7	47	15	55	23	63	31
38	6	46	14	54	22	62	30
37	5	45	13	53	21	61	29
36	4	44	12	52	20	60	28
35	3	43	11	51	19	59	27
34	2	42	10	50	18	58	26
33	1	41	9	49	17	57	25

初始置换和逆初始置换并不影响DES的安全性，其主要目的是通过置换将明文和密文数据变换成字节形式输出，易于DES芯片的实现。

2）密钥置换。在64位密钥中，每个字节的第8位为奇偶校验位，经过置换去掉奇偶校验位，实际的密钥长度为56位，见表2-3。

表2-3　密钥置换表

57	49	41	33	25	17	9	1	58	50	42	34	26	18
10	2	59	51	43	35	27	19	11	3	60	52	44	36
63	5	47	39	31	23	15	7	62	54	46	38	30	22
14	6	61	53	45	37	29	21	13	5	28	20	12	4

在每一轮运算中，将从56位密钥中产生不同的48位子密钥 K_i。这些子密钥按下列方式确定。

A. 将56位密钥分成两部分，每部分为28位。

B. 根据运算的轮数，这两部分分别循环左移1位或2位，见表2-4。

表2-4　每轮左位移数

轮数	左位移数	轮数	左位移数
1	1	9	1
2	1	10	2
3	2	11	2
4	2	12	2
5	2	13	2
6	2	14	2
7	2	15	2
8	2	16	1

C. 从56位密钥中选出48位子密钥，它也称压缩置换或压缩选择，见表2-5。

表2-5 压缩置换表

14	17	11	24	1	5	3	28	15	6	21	10
23	19	12	4	26	8	16	7	27	20	13	2
41	52	31	37	47	55	30	40	51	45	33	48
44	49	39	56	34	53	46	42	50	36	29	32

3）扩展置换。扩展置换将数据的右半部分R_i从32位扩展成48位，以便与48位密钥进行异或运算。扩展置换的输入位和输出位的对应关系见表2-6。

表2-6 扩展置换表

32	1	2	3	4	5	4	5	6	7	8	9
8	9	10	11	12	13	12	13	14	15	16	17
16	17	18	19	20	21	20	21	22	23	24	25
24	25	26	27	28	29	28	29	30	31	32	1

4）S-盒代换。通过8个S-盒代换将异或运算得到的48位结果变换成32位数据。每个S-盒为一个非线性代换网络，有6位输入，4位输出，并且每个S-盒代换都是不相同的。48位输入被分成8个6位组，每个组对应一个S-盒代换操作，表2-7列出了8个S-盒。

表2-7 8个S-盒

S-盒1	14	4	1	1	2	15	11	8	3	10	6	12	5	9	0	7
	0	15	7	4	14	2	13	1	10	6	12	11	9	5	3	8
	4	1	14	8	13	6	2	11	15	12	9	7	3	10	5	0
	15	12	8	2	4	9	1	7	5	11	3	14	10	0	6	13

续表

S-盒2	15	1	8	14	6	11	3	4	9	7	2	13	12	0	5	10
	3	13	4	7	15	2	8	14	12	0	1	10	6	9	11	5
	0	14	7	11	10	4	13	1	5	8	12	6	9	3	2	15
	13	8	10	1	3	15	4	2	11	6	7	12	0	5	14	9
S-盒3	10	0	9	14	6	3	15	5	1	13	12	7	11	4	2	8
	13	7	0	9	3	4	6	10	2	8	5	14	12	11	15	1
	13	6	4	9	8	15	3	0	11	1	2	12	5	10	14	7
	1	10	13	0	6	9	8	7	4	15	14	3	11	5	2	12
S-盒4	7	13	14	3	0	6	9	10	1	2	8	5	11	12	4	15
	13	8	11	5	6	15	0	3	4	7	2	12	1	10	14	9
	10	6	9	0	12	11	7	13	15	1	3	14	5	2	8	4
	3	15	0	6	10	1	13	8	9	4	5	11	12	7	2	14
S-盒5	2	12	4	1	7	10	11	6	8	5	3	15	13	0	14	9
	14	11	2	12	4	7	13	1	5	0	15	10	3	9	8	6
	4	2	1	11	10	13	7	8	15	9	12	5	6	3	0	14
	11	8	12	7	1	14	2	13	6	15	0	9	10	4	5	3
S-盒6	12	1	10	15	9	2	6	8	0	13	3	4	14	7	5	11
	10	15	4	2	7	12	9	5	6	1	13	14	0	1	3	8
	9	14	15	5	2	8	12	3	7	0	4	10	1	13	11	6
	4	3	2	12	9	5	15	10	11	14	1	7	6	0	8	13
S-盒7	4	1	2	14	15	0	8	13	3	12	9	7	5	10	6	1
	13	0	11	7	4	9	1	10	14	3	5	12	2	15	8	6
	1	4	11	13	12	3	7	14	10	15	6	8	0	5	9	2
	6	11	13	8	1	4	10	7	9	5	0	15	14	2	3	12

续表

S-盒 8	13	2	8	4	6	15	11	1	10	9	3	14	5	0	12	7
	1	15	13	8	10	3	7	4	12	5	6	11	0	14	9	2
	7	11	4	1	9	12	14	2	0	6	10	13	15	3	5	8
	2	1	14	7	4	10	8	13	15	12	9	0	3	5	6	11

S-盒代换是DES算法的关键步骤，因为所有其他运算都是线性的，易于分析，而S-盒代换是非线性的，其安全性高于其他步骤。

5）P-置换。S-盒输出的32位结果还要进行一次P-盒置换，其中任何一位不能被映射两次，也不能省略。P-盒置换的输入位和输出位的对应关系见表2-8。

表2-8　P-置换表

16	7	20	21	29	12	28	17	1	15	23	26	5	18	31	10
2	8	24	14	32	27	3	9	19	13	30	6	22	11	4	25

最后，P-盒置换的结果与64位数据的左半部分进行一个异或操作，然后左半部分和右半部分进行交换，开始下一轮运算。

6）DES解密。

DES算法一个重要的特性是加密和解密可使用相同的算法。也就是说，DES可使用相同的函数加密或解密每个分组，但两者的密钥次序是相反的。例如，如果每轮的加密密钥次序为K_1，K_2，K_3…，K_{16}，则对应的解密密钥次序为K_{16}，K_{15}，K_{14}，…，K_1。在解密时，每轮的密钥产生算法将密钥循环右移1位或2位，每轮右移位数分别为0，1，2，2，2，2，2，2，1，2，2，2，2，2，2，1。

（2）工作模式。DES的工作模式有4种：电子密本（ECB）、密码分组链接（CBC）、输出反馈（OFB）和密文反馈（CFB）。ANSI的银行标准中规定加密使用ECB和CBC模式，认证使用CBC和CFB模式。在实际应用中，经常使用ECB模式。在一些安全性要求较高的场合下，使用CBC模式，它比ECB模式复杂一些，但可以提供更好的安全性。

（3）实现方法。DES算法有硬件和软件两种实现方法。硬件实现方法采用专用的DES芯片，使DES加密和解密速度有了极大的提高，例如，

DEC公司开发的一种DES芯片的加密和解密速度可达1Gbit/s，能在1s内加密16 800 000个数据分组，并且支持ECB和CBC两种模式。现在已有很多公司生产商用的DES芯片。商用的DES芯片在芯片内部结构和时钟速率等方面各有不同，如有些芯片采用并行处理结构，在一个芯片中有多个可以并行工作的DES模块，并采用高速时钟，大大提高了DES加密和解密速度。

软件实现方法的处理速度要慢一些，主要取决于计算机的处理能力和速度。例如，在HP 9000/87工作站上，每秒可处理196 000个DES分组。

在实际应用中，数据加密产品将引起系统性能的下降，尤其在网络环境下应用时，将引入很大的网络延时。为了在安全性和性能之间求得最佳的平衡，最好采用基于DES芯片的数据加密产品。

（4）三重DES算法。

为了提高DES算法的安全性，人们还提出了一些DES变形算法，其中三重DES算法（简称3DES）是经常使用的一种DES变形算法。

在3DES中使用两个或三个密钥对一个分组进行三次加密。在使用三个密钥的情况下，第一次使用密钥K_1，第二次使用密钥K_2，第三次再使用密钥K_3，如图2-5所示。经过3DES加密的密文需要2^{112}次穷举搜索才能破译，而不是2^{56}次。可见，3DES算法进一步加强了DES的安全性，在一些高安全性的应用系统，大都将3DES算法作为一种可选的数据加密算法。

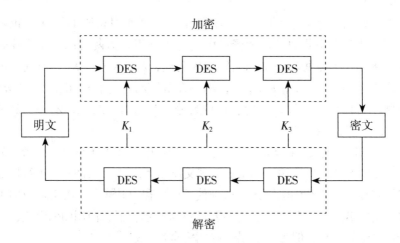

图2-5　3DES原理流程图

3. IDEA算法

IDEA算法，通常情况下我们认为，它是DES更新期的产品备用算法，它也是分组密码算法有关方面的技术，一般，其既具有加密方面的作用，又具有解密方面的作用，功能非常强大和有价值。

它的分组长度一般为64位，而密匙则为128位。在此基础上，产生了其设计方面的具体的要求（即原则），下面我们对其内容进行介绍。

首先，它主要是混合的运算（基于三个代数群方面的）。

其次，需要我们注意：它的全部运算的进行都是在16位子方面的分组上的。

最后，比较好的情况是，它比较容易实现，特别是它非常容易吻合并兼容16位处理器。

另外，它的名称经过为"PES"（1990）、"IPES"（1991）、"IDEA"（1992），其中，IPES是有关的科学家们为了应对新的威胁而对PES的升级调整，主要的结果是增加了算法的"抗敌"能力，提高了它自身的防御效果。

同时我们需要记得：它的创立者为X. Lai和J. Massey。

（1）算法简介。在一般算法里，我们会把总的比较多的数据划分成好几个小组，而在IDEA里，我们常常把总的64位数据方面的内容划分成4个分组，他们分别是X_1、X_2、X_3、X_4，并在刚开始就被作为一轮输入进行运算，在这样的情况下，它们每个组之间进行相互加法、乘法方面的内容。

不过需要注意：IDEA总共有8轮，每轮之间，第二、三子分组都要进行相互交换方面的操作。只有这样，才能在最后输出变换时，达到如下的运算情况：4个子分组和4个子密钥。

为了读者更好地理解算法的有关加密方面的具体进程，下面我们分别对其进行论述。

1）每一轮的运算过程。

A. X_1与第一个子密钥相乘。

B. X_2与第二个子密钥相加。

C. X_3与第三个子密钥相加。

D. X_4与第四个子密钥相乘。

E. 将A步骤和B步骤的结果相异或。

F. 将B步骤和D步骤的结果相异或。

G. 将E步骤的结果和第五个子密钥相乘。

H. 将F步骤和G步骤的结果相加。

I. 将H步骤的结果和第六个子密钥相乘。

J. 将G步骤和I步骤的结果相加。

K. 将A步骤和I步骤的结果相异或。

L. 将C步骤和I步骤的结果相异或。

M. 将B步骤和J步骤的结果相异或。

N. 将D步骤和J步骤的结果相异或。

2）每一轮的输出变换。将K、L、M和N步骤的结果分为4个子分组，作为每一轮的输出。然后将中间两个子分组进行交换，作为下一轮的输入。

3）最后一轮输出变换。经过8轮运算后，对最后输出的结果进行以下变换。

A. X_1 与第一个子密钥相乘。

B. X_2 与第二个子密钥相加。

C. X_3 与第三个子密钥相加。

D. X_4 与第四个子密钥相乘。

最后，将这4个子分组重新连接在一起形成密文。

4）子密钥的产生和分配。该算法共使用了52个子密钥（每一轮需要6个，8轮需要48个，最后输出变换需要4个）。

子密钥的产生方法为：将128位密钥分成8个16位子密钥，分配给第一轮6个和第二轮前2个。

密钥向左环移25位，再分成8个16位子密钥，分配给第二轮4个和第三轮4个。

密钥再向左环移25位生成8个子密钥，并顺序分配。如此进行直到算法结束。

IDEA的解密过程与上述过程基本相同，只是解密子密钥是通过对加密子密钥的求逆运算（加法逆或乘法逆）得到的，并且需要花费一定的计算时间。但对每个解密子密钥只需做一次运算。

（2）实现方法。IDEA算法的实现方法，一般情况下可分为硬件法和软件法。

硬件法通常使用"大芯片"，其加密数据的速率指标值显示非常优异，可达到170Mbit/s左右，已经被认为是世界上最快的算法之一，也被人们应用于很多方面，其中"大芯片"的代表是某"E"公司的VLSI芯片。

除此之外需要注意，IDEA的软件实现方法正常情况下要比DEC算法快得多。

4. RC密码算法

RC密码算法是美国密码学方面的教授设计出来的一种算法。

通常情况下认为：它包括5个系列，明确可知并可用的主要有3个，它们分别是分组密码算法RC2，序列密码算法RC4，分组密码算法RC5，其中RC2和RC4都可以对密钥的长度方面进行一定的改变，而RC5可以对相关的参数方面的内容进行改变。

为了读者更好地理解RC2、RC4、RC5方面算法的有关情况和内容，下面分别对其进行论述。

（1）RC2密码算法。RC2是一个商业机密，一般时间都是被保护起来防止无关人员进行任意探密的，它也是为数据安全方面的企业专门设计的。

设立它的宗旨就是要替换掉我们前面提到过的DES，以实现有关方面的升级进步，以更能有效地应对有关差分方面和线性密码有关的威胁和不利因素。

RC2的算法速度总体上要比DES快好几倍，通常认为是3倍，而且，它在安全性方面所能带来的安全保障也比DES算法要高，因而更受青睐。

美国的有关机构和部门，却不允许有关密码产品方面内容的对外"输出"，至少是禁止它破解不了的任一密码产品的对外输出，也是值得我们考虑的。对可以进行对外输出的密码产品，其具体要求如下：

RC2、RC4产品的密钥长度必须要保证在40位长度以下，超过则不可输出。举个简单的例子：如果使用专业的高性能的计算机，通过采用专业手段对产品密匙进行查找，只要满足设备的数量要求（至少为1000台同功能的计算机），那么，在这样的情况下找到目标（正确的密钥）只需要短短的30min以内，甚至能达到20min。由此看来，密匙长度40位显然是不够的，其往往很容易会带来安全隐患，因而不让其出口也是很正常的情况。

（2）RC4密码算法。

通常情况下认为RC4有确定的源代码，为了读者更好地了解其主要内容，下面对其内容进行介绍。

首先，它是一种可变密钥长度的序列密码算法。

其次，RC4算法以输出反馈（OFB）模式工作，密钥序列与明文相互独立。它采用了一个 8×8 的 S-盒：S_0，S_1，S_2，$\cdots$，S_{255}，并按下列步骤对 S-盒进行初始化。

1）线性填充。$S_0=0$，$S_1=1$，$S_2=2$，…，$S_{255}=255$。

2）密钥填充。用密钥填充一个256字节的数组$K_0=0$，$K_1=1$，$K_2=2$，…，$K_{255}=255$，不断重复密钥直到填满为止。

3）设置一个指针j，且$j=0$。然后进行下列计算

当$i=0\sim255$，

$$j=(j+S_i+K_i)\bmod 256$$

$$S_i<=>S_j \quad （交换S_i和S_j）$$

所有项都是在$0\sim255$数字之间进行置换的，并且这个置换是一个可变长度密钥的函数。它使用两个计算器i和j，初值均为0。产生一个随机字节的步骤是

$$i=(i+1)\bmod 256$$

$$j=(j+S_i)\bmod 256$$

$$S_i<=>S_j \quad （交换S_i和S_j）$$

$$t=(S_i+S_j)\bmod 256$$

$$K=S_t$$

字节K与明文进行异或运算，便产生密文；字节K与密文进行异或运算，便恢复明文。

RSADSI宣称RC4算法对差分和线性密码分析是免疫的，它几乎没有任何小的循环，并且具有很高的非线性。因此，RC4的安全性是有保证的。另外，RC4的加密和解密速度非常快，大约比DES快10倍。

（3）RC5密码算法。RC5算法是一种可变参数的分组密码算法，可变的参数为：分组大小、密钥长短和加密轮数。该算法使用了三种运算：异或、加法和循环，并且循环是一个非线性函数。

RC5中的分组长度是可变的（这里以64位分组为例），在加密时使用了$2r+2$个密钥相关的32位字：S_0，S_1，S_2，…，S_{2r+1}，其中r为加密的轮数。

1）RC5的加密步骤如下。

A.将明文分组划分为两个32位字：A和B。

B.进行下列计算

$$A=A+S_0$$

$$B=B+S_1$$

对$i=0\sim r$递减至1

$$A = ((A \oplus B) <<< B) + S_{2r}$$
$$B = ((B \oplus A) <<< A) + S_{2r+1}$$

C. 输出结果在A和B中。

其中，$\oplus$为异或运算，$<<<$为循环左移，加法是模2^{32}。

2）RC5的解密步骤如下。

A. 将密文分组划分为两个32位字：A和B。

B. 进行下列计算

对$i=r$递减至1

$$B = ((B - S_{2r+1}) >>> A) \oplus A$$
$$A = ((A - S_{2r}) >>> B) \oplus B$$
$$B = B - S_1$$
$$A = A - S_0$$

C.输出结果在A和B中。

其中，$\oplus$为异或运算，$>>>$为循环右移，减法也是模2^{32}。

3）RC5的密钥创建步骤如下。

A. 将密钥字节复制到32位字的数组L中。

B. 利用线性同余发生器模2^{32}初始化数组S。

$$S_0 = p$$

对$i=1 \sim 2（r+1）-1$

$$S_i = (S_{i-1} + Q) \bmod 2^{32}$$

$$p = 0\text{xb7e15163}，\quad Q = 0\text{x9e3779b9}$$

这些常数是十六进制表示。

C.对L和S进行混合运算

$$i = j = 0$$
$$A = B = 0$$

做$3n$次运算

$$A = S_i = (S_i + A + B) <<< 3$$
$$B = L_i = (L_i + A + B) <<< (A + B)$$
$$i = (i+1) \bmod 2（r+1）$$
$$j = (j+1) \bmod c$$

其中，n是2（r+1）和c中的最大值。

RC5的加密轮数是可变的。在6轮后，经过线性分析表明是安全的。作者推荐的加密轮数是至少12轮，最好是16轮。

2.3.2 非对称密码算法

非对称密码算法属于公钥密码系统，即采用两个完全不同的密钥对数据信息进行加密和解密。公钥密码的概念最早被提出来是在由Diffie和Hellman公开发表的一篇论文里，即《密码学的新方向》（1976），这篇论文在当时引起了巨大反响，它使得人们对数据加密有了新的认识。这篇论文后来获得IEEE信息论学会的最佳论文奖。

1. 基本原理

非对称密码算法在对数据进行加密和解密时会产生两个随机的密钥，一个是公钥，是开放性的，用来对数据进行加密；一个是私钥，是保密性的，用来对数据进行解密。非对称密码算法的基本原理如图2-6所示。

非对称密码算法的使用规则如下：信息发送者从接收者那里获得加密所用的公钥，经过处理后，将经过加密的信息传输给接收者（这里需要注意：由于公钥具有开放性质，因此不需要特别建立输送通道），接收者读取信息时只需使用自己的私钥对信息进行解密即可。相比对称密码算法，非对称密码算法最明显的优势是加密和解密的密钥是分开的，这就有效地避免了对称算法中，一旦丢失密钥，就会造成信息损失的情况发生。同

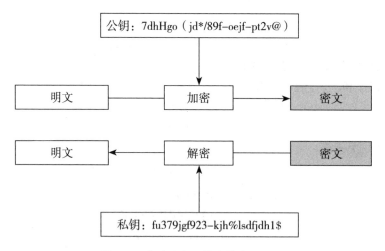

图2-6 非对称密码算法基本原理

时，非对称算法还极大地降低了传输密钥时可能出现的安全隐患，减少了不必要的成本。非对称密码算法具有高安全性、方便管理等优点，但是其计算量较大，且加密和解密的效率较低。与对称算法相比较，非对称算法更适合对短消息进行加密。

事实上，在实际操作中，对称密码和非对称密码并不是独立存在的，而是综合利用其各自的优点搭配使用。加密数据时，利用对称密码算法的高效率，以最快的速度处理完；所产生的加密密钥再通过非对称密码算法进一步加密，保证其安全性。在此基础上，两种加密算法的混用机制还可以实现数字签名和认证机制。

下面主要介绍两种常用的非对称密码算法，即RSA算法和Diffie-Hellman算法。

2. RSA算法

RSA算法是用三个发明人Rivest、Shamir和Adleman的名字命名的。它是第一个比较完善的公钥密码算法，既可用于加密数据，又可用于数字签名，并且比较容易理解和实现。RSA算法经受住了多年的密码分析的攻击，具有较高的安全性和可信度。

（1）算法描述。RSA的安全性基于大数分解的难度。其公钥和私钥是一对大素数的函数，从一个公钥和密文中恢复出明文的难度等价于分解两个大素数之和。

1）两个密钥产生方法。

A. 选取两个大素数：p和q，并且两数的长度相同，以获得最大程度的安全性。

B. 计算两数的乘积：$n=p \times q$。

C. 随机选取加密密钥e，使e和$(p-1)(q-1)$互素。

D. 计算解密密钥d，为满足$ed \equiv \bmod (p-1)(q-1)$，则$d=e^{-1} \bmod ((p-1)(q-1))$，$d$和$n$也互素。

E. e和n是公钥，d是私钥。两个素数p和q不再需要，可以被舍弃，但绝不能泄露。

2）数据加密方法。

A. 对于一个明文消息m，首先将它分解成小于模数n的数据分组。例如，p和q都是100位的素数，n则为200位，每个数据分组m_i应当小于200位。

B. 对于每个数据分组m_i，按下列公式加密：$c_i = m_i^e (\bmod \ n)$，其中e是加密密钥。

C.将每个加密的密文分组 c_i 组合成密文 c 输出。

3）数据解密方法。

A.对于每个密文分组 c_i ，按下列公式解密： $m_i = c_i^d \pmod{n}$ ，其中 d 是解密密钥。

B. 将每个解密的明文分组 m_i 组合成明文 m 输出。

（2）实现方法。RSA有硬件和软件两种实现方法。不论何种实现方法，RSA的速度总是比DES慢得多。因为RSA的计算量要大于DES，在加密和解密时需要做大量的模数乘法运算。例如，RSA在加密或解密一个200位十进制数时大约需要做1000次模数乘法运算，提高模数乘法运算的速度是解决RSA效率的关键所在。

硬件实现方法采用专用的RSA芯片，以提高RSA加密和解密的速度。生产RSA芯片的公司有很多，如AT&T、Alpha、英国电信、CNET、Cylink等，最快的512位模数RSA芯片速度为1Mb/s。同样使用硬件实现，DES比RSA快大约1000倍。在一些智能卡应用中也采用了RSA算法，其速度都比较慢。

软件实现方法的速度要更慢一些，与计算机的处理能力和速度有关。同样使用软件实现，DES比RSA快大约100倍。表2-9为RSA软件实现的处理速度实例。

表2-9　RSA软件实现的处理速度实例（在SPARC Ⅱ 工作站上）

操作功能	加密	解密	签名	认证
512bit/s	0.03	0.16	0.16	0.02
768bit/s	0.05	0.48	0.52	0.07
1024bit/s	0.08	0.93	0.97	0.08

在实际应用中，RSA算法很少用于加密大块的数据，通常在混合密码系统中用于加密会话密钥，或者用于数字签名和身份鉴别，它们都是短消息加密应用。

3. Diffie-Hellman算法

Diffie-Hellman算法是世界上第一个公钥密码算法，其数学基础是基于有限域的离散对数，有限域上的离散对数计算要比指数计算复杂得多。Diffie-Hellman算法主要用于密钥分配和交换，不能用于加密和解密信息。

Diffie-Hellman算法的基本原理是：首先A和B两个人协商一个大素数 n

和g，g是模n的本原元。这两个整数不必是秘密的，两人可以通过一些不安全的途径来协商，其协议如下：

（1）A选取一个大的随机整数x，并且计算$X = g^x \bmod n$，然后发送给B。

（2）B选取一个大的随机整数y，并且计算$Y = g^y \bmod n$，然后发送给A。

（3）A计算$k = Y^x \bmod n$。

（4）B计算$k' = X^y \bmod n$。

由于k和k'都等于$g^{xy} \bmod n$，其他人是不可能计算出这个值的，因为他们只知道ng、X和Y。除非他们通过离散对数计算来恢复x和y。因此，k是A和B独立计算的秘密密钥。

n和g的选取对系统的安全性产生很大的影响，尤其n应当是很大的素数，因为系统的安全性取决于大数（与n同样长度的数）分解的难度。

基于Diffie-Hellman算法的密钥交换协议可以扩展到三人或更多的人。

2.3.3　数字签名算法

1. 基本原理

在现代社会的交际活动中，签名和盖章都是必不可少的关键环节，尤其是在商务活动中，所有跟经济有关的合同、协议、契约等都必须要求签名或盖章，以此作为法律凭证，这也是有关人员认可其行为的一种表现。随着时代的发展，越来越多的纸质文本转化为电子档案，为了切实保护合法网络用户的权益，必须在电子交易中建立其抗抵赖性。电子交易的抗抵赖性具有两个方面的含义，从信息发送方来说，要避免其对发出的信息持否定态度；从信息接收方来说，要避免其对接收的信息进行抵赖。这在很大程度上保证了电子交易的公平性和法律效益，使得很多不必要的经济纠纷减少。在电子商务活动中，实际应用的具有抗抵赖性的技术就是通常所说的数字签名。

数字签名由两部分组成，即消息签名和签名认证，当满足以下条件时，才能形成一个完整的数字签名体系。

（1）用户与消息之间进行签名的对应关系是唯一的。

（2）已经签名完成的消息，其余用户有权核实该签名的真假性，即需要进行消息认证。

（3）用户的签名应该受到法律保护，不能除本人之外的其他人伪造。

（4）当某一数字签名面临争议时，应授权第三方仲裁进行决议。

公钥密码系统为数字签名提供了一种简单而有效的实现方法，其基本原理如图2-7所示。假如A向B发送一个消息M，现使用基于公钥密码系统的数字签名方法对消息M进行签名和签名认证，其过程如下。

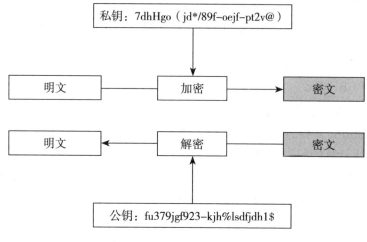

图2-7 数字签名基本原理

（1）A将消息M和签名S发送给B。

（2）B使用A的公钥解密S，恢复信息M，并比较两者的一致性来验证签名。

可见，基于公钥的数字签名系统与数据加密系统既有联系，又有所差别。在数据加密系统中，发送者使用接收者的公钥加密所发送的数据，接收者使用自己的私钥解密数据，目的是保证数据的保密性，但不验证数据。同时，它还要解决密钥分配和分发问题。在数字签名系统中，签名者使用自己的私钥加密关键性信息（如信息摘要）作为签名信息，并发送给接收者，接收者则使用签名者的公钥解密签名信息，并验证签名信息的真实性。有些数字签名算法，如数字签名算法（Digital Signature Algorithm DSA）不具有数据加密和密钥分配能力，主要通过变换计算来产生和验证签名信息。而有些数据加密算法，如RSA则可用于数字签名。

下面主要介绍DSA算法和基于RSA的数字签名算法。

2. DSA算法

DSA是美国国家标准技术协会（NIST）在其制定的数字签名标准（DSS）中提出的一个数字签名算法。DSA基于公钥体系，用于接收者验证数据的完整性和数据发送者的身份，也可用于第三方验证签名和所签名数据的真实性。

在DSS标准中规定，数字签名算法应当无专利权保护问题，以便推动该技术的广泛应用，给用户带来经济利益。由于DSA无专利权保护，而RSA受专利保护。因此，DSS选择了DSA而没有采纳RSA。结果在美国引起很大的争论。一些购买RSA专利许可权的大公司从自身利益出发强烈反对DSA，给DSA的推广应用带来了一定的影响。

DSA是一种基于公钥体系的数字签名算法，主要用于数字签名，而不能用于数据加密或密钥分配。在DSA中，使用了以下的参数。

（1）p是从512位到1024位长的素数，且是64的倍数。

（2）q是160位长且与$p-1$互素的因子。

（3）$g = h^{(p-1)/q} \bmod p$，其中p是小于$p-1$并且满足$h^{(p-1)/q} \bmod p$大于1的任意数。

（4）x是小于q的数。

（5）$y = g^x \bmod p$。

在上述参数中，p、q和g是公开的，可以在网络中被所有用户公用，x是私钥，y是公钥。

另外，在标准中还使用了一个单向散列函数$H(m)$，指定为安全散列算法（SHA）。

下面是A对消息m签名和B对签名的验证过程。

（1）A产生一个小于q的随机数k。

（2）A对消息m进行签名

$$r = (g^k \bmod p) \bmod q$$

$$s = (k^{-1}(H(m) + xy)) \bmod q$$

式中，r和s是A的签名，并发送给B。

（3）B通过下列计算来验证签名

$$w = s^k \bmod q$$

$$i = (H(m) \times w) \bmod q$$

$$j = (rw) \bmod q$$

$$v = ((g^i \times y^j) \bmod p) \bmod q$$

如果$v=r$，则签名有效。

在DSS标准中，还推荐了一种产生素数p和g的方法，它使人们相信尽管p和g是公开的，但其产生方法具有可信的随机性，因此DSA是很安全的。

3. 基于RSA的数字签名算法

虽然美国的数字签名标准中没有采纳RSA算法，但RSA的国际影响还是很大的。国际标准化组织（ISO）在其ISO 9796标准中建议将RSA作为数字签名标准算法，业界也广泛认可RSA。因此，RSA已经成为事实上的国际标准。由于RSA的加密算法和解密算法互为逆变换，所以可以用于数字签名系统。

假定用户A的公钥为n和e，私钥为d，M为待签名的消息，A的秘密（加密）变换为D，公开（解密）变换为E。那么A使用RSA算法对M的签名为

$$S \equiv D(M) \equiv M^d (\mathrm{mod}\, n)$$

用户B收到A的消息M和签名S后，可利用A的公开变换E来恢复M，并验证签名

$$E(S) \equiv (M^d \,\mathrm{mod}\, n)^e \equiv M$$

因为只有A知道D，根据RSA算法，其他人是不可能伪造签名的，并且用户A与用户B之间的任何争议都可以通过第三方仲裁解决。

如果要求对一个消息签名并加密，每个用户则需要两对公钥：一对公钥(n_1, e_1)用于签名；另一对公钥(n_2, e_2)用于加密，并且$n_1 < h < n_2$，h是为避免重新分块问题而设置的阈值（例如$h = 10^{199}$）。在这种情况下，其签名并加密过程如下：

（1）用户A首先使用自己的私钥对消息M签名，然后使用用户B的加密公钥对签名加密

$$C = E_{B2}(D_{A1}(M))$$

（2）用户B收到C后，首先使用自己的私钥来解密，然后使用用户A的签名公钥来恢复M，并验证签名

$$E_{A1}(D_{B2}(C)) = E_{A1}(D_{B2}(E_{B2}(D_{A1}(M)))) = E_{A1}(D_{A1}(M)) = M$$

基于公钥体系的RSA算法不仅可以用于数据加密，还可以用于数字签名，并且具有良好的安全性。因此，在实际中得到广泛的应用，很多基于公钥体系的安全系统和产品大都支持RSA算法。

2.4　防火墙技术研究

防火墙技术是目前网络信息安全应用最广泛的技术。防火墙能够严格控制网络信息流动的权限，将数据有效地限制在使用者设定的网络范围内。下面就防火墙的基本概念、原理、分类、技术、构成以及配置做详细

介绍。

2.4.1　防火墙的概念、原理及分类

1. 概念

Intranet和Extranet是目前网络应用基于Internet体系结构的两大部分。在Intranet的技术和设备上构造出企业信息资源的共享，放入企业全部信息；Extranet是获得其他网络中允许共享的、有用的信息。前提是在电子商务、协同合作的需求下。因此防火墙应当满足如下要求：

（1）保证主机的安全访问和应用的安全。

（2）保证服务器的安全和多种客户机安全。

（3）保护关键部门通过Internet与远程访问的雇员、客户、供应商提供安全通道。并且不受到来自内部和外部的攻击。

防火墙是硬件和软件之间执行控制策略的系统，本质上，"两个网络"保护网络不被可疑目标入侵。控制那些可被允许出入其受保护环境的人或物，遵从的是只允许授权的通信，允许或组织来往的网络通信安全机制。堡垒主机目的为门内的部门提供安全，防火墙是位于内部网或Web站点与Internet之间的一个路由器和一台计算机。如同一个安全门，控制并检查站点的访问者。防火墙配置示意如图2-8所示。

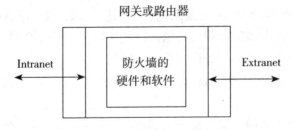

图2-8　防火墙配置示意图

从网络角度讲，防火墙是由IT管理员为保护自己的网络允许与Internet连接，是根据安全计划和安全网络中的定义来保护其后面的网络，是安装在两个网络之间的一道栅栏，为免遭外界非授权访问而发展起来的。软件和硬件的组成理论上，防火墙可以做到以下几项：

（1）防火墙保护通过所有进出网络的通信流。

（2）计划的确认和授权及安全策略都是所有穿过防火墙的通信流。

（3）防火墙是穿不透的。

防火墙不能保证安全，而能保护站点不被任意连接，只能加强安全，

利用防火墙能帮助总结服务器提供的通信量、试图闯入者的任何企图，能建立跟踪工具、记录有关正在进行的连接来源。单个防火墙不能防止所有可能的威胁。

2. 原理

（1）基于网络体系结构的防火墙原理。防火墙是建立在不同分层结构上的，从OSI的网络体系结构来看，具有一定安全级别和执行效率的通信交换技术。为保护网络的安全，防火墙的主要目的是为了分隔Intranet和Extranet。无论是OSI/RM还是TCP/IP RM，都具有相同的实现原理，如图2-9所示。

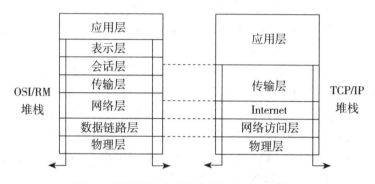

图2-9　基于网络体系结构的防火墙实现原理

根据网络分层结构的实现思想，如果防火墙所能检测到的通信资源越少，就说明防火墙所采用的通信协议栈层级越低，安全级别也就越低，唯一不同的是执行效率却较佳。若防火墙能检测到的通信资源越多，防火墙所采用的通信协议栈层级越高，安全级别也就越高，但其执行效率却较差。

不同的分层结构上实现的防火墙不同，按照网络的分层体系结构和实现方法技术、安全性能通常有如下几种。

1）包过滤防火墙：基于网络层实现。

2）传输级网关：基于传输层实现。

3）应用级网关：基于应用层实现。

4）混合型防火墙：根据安全性能进行弹性管理，整合上述所有技术。

（2）基于双网络堆栈（Dual Network Stack）的防火墙原理。

为了增加防火墙的可靠性，有的防火墙在不同的分层协议栈上实现安全通信，为了进一步提高防火墙的安全性，还采用了连线隔离和通信协议栈的堆叠技术，其目的是为了实现原理。如图2-10所示。

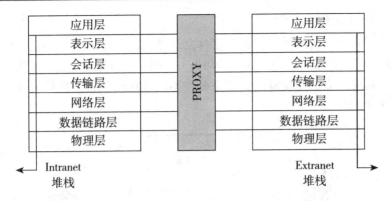

图2-10 基于双网络堆栈（Dual Network Stack）的防火墙原理

从网际的角度看，基于Daul Network Stack的防火墙能有效地保护网络之间的通信和连线管理。由图2-4-3可知，Intranet被完全隔离而实现了安全保护；网络体系结构，主要依赖于网络具体的协议结构，对于内部和外部网络而言，在不同的分层协议栈上也有不同的防火墙实现技术，其协议结构有可能是不同的，因而具有更好的适应性和安全性。

3. 分类

按实现技术方式分类，防火墙可分为包过滤防火墙、应用网关防火墙、代理防火墙。

按形态分类，防火墙可分为软件防火墙和硬件防火墙两类。硬件防火墙将防火墙安装在专有操作系统和专用的硬件平台之上的，以硬件形式出现，数据包的过滤，可以减少系统的漏洞，性能更好，有专有的ASIC硬件芯片负责数据包的过滤，如Cisco的PIX防火墙。

2.4.2 防火墙技术

防火墙的设计关键在于网络的隔离及连接的管理，主要解决互连无法信任的网络、企业网络与互联网互联、限制员工对互联网的访问权限、保护特定主机、互联网（Internet）与企业内部网络（Intranet）之间、互连网络建立企业虚拟私有网络、建立电子商业应用等情况下的网络安全的保护措施。

为确保防火墙本身的安全性，可靠的操作系统及通信堆叠的设计显得尤为重要，它的目的是为了真正能够执行企业的安全策略，保障不同安全区域间的安全，防火墙所采用的技术及作用主要有以下几个方面。

1. 隔离技术

（1）定义。将网络的物理线路切断，是最安全且简单的做法，但是失去了网络本身的优势，完全的中断却失去了网络的方便性。为了不失去网络本身，解决的方法是设计防火墙系统在不同区域间执行连接的管理，如图2-11所示。

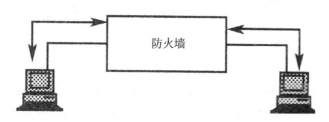

图2-11　防火墙隔离技术

（2）分类。区域隔离网络的防火墙隔离支持技术分为三种。

1）如图2-12（a）所示，网络区隔为两段，Dual-Home。

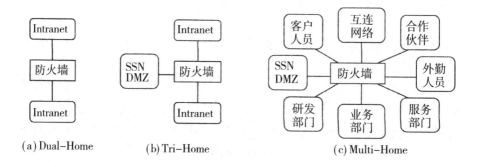

(a) Dual-Home　　(b) Tri-Home　　(c) Multi-Home

图2-12　防火墙隔离技术类型

2）如图2-12（b）所示，防火墙上增加第三块网卡的网络，Tri-Home，安全服务网络或非军事隔离区。

3）如图2-12（c）所示，支持区域隔离多端网络的防火墙，Multi-Home。

2. 管理技术

从管理网络互连的角度，主要管理内容如下所示。

（1）连接主机名称、子网络区段、IP地址、网络名称等来源地址。

（2）连接网络名称、IP地址、子网络区段、主机名称等目的地址。

（3）网络Telnet、FTP、SMTP、HTTP服务的类别。

（4）连接的时间。

（5）连接Ext→Int→Ext等的方向。

（6）连接Password/Username的身份。

3. 防火墙操作系统技术

不管是软件还是硬件，防火墙很难保护网络的安全。防火墙的设备都必须考虑防火墙的操作系统环境是否安全。市场上的防火墙优缺点见表2-10。是建构在下列类型的操作系统上的。

表2-10　防火墙优缺点

操作系统名称	操作系统说明	优点	缺点
一般通用功能的操作系统General Purpose OS	设计的要求是可以整合所有应用系统（全功能、开放式）。有，Solaris、AIX、HPUX、IRIX、Unix Ware、Windows NT等	对于防火墙厂商不必考虑硬件兼容性的问题。对于防火墙管理者不必学习另一种操作系统。防火墙可扩充的应用较多	额外购买操作系统。防火墙能继承原开放操作的安全漏洞。硬件通常为较昂贵的工作站。使用者必须很熟悉操作系统的管理及配置
经过安全强化的操作系统Security Harden OS	除掉防火墙上具有安全威胁的漏洞，通常是由Unix操作系统改写而成的，为了增强操作系统运作的安全性。有，Sidewinder及Secure Zone的Secure OS	防火墙的可扩充功能较多。可继承原操作系统的扩充能力。操作系统安全性较高。执行效率较高	扩充功能更新速度较慢，为强调安全性。防火墙支持的硬件兼容性较差
厂商独自开发的操作系统Proprietary OS	硬件防火墙使用的操作系统，由防火墙厂商自行开发。例如：Cisco IOS	操作系统最精简，执行效率最佳。操作系统的安全性基于操作系统的封闭性及独特性。稳定性较佳	由于过于精简，功能受到限制。通常只能做到封包过滤功能。由于操作系统的独特性难以整合扩充现有的网络应用

4. 通信堆叠技术

防火墙所采用的通信堆叠技术与防火墙的安全级数及执行效率有着密切的关系。防火墙的主要功能是在隔离和保护网络通信及连接管理，防火墙的通信堆叠可检查到的通信资料多少关系着防火墙的安全级数及执行效率。以OSI/RM的网络体系结构为例来看，如果防火墙所采用的通信堆叠技术所在层级越低，其安全级数也就越低，其执行效率较佳。但是所能检查到的通信资源比较少。防火墙所采用的堆叠技术所在层级越高，其安全级数也就越高，执行效率较差。但是所能检查到的通信资源越多。

目前在市场上可以看到的防火墙技术按通信堆叠来区分，有下列类型。

（1）包过滤技术（图2-13）

1）运行方式。

A. 在TCP/IP网络层（Network Layer）可以检查的通信资料有封装包的类型（TCP/UDP）、目的地址通过端口号、源IP地址（Source IP Address）、源地址通信端口号。

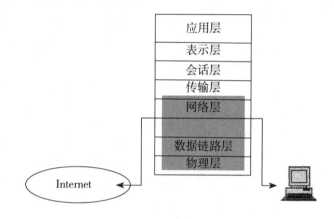

图2-13　包过滤技术

B. 直接通信（Direct Connection）：内部网络与外部网络间。

C. 防火墙IP封包进行检查、校验、比较，根据防火墙IP进出。

2）优点。

A. 网络流量性能最好。

B. 支持所有的通信协议，与网络通信协议无关。

3）缺点。

A. 使内部网络暴露，直接连接的危险性高，外部网络容易获取内部信息。

B. 连接的状态（State），如Telnet连接何时停止?何时建立? 无法掌握。

C. 无法识别是何种通信协议FTP、SMTP、HTTP等。只可以确认通信端口号。

D. 难以设定访问控制条件。

E. 应用程序状态无法检查。

F. 相对来说比较不安全。

（2）状态检查技术（图2-14）。

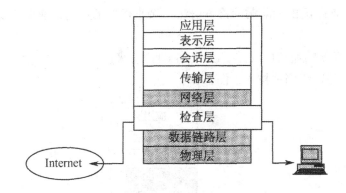

图2-14 状态检查技术

1）运作方式。

A. 状态检查模块（Stateful Inspection Module）：在网络层（Network）和数据链路层（Data Link）之间插入。

B. 将连接状态存放在动态状态表（Dynamic State Table，DST）中，由状态检查模块动态检查各层的网络连接状态。

C. 在动态状态表中有限的应用（Application Level）的信息；检查的通信资源有封装包的类型（TCP/IP）、有限的传输级（Circuit Level）的信息、网络服务的通信端口号（Port Number）、有源IP地址（Source IP Address）、目的IP地址（Destination IP Address）。

D. 直接通信（Direct Connection）：外部网络与内部网络间。

E. 防火墙连接状态进行校验，防火墙的IP封包根据防火墙。

2）优点。

A. 比数据包过滤（Packet Filtering）稍安全一点。

B. 可掌握部分应用级网关（Application-Level Gateway）状态信息。可掌握连接的状态。

C. 支持未来新的网络较好的扩充性及延展性，未来新的网络协议较简单。

D. 应用级网关（Application-Level Gateway）比网络流量性能稍微欠缺。

3）缺点。

A. 内部网络暴露在外部网络中。直接连接危险性高。

B. 只检查到连接状态，无法检查信息内容。

C. 无法约束对于无状态（Stateless）的通信协议，如UDP及RPC等。

D. 很难设定出无漏洞的检查语法（除非相当了解网络通信协议的状态特性）。

E. 对于新的通信协议需要以INSPECT语言来设定。

（3）传输级网关技术（图2-15）

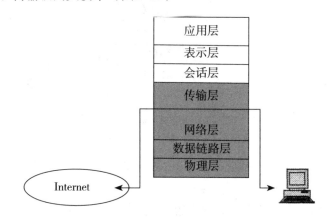

图2-15 传输级网关技术

1）运作方式。

A. 可掌握网络连接状态信息、封装包的类型（TCP.DP）、源IP地址（Source IP Address）、目的地址通信端口号、目的IP地址（Destination IP Address）、源地址通信端口号都是在传输层（Transport Layer）检查的信息。

B. 透过防火墙转发外部网络与内部网络。

C. 通信端口保持开放，适当地识别所指定的通信端口，直到连接终止。

D. 应用程序使用公认的通信端口。例如，Telnet port=（23）。

2）优点。

A. 比数据包过滤（Packet Filtering）要安全。

B. 可掌握连接的状态信息。

C. 应用级网关（Application—Level Gateway）相比网络流量性能较差。

3）缺点。

A. 网络流量性能：指定的通信端口获得信任。

B. 无法检测应用程序的状态和无法监督会话级（Session—Level）的活动。

C. 数据包过滤（Packet Filtering）技术比传输网关（Circuit—Level）技术快。

（4）应用级网关技术（图2-16）

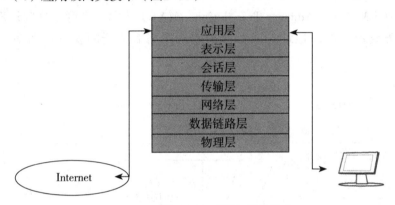

图2-16　应用级网关技术

1）运行方式。

A. 应用网关（Application Gateway）起到外部主机的传递作用，换句话说就是内部使用者无法直接连接到外部主机。

B. 内部网络被保护起来且内部网络的设定被隐藏起来。

C. 安全强化过的程序：应用代理（Application Proxy）。

D. 通信口或者协议，在应用层（Application Layer）直接解释及响应应用程序，不必要知道。

E. 应用级（Application—Level）进行完整地检查。

2）优点。

A. 设定简单的访问控制条件。

B. 所有连接信息可以完全彻底地检查。

C. 防火墙的安全性最好。

3）缺点。

A. 用较长的时间来设计专门的代理程序。

B. 网络流量性能较差。

5. 网络地址转换技术

每当在内部网络的计算机要与外部的网络互连时，外部用户无法得知内部用户的内部网络的地址信息，网络地址转换（Network Address Translation，NAT）技术是转换内部网络IP地址的操作。防火墙会隐藏其IP地址并以防火墙的外部IP地址来取代。

6. 多重地址转换技术

当内部网络或SSN/DMZ提供多个相同的网络服务时，利用不同的外部IP地址将网络服务传递到内部的服务器上，但是必须通过多重地址转换（Multiple Address Translation，MAT）技术，也可以分散外部网络服务到不同的IP地址，或者保护内部网络服务器的安全，如图2-17所示。

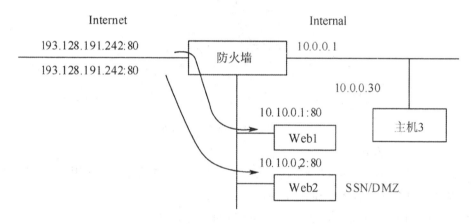

图2-17 多重地址转换技术

7. 虚拟私有网络技术

低成本的公用网络主干上构建安全的公司内部企业网络技术，使得企业分散在各地的分公司必须通过数据专线将公司内部网络互连起来，但连接成本较高，这种被称为虚拟私有网络（Virtual Private Network，VPN）技术。当今互联网络遍及全球，若在防火墙上增加VPN功能，则企业很容易安全地在互联网络上建构虚拟私有网络，如图2-18所示。当今互联网络遍及全球，企业可通过互联网络来达到企业内部信息传递的目的。

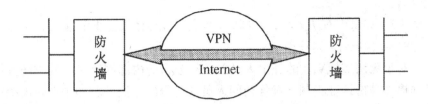

图2-18 虚拟私有网络技术

当两个防火墙间的VPN构建起来后，所有在VPN上通信的信息完全加密。即使对于企业网分散在各地的分公司，使用者完全不会觉得会有任何的障碍，可以方便且安全地完成通信，使利用防火墙和VPN通道变成了一项路由器技术，将各个分公司的计算机互联。

对于出差在外的人员、异地办事处人员通过互联网络的拨号方式访问公司内部资源时，虚拟私有网络除了将防火墙两端的网络与加密的通道连接起来之外，在防火墙上建立内部的通道让外部人员可以进入内部网络外，可以通过单点VPN机制与防火墙建立虚拟私有网络，这样做不但可以对使用者进行身份认证，同时通信的信息也可以进行加密。这种方法的优点是，不必在防火墙上开放那些具有安全风险的内部通道，如图2-19所示。

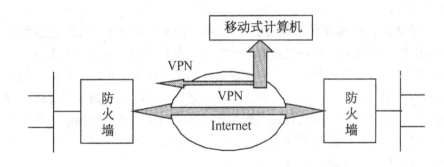

图2-19 虚拟私有网络技术

目前大部分的防火墙产品都有可以选购符合IETF所定的IPSec标准的VPN功能，也有使一些路由器或者专门的VPN设备来提供虚拟私有网络的服务，在此建议用户采用防火墙本身提供的VPN模块，其原因如下：

（1）外部VPN设备无法取代防火墙功能，所以企业还是需要采用防火墙。

（2）内建在防火墙中的VPN模块可以与防火墙的访问管理条件密切

配合。

（3）如果没有防火墙，外部VPN设备可能导致安全上的漏洞。

8. 动态密码认证技术

对于无法实施VNP的外出人员要访问公司的内部网络时，要求防火墙必须提供身份认证机制，确保访问人员的身份的合法性。如果选用能提供动态密码认证（Authentication：Dynamic Password）技术的防火墙，就能确保访问者的身份不被假冒。

通常具有整合整个动态密码认证技术的防火墙有下列两种方式。

（1）防火墙内建动态密码认证服务器。

（2）防火墙与其他外部的动态密码认证服务器配合使用。

9. 代理服务器技术

代理服务器（Proxy Selwer）作用在应用层，在内部网络向外部网络申请服务时起到中间转接作用，用来提供应用层服务的控制，内部网络只接收代理提出的服务请求，并拒绝外部网络其他结点的直接请求。

代理服务器是运行在防火墙上专门的应用程序或服务器程序；防火墙主机可以是一些可以访问Internet并被内部主机访问的堡垒主机。这些程序按照一定的安全策略将它们转发到实际的服务中，接收用户对Internet服务的请求（诸如FTP、Telnet）。代理服务器是代理提供代替连接并且充当服务的网关。

速度快、实现方便是包过滤技术和应用网关的特点。如果过滤规则简单，则安全性差；缺点是过滤规则的设计存在矛盾关系，管理困难，审计功能差，过滤规则复杂。一旦判断条件满足，防火墙内部网络的结构和运行状态便"暴露"在外来用户面前。有效地实现防火墙内外计算机系统的隔离，代理技术则能进行安全控制和加速访问，并具有较强的数据流监控、过滤、记录和报告等功能，安全性较好。每一种网络应用服务的安全问题各不相同，其缺点是分析困难，对于每一种应用服务都必须为其设计一个代理软件模块来进行安全控制，因此实现也比较困难。通过特定的逻辑判断来决定是否允许特定的数据通过。

在实际应用当中，通常是多种解决不同问题的技术有机地组合起来。用户需要解决的问题很少采用单一的技术，客户提供什么样的服务及愿意接收什么等级的风险，采用遥相呼应技术。构筑防火墙的"真正的解决方案"，来解决那些依赖于用户的时间、金钱、专长等因素的问题。

一些协议（如Telnet、SMTP）能更有效地处理数据包过滤，而另一些（如FTP、Gopher、WWW）能更有效地处理代理。大多数防火墙将数据包过滤和代理服务器结合起来使用。

2.4.3 防火墙的构成

1. 常见防火墙

最常见的防火墙是按照它的基本概念工作的逻辑设备，用于在公共网上保护个人网络。配置一道防火墙是很简单的，具体步骤如下：

（1）选择一台具有路由能力的个人计算机。

（2）安装两块接口卡。例如，以太网或串行卡等。

（3）禁止IP转发。

（4）打开一块网卡通向Internet。

（5）打开另一块网卡通向Internet。

防火墙的设计类型大体可分为两类：应用级防火墙和网络级防火墙。现在有些防火墙产品具有双重特效，因此任何一种都能适合站点防火墙的保护需要。它们采用不同的方式提供相同的功能。选择最适合当前配置的防火墙类型来构建防火墙。

2. 网络级防火墙

网络级防火墙通常检查个人的IP数据包，使用简单的路由器，决定允许或不允许基于资源的服务、目的地址，采用包过滤技术，使用端口来构建。

最新式的防火墙它能监控通过防火墙的连接状态等。这是一类快速且透明的防火墙，易于实现，且性价比较佳。

图2-20是最流行的网络级防火墙之一。在该种设计中，是一个隔离式主机防火墙的应用，将所有的请求传送给堡垒主机，控制所有出入内部网的访问，路由器在网络级上运行。

尽管上述例子提供了良好的安全性，Web服务器仍需创建一个安全的子网来提供良好的安全性，如图2-21所示为隔离式子网防火墙实例。

在这种模式中，这种设计与原先的隔离主机模式很相似。以上两个例子都是假定Web服务器安放在防火墙之内。Web服务器的访问由运行在网络上的路由器控制。

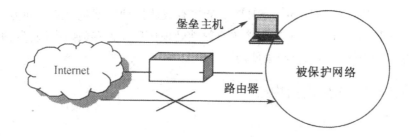

图2-20　隔离式主机防火墙的构成

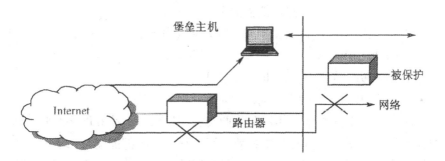

图2-21　隔离式子网防火墙的构成

3. 应用级防火墙

应用网关通常是运行在防火墙之上的软件部分的应用级防火墙。此类防火墙能提供关于出入站点访问的详细信息，由于代理服务器在同一级上运行，它是运用代理服务器软件的计算机。它对采集访问信息并加以控制是非常有用的，记录什么样的用户在什么时候连接了什么站点，它对识别网络间谍是有价值的，较之网络级防火墙，其安全性更强。

双宿主机（Dual—Homed）网关如图2-22所示，是应用级防火墙的实例。每块NIC有一个IP地址，网络上的一台计算机想与另一台计算机通信，代理服务器软件查看其规则是否允许连接，双宿主机是一台由两块网络接口卡（NIC）的计算机，它必须与双宿主机上能"看到"的IP地址联系，如果允许，代理服务器软件通过另一块网卡（NIC）启动到其他网络的连接。

图2-22　双宿主机网关式防火墙的构成

4. 动态防火墙

动态防火墙是解决Web安全的一种防火墙的新技术。防火墙的某些产品，如一般称为OS保护程序，安装在操作系统上，OS保护程序通过包过滤结合代理的某些功能，如监控任何协议下的数据和命令流来保护站点。尽管这种方法在某种程度上开始流行，但为其配置的专业化程度并不高。原因是其设置在Kernel级上而使系统管理员无法看见配置，并且强迫管理员添加一些附加产品来实现服务器的安全。

动态防火墙技术（Dynamic Firewall Technology，DFT）与静态防火墙技术的主要区别有：①允许任何服务；②拒绝任何服务；③允许/拒绝任何服务；④动态防火墙技术适用于网上通信，动态比静态的包过滤模式要好，其优势是，动态防火墙提供自适应及流体方式控制网络访问的防火墙技术：即Web安全能力为防火墙所控制，基于其设置时所创建的访问平台，能限制或禁止静态形式的访问；⑤动态防火墙还能适应Web上多样连接提出的变化及新的要求：当需要访问时，动态防火墙就允许通过Web服务器的防火墙进行访问。

5. 防火墙的各种变化和组合

（1）内部路由器。保护内部网免受来自外部网与参数网络的侵扰是内部路由器的主要功能。

内部路由器根据各站点的需要和安全规则，完成防火墙的大部分包过滤工作，可允许的服务是以下这些外向服务中的若干种，如Telnet、FTP、WAIS、Archie、Gopher或其他服务。同时它允许某些站点的包过滤系统认为符合安全规则的服务在内外部网之间互传（各站点对各类服务的安全确认规则是不同的）。

内部路由器可以限制一些服务：在内部网与堡垒主机之间互传的目的是减少在堡垒主机被侵入后而受到入侵的内部网主机的数目。使参数网络设定上的堡垒主机与内部网之间传递的各种服务和内部网与外部网之间传递的各种服务不完全相同。

应该根据实际需要对其余可以从堡垒主机上申请连接到的主机就更得加以仔细保护。对这些服务作进一步的限定，限定它们只能在提供某些特定服务的主机与内部网的站点之间互传，限定允许在堡垒主机与内部网站点之间可互传的服务数目，因为这些主机将是入侵者打开堡垒主机的保护后首先能攻击到的机器。SMTP、DNS等，对于SMTP就可以限定站点只能与堡垒主机或内部网的邮件服务器通信。

（2）外部路由器。外部路由器仅作一小部分包过滤，既保护参数网络又保护内部网。实际上，外部路由器与内部路由器的包过滤规则基本上是相同的。外部路由器几乎让所有参数网络的外向请求通过，如果安全规则上存在疏忽，入侵者可以用同样的方法通过内、外部路由器。

由于外部路由器一般是由外界（如互联网服务供应商）提供的，网络服务供应商一般仅会在该路由器上设置一些普通的包过滤，对于安全保障而言，对外部路由器可做的操作是受限制的，因为不会专门设置特别的包过滤，或更换包过滤系统。因此，不能像依赖内部路由器那样依赖外部路由器。

一般情况下，外部路由器的包过滤主要是对参数网络上的主机提供保护。所以由外部路由器提供的很多保护并非必要。因为参数网络上主机的安全主要通过主机安全机制加以保障。

阻断来自外部网上伪造源地址进来的任何数据包是外部路由器真正有效的任务。实际上这些数据包是来自外部网，但是它们自称是来自内部网。

（3）防火墙的各种变化和组合形式。防火墙的建造工艺一般都是多种技术混合使用，以便能够处理各式各样的问题。根据互联网使用者的具体要求和网管中心接收风险的等级程度来决定防火墙的核心组合技术。而搭配使用的技术则是根据一些实际条件决定的，如投资数目、工程师技术水平、工作效率等。总地来说，可以归纳为八种类型：使用多个参数网络；使用多堡垒主机；使用多台内部路由器；合并内部路由器与外部路由器；合并堡垒主机与外部路由器；使用多台外部路由器；合并堡垒主机与内部路由器；使用双重宿主主机与子网过滤。

2.4.4　防火墙的配置

互联网内核运行系统和Web站点的安全因为防火墙而大大提升。与此同时，对于防火墙的配置条件与方式按照具体的需要可以划分为不同的类型，即Web服务器与防火墙的位置关系。

1. Web服务器置于防火墙之内（图2-23）

在防火墙内安置Web服务器可以有效地对其安全性能进行保护，避免黑客的侵入，但是如此一来，该服务器便不能被外部轻易使用，尤其是当计算机的使用主要在于Web服务器上，如宣传企业形象。

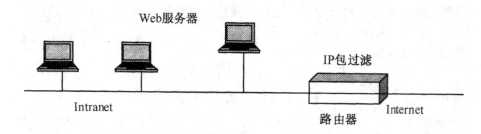

图2-23 Web服务器置于防火墙内

2. Web服务器置于防火墙之外（图2-24）

当Web服务器配置在防火墙外部时，计算机核心的内部网络被全方位地保护着，这就在很大程度上防御了来自外部的攻击。可以说，一旦这种配置下的Web服务器受到入侵，仍能保证计算机内网的安全。这种配置下的计算机可以通过搭配代理服务器共同使用，以保证Web服务器的安全。

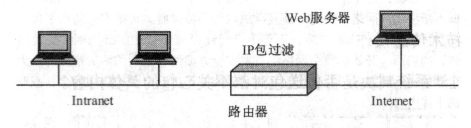

图2-24 Web服务器置于防火墙之外

3. Web服务器置于防火墙之上（图2-25）

防火墙的配置方式除了上述两种之外还要一种，就是将Web服务器置于防火墙之上。与前两种配置方式不同的是，Web服务器置于防火墙之上可以延伸出多种变化方式，包括利用代理服务器，双重防火墙利用成对的"入""出"服务器提供对公众信息的访问及内部网络对私人文档的访问。

图2-25 Web服务器置于防火墙之上

这种配置方式虽然将安全性能进行了强化，但是防火墙和Web服务器就形成了"连带"结构，即某处出现一点故障，就会导致整个计算机的安全防护都处于瘫痪状态。

2.5　主动防御技术研究

以往在保护网络信息安全时，受到当时技术条件的限制，多是采用被动防御的传统方式。随着科技的进步，现代的网络信息安全技术对安全事件有着越来越精确的预警作用，使得当前的网络信息安全保护向着主动防御转变。与被动防御技术相对应，主动防御技术是在网络信息系统受到攻击之前，进行及时预警，尽可能地避免或降低信息安全被入侵的风险。

2.5.1　发展背景

一方面，近年来，一些西方国家为了应对一些方面出现的不利情况，即不断深入的网络对抗与不断复杂的网络环境（脱离传统安全防御手段，如防火墙方面、补丁安装方面等）已经让以前的被动防御措施"无计可施"的局面，开始将整个网络上有关安全方面的一系列的防御措施升级为全新的主动防御，以此来作为其所希望能够产生安全保护作用的全新战略的主体内容。

主动防御与被动防御的区别（主要是给某些方面增加环节）体现在以下四点：在保护过程中增加反击；在检测方面加入反击；在响应阶段添加反击；在恢复进程加反击。

另一方面，美国于2001年底提出主动网络防御方面的有关概念，并制定了一系列和网络空间方面有关的战略规划。并于2011年先后颁布《网络空间国际战略》《网络空间行动战略》，形成了网络空间战略体系（核心是"攻击为主、网络威慑"）。

主动防御网络。主要指面对攻击时利用一些先进的技术方面的手段与方法，充分发挥"主观能动"找到攻击源，直接进行反击的有关行为操作。而后，美国政府方面对网络空间有关安全方面的重视也达到了一定高度。

另外，《网络空间行动战略》的主要影响在以下几个方面：

（1）开始把主动防御战略放到整个美国国家层面，具有先导性意义。

（2）把美国国防部方面正在设计、研制的新安全防御概念与计算体系结构整体展现了出来。

（3）进一步提升了美国有关的战略决策方面的实际效果。

（4）但其为美国入侵他国网络提供了实际的优势，并增强了其有关保全自我的能力，不利于整个网络空间的势力平衡。

2.5.2 发展现状

首先，当前美国正在进行"改变游戏规则"方面的网络安全防御技术转型操作。

进行该操作的原因主要是：美国传统网络防御已经远远地落后于所处的这个新的时代了（美国科学界）。传统的安全防御手段，如防火墙方面、补丁安装防毒方面等已经跟不上这个时代的发展了，也不能再进行落后的被动式防御了：由防火墙构成的"防御墙"不能进行国际合作与交流，也就不能进行技术间的提升与共享；安全补丁仍属于战术级防御手段，只能应对短期的安全问题，不能够进行长期的对安全形势的监控；非主动防御方面的漏洞太大，缺乏准备，常常起不到应有的作用。

紧接着，美国科学界又通过一系列研究认为，网络安全方面的新的防御技术应该满足以下要求：

（1）要应用先进的算数方面技术开发新的模型，以改变美国网络防御技术多年未变的本质。

（2）要让所开发的新的模型能够被新的网络与其他设备"联系"上，并在其基础上创造新的可用数据源以安全启动硬件自我保障体系，避免随之而来的攻击，以形成的"新模式"替换"旧模式"。

最后，美国方面在把握政策和战略的基础上，采用了其所形成的新技术研发方面的标准。新技术研发标准的内容如下。

1）新的有关数字验证的技术要能让源数据是绝对准确的。

2）只有一次攻击有效次数。

3）实时报告在有关可信方面的硬件启动时就可以产生。

4）刺激防御技术保证诊断可以并且实时地进行。

另外，许多国家为了应对有关网络空间方面的与安全方面有关的不确定性威胁，主动开始进行了一系列的技术研发，不仅有利于减少威胁，还能够有利于网络安全的防御方面有关技术的提升。为了读者更好地了解，具体介绍其内容如下。

1. 网络安全态势感知

通常情况下，我们认为网络态势感知是指在一定时间内对网络环境的感知活动。

它的内容主要是通过加强对自身的功能意义的理解来预测未来，为以后可能产生的各种类型的决策提供前期支持，目的是从多个方面较快解决网络安全有关方面的难题。

它的主要流程是以下几个方面。

（1）部署于不一样的"传感器"中，如防火墙、反病毒补丁等。

（2）统一网络方面的具体实际情况，包括网络变化、网络不正常方面等内容，并进行整体的观察与分析，如入侵检测分析方面、安全威胁分析等。

（3）进行安全性评估，并判断入侵态势，对安全威胁直接采取一定的相应措施。

另外，态势感知技术，一方面可以察觉网络现状和变化（特别是哪里有异常情况等），并能立刻对攻击采取一定措施，如采取反击（主要适用于已经知道攻击来源的情况），隔离、关闭（主要适用于不知道攻击来源的情况）等，以尽量减少该攻击所能产生与造成的伤害，并通过进一步的思考与积累学习，对感知系统的"内部库存"进行扩充，以应对更大的安全威胁。

在这样的情况下，如果攻击再一次发生，就会有足够的"后备"力量和知识应对新的攻击。从这方面看，态势感知也是即将进行阐述的网络攻击追踪溯源技术的基础，也是应对已知网络攻击和未知网络攻击的基础。

2. 移动目标防御

一般来说，移动目标防御（Moving Target Defense，MTD）技术的产生离不开上文中所提到的美国的"改变游戏规则"，这是其生成的最主要的原因。

它包括以下几个方面的内容。

（1）非固定的网络的身份。

（2）非固定的主机身份。

（3）非固定的执行代码。

（4）非固定的地址空间。

（5）非固定的指令集合。

（6）非固定的数据。

（7）非固定的通道数。

它是新的网络防御技术之一，目的是通过增加非固定性（系统方面的）、减少可预见性（系统方面的）等方式对抗网络攻击者依靠网络系统的相对静止所形成的进一步威胁（即攻击）。

MTD技术能够得到发展的主要原因如下。

（1）当系统是确定的、相似的、静态的时，由于漏洞所形成的窗口往往一点都不变化，所以攻击往往会产生很高的回报。

（2）当漏洞一直没有消失时，攻击者可以根据自己的时间与实力进行一系列操作，如进行潜伏待机，寻找机会发起攻击，并毁掉系统。

移动目标策略的产生目的是，对网络安全系统进行相应的设计可以对这些网络和系统的确定性、相似性和静态性进行一定的干扰，来显著增加攻击的成本。

近年来，移动目标防御有关技术方面的研究发展也日趋成熟，特别是美军方面，正在按照技术要求进行相关方面的项目研发操作。

其中，一项有关限制敌方侦察方面的网络资产转换技术（MORPHINATOR）项目最具代表性，它可以利用网络方面的有关技术（如操控）阻止高危险环境中的可能产生的威胁。

另外，我们常说的网络操控，一般来看是一种技术，该技术是由网络安全管理方面的专业人员掌握，可以对网络方面与应用程序的有关方面进行一系列必要的非静态修改，很少会被敌方所发现，安全系数也通常被认为是非常高的。

而通过网络操控技术使计算机相关的防御技术进入主动防御，可以在抵御攻击的过程中进行优势转换的操作。

通过对有关方面网络特性的不断改变，MORPHINATOR直接可以生成一个更强大而且更加地可被信任与依赖的网络解决方案。如果经过专门设计，其还能够结合其他现有的安全设备对信息安全方面提出一些有效的主动防御的方法。其原型也于2014年进行实际投入并使用。

2.5.3　网络安全主动防御技术

传统的网络安全防御技术，主要是通过漏洞扫描和配置防火墙等技术手段阻止网络受到攻击，与主动的网络安全防御技术相比，这种防御体系的防护能力是静态的，具有很大的被动性，主动防御体系是专门针对现代网络的攻击特点而提出的，主动防御体系能应对现代自动化和智能化的网络攻击。主动防御不仅是一种防御技术，更是一种架构体系，主动防御体系的前提是保护网络系统的安全，它由多种网络安全防御技术通过有机结合，针对传统网络安全防御技术的不足，采取智能化的入侵预测技术和入侵响应技术而建立，包含传统的网络安全防护技术和检测技术，具有强大的主动防御功能。

主动防御体系四种技术均为主动防御体系的重要部分，它包括入侵防护技术、入侵检测技术、入侵预测技术和入侵响应技术。入侵预测技术根据防御系统的记录，入侵防护技术是基础，一旦发现及时启动入侵响应技术，立即查看网络是否存在类似的网络行为。入侵预测技术无法阻止网络中受到的威胁，该技术一旦发现网络中存在攻击行为，则会实施入侵检测技术，会立即启动入侵防护技术，并将攻击行为记录下来保存到知识库中，该知识库可以供入侵预测技术调用。

1. 入侵防护技术

入侵防护技术作为主动防御技术体系的基础而存在，其包括身份认证、边界控制、漏洞扫描和病毒网关等实现技术，最主要的防护技术包括防火墙和VPN等。网络安全防御系统最早使用的防御技术就是防火墙，该技术也是目前正在使用的、最为广泛的防御措施，其将对网络的攻击或威胁阻挡在网络入口处，以便保证内网的安全运行。VPN是加密认证技术的一种，其通过对网络上传送的数据进行加密发送，这样就可以防止信息在传输途中受到监听、修改或破坏等，使信息完好无损地发送到目的地。把入侵防护技术应用到主动防御体系中，可以组成第一道屏障，然后通过与入侵检测技术、入侵预测技术和入侵响应技术的有机组合，实现对系统防护策略的自动配置，使网络系统防御始终处于一种动态的受保护状态，从而提高系统的防护水平。

2. 入侵检测技术

在主动防御技术体系中，入侵检测技术可以作为入侵预测的基础和入侵响应的前提而存在。入侵检测发现网络行为异常后，采用相应的技术检测和发现网络受到攻击的部位。入侵检测技术大概包括两类：一类是基于异常的检测方法，根据检测是否存在异常行为，判断是否存在入侵行为，漏报率较低，但是又由于检测技术难以确定正常的操作特征，误报率很高；另一类是基于误用的检测方法，主要缺点是过分依赖特征库，只能检测特征库中存在的入侵行为，不能检测未存在的，漏报率较高。

3. 入侵预测技术

入侵预测技术是主动防御体系区别于传统防御的一个明显特征，也是主动防御体系最重要的一个功能。入侵预测体现了主动防御一个很重要的特点：网络攻击发生前预测攻击行为，取得对网络系统进行防御的主动权。与入侵检测技术不同，在新的网络安全时代，入侵预测技术是一个新的网络安全防御课题，入侵预测在攻击发生前预测将要发生的入侵行为和安全状态，为信息系统的防护和响应提供线索，争取宝贵的响应时间。现有存在的入侵预测技术主要采取两种不同的方法：一是基于安全事件的预测方法，该方法主要通过分析曾经发生的攻击网络安全的事件，发现攻击事件的相关规律，以便主动防御体系能够预测未来一段时间网络安全的趋势，它能够对中长期的安全走向和已知攻击进行预测；二是基于流量检测的预测方法，该方法分析网络安全遭受攻击时网络流量的统计特征与网络运行的行为特征，用来预测攻击发生的可能性，它能够对短期安全走向和未知攻击进行预测。

4. 入侵响应技术

与传统网络防御系统相比，主动防御的实质是能够检测网络入侵行为，采取主动防御措施，其具体的表现就是采用了入侵预测技术和入侵响应技术。入侵响应技术可以有效地提高网络受到攻击时进行处理的实时性和及时性，并且将安全处理结果反馈给网络系统，将其记录下来，保留到知识库中，以便将来遇到该类型的网络攻击事件时，及时地进行入侵响应，最重要的入侵响应技术包括入侵追踪技术、攻击吸收与转移技术、蜜罐技术、取证技术和自动反击技术。

2.5.4　网络信息安全检测技术的应用实例

1. 入侵检测系统Snort的安装配置与实验

（1）实验目的。理解入侵检测的原理及意义，掌握在Windows系统下Snort的安装与配置，并且可以使用入侵检测系统Snort。

（2）实验原理。入侵检测是防火墙的一种补充，有助于系统对付网络攻击，使得系统的安全性能得以提高。在不影响网络性能的情况下，入侵检测系统可以对网络进行检测，进而实时监控攻击。

入侵检测技术有两大技术，分别为误用检测和异常检测。其中，误用检测是建立在对已知攻击描述的基础上进行检测的，而异常检测是建立一个"正常活动"的系统进行检测，所有偏离正常活动的行为都将被列入为入侵行为。误用检测精度高，但是不能对新的攻击进行检测；异常检测能够检测到新的攻击，但是误报率相对来说较高。

Snort是一个基于误用检测的轻量级入侵检测系统，可以用作嗅探器、包记录器及网络入侵检测系统，可以对攻击进行实时报警。

（3）实验环境。安装有Windows系统的服务器，必须安装以下软件：

1）Snort 2.8.2.1（或最新版本）。

2）Snort Rules。

3）WinPcap 4.1。

4）SQL。

（4）实验内容和步骤。

第一步：安装Snort 2.8.2.1入侵检测系统。

1）双击安装文件Snort.exe，弹出如图2-26所示的对话框。

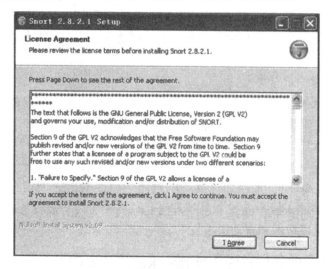

图2-26　安装初始对话框

2）单击"I Agree"按钮，并选择日志文件存放方式，为了简单起见，建议选择第一项——不需要数据库支持或Snort默认的MySQL和ODBC数据库支持方式，如图2-27所示。

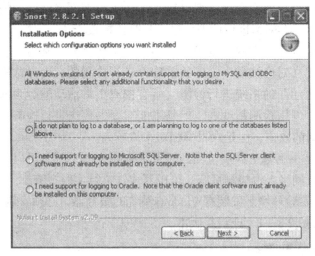

图2-27　安装选项对话框

3）单击"Next"按钮进入下一步操作，选择默认设置，继续进入安装路径选项，可以根据需要来设置路径，或者按默认路径安装，如图2-28所示。

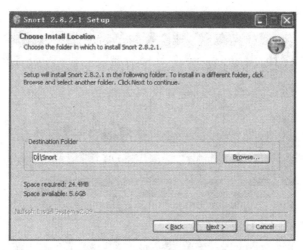

图2-28　安装路径选项框

4）单击"Next"按钮进入安装程序，安装完成后，弹出要求你安装WinPcap 3.1的对话框，但可以选择最新版本。这里选择的是WinPcap4.1，如图2-29所示。

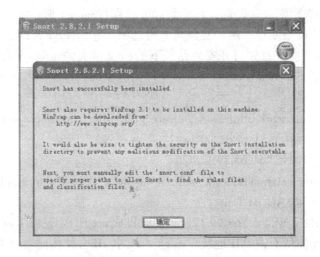

图2-29　安装完成对话框

5）WinPcap 4.1的安装。WinPcap是Windows Packet Capture Library的简写，它提供了某种类型的网络访问，而Snort的IDS和包嗅探功能需要这些访问。它的安装比较简单，按默认情况安装即可。初始安装界面如图2-30所示。

图2-30　WinPcap 4.1初始安装界面

第二步：Snort.conf文件的配置。

Snort.conf是Snort安装的主要部分，是Snort配置的首要点。在文件中需要配置IP地址的监控范围、启用预处理及采用规则等。本节重点介绍网络变量设置和规则库命令设置，其他配置可以查看Snort手册。

1）设置网络变量。网络变量是一组选项，它们使Snort了解受监控网络的一些基本信息。首先打开安装路径下的etc文件夹的snort.conf文件，本文件路径为D：\Snort\etc\snort.conf。对文件内容里的内部网络和外部网络进行设置如下：

Set up network addresses you are protecting. A simple start might be RFC1918

　　var HOME_NET 59.68.29.128/26

#Set up the external network addresses as well. A good start may be "any"

　　var EXTERNAL_NET any

　　var HOME_NET 59.68.29.128/26可设置成var HOME_NET any，设置为any，将会监控所有内部IP地址。给定一个网络IP会使传感器只对一个较小的地址范围进行监控。

　　var EXTERNAL_NET any，设置需要监控入侵的外部地址范围。可以将any改为HOME_NTE，意味着监控除了内部地址外的所有地址，如果HOME-NET设置为any将变成什么也不监控。

var SMTP_SERVERS$HOME_NET，监控SMTP服务器。如果在定义SMTP变量时遗漏了一个SMTP服务器地址，将会导致漏报。但如果定义了确切的SMTP服务器地址，将会错过一些试探性的攻击，所以最好设置成$HOME_NET。以下设置的作用相类似，如图2-31所示。

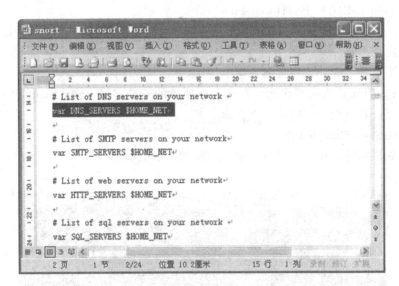

图2-31　snort.conf文件DNS SERVES等变量的设置

var HTTP_SERVERS$HOME_NET

var SQL_SERVERS$HOME_NET

var TELNET_SERVERS$HOME_NET

var SNMP_SERVERS S HOME_NET

2）启用文档连接和警报优先级。两个补充文件用于区分警报优先级以及把外部文档连接到Snort的规则。Classification.config文件用于对警报分类并划分优先级，reference.config文件用于定义外部文档URL链接。启用时包含以下两行命令就可以。

include classification. config

include reference. config

3）规则库设置。规则库的设置是snoft. conf文件比较重要的一部分，它会配置将要使用的规则。先要配置好规则库路径，用如下命令：

vat RULE_PATH D：\Snort\rules

为了保证最小漏报原则，应该启用整个规则库。可以通过启用每个规则库来实现，用如下命令即可：

include$RULE PATH/web-cgi. rules

include$RULE_PATH/web.coldfusion.rolesinclude$RULE_PATH/web-iis. rules

include$RUIE_PATH/web-frontpage. Rules

include$RULE_PATH/web-misc.roles

include$RULE_PATH/web-client.rules

include$ATH/web-php.roles配置完snort.onf文件后，即可开始使用Snort入侵检测系统。

第三步：Snort入侵检测系统的使用。

1）验证是否安装成功。在命令行环境的安装路径下输入Snort-W命令就可以查看是否安装成功。查看命令如下：

D:\Snort\bin>snort-W

如果安装成功，系统将显示如图2-32所示的信息。

图2-32　查看网卡信息

2）使用Snort进行嗅探。嗅探模式（Sniffer Mode）简单地读取网络中的数据包，并以连续的数据流显示在控制台上。在命令行里输入Snort-v命令显示TCP/UDP/ICMP头信息，如图2-33所示。

为了增加效果，启用ping命令，如安装Snort的计算机的IP地址为59.68.29.151。现在在本机上ping59.68.29.152的同时，运行Snort的嗅探功

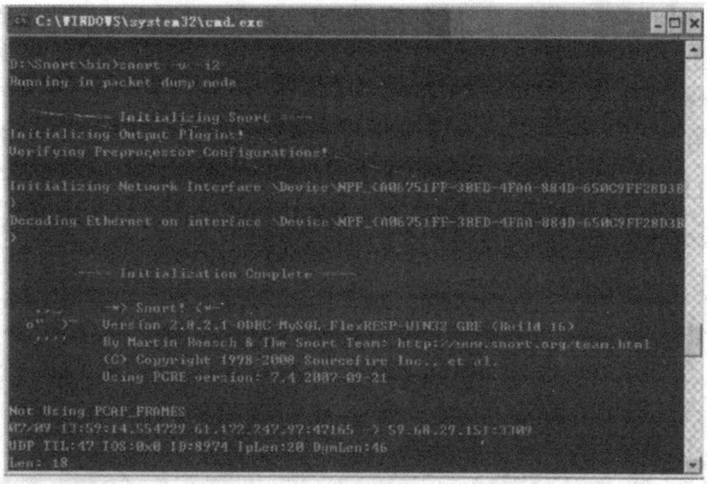

图2-33 Snort嗅探信息

能，结果如图2-34~图2-36所示。Snort可以配置成三种模式运行：嗅探器（Sniffer），包记录器（Packet Logger）和网络入侵检测系统（NIDS）。嗅探器简单地读取网络中的数据包，并以连续的数据流显示在控制台上。包记录器把捕获的数据包记录在磁盘上。网络入侵检测系统是最复杂的、有机的配置，在这个模式下，Snort分析网络中的数据，并通过使用用户自定义的规则集进行模式匹配，并根据匹配的结果执行多种操作。由于篇幅关系，后两种模式，大家可以根据Snort命令手册来进行实验。

图2-34 使用ping命令后捕获的信息I

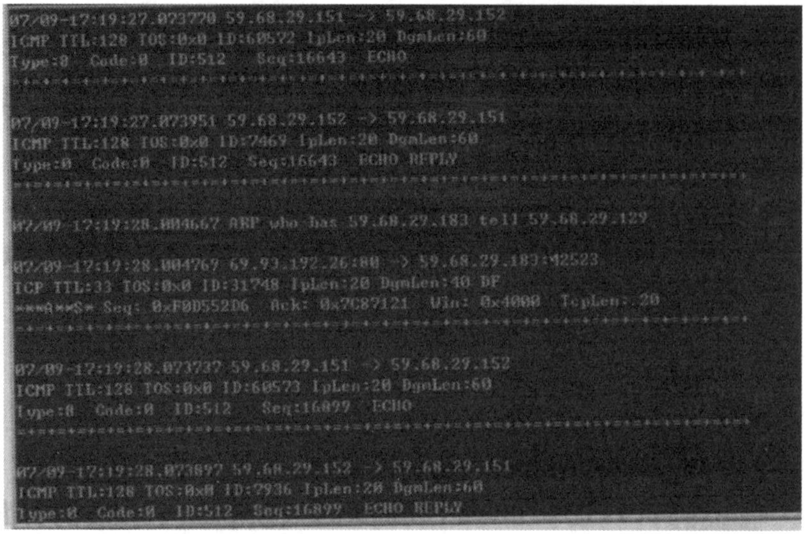

图2-35　使用ping命令后捕获的信息2

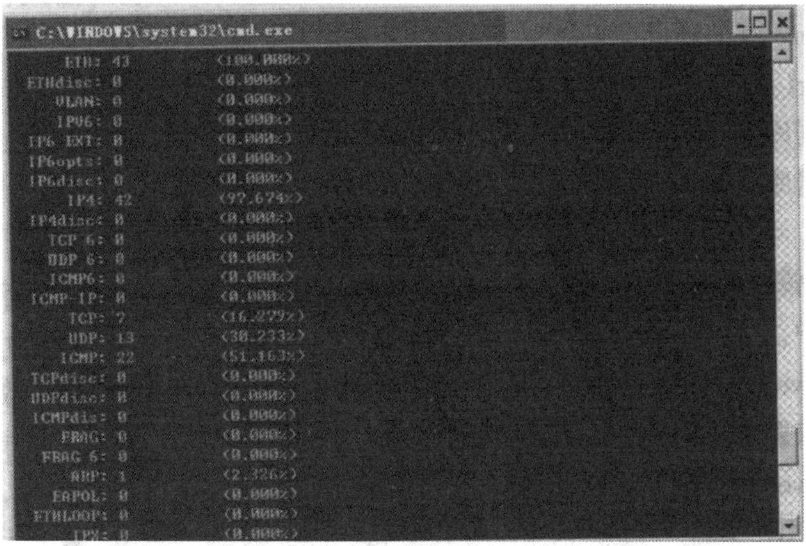

图2-36　Snort检测结果

2. 入侵检测系统应用

在实际的应用过程中，一般是把入侵检测系统连接在被监测网络的核心交换机镜像端口上，通过核心交换机镜像端口对全网的数据流量进行采集分析，从中检测出所发生的攻击事件和入侵行为。

下面通过几个入侵检测的例子可以体会到如何识别网络攻击。

（1）网络路由探测攻击。网络路由探测攻击指的是攻击者对目标系统的网络路由进行探测和追踪，收集相关网络系统结构方面的信息，寻找适当的网络攻击点。若这个网络系统受到防火墙的保护而很难攻破，那么攻击者至少探测到这个网络系统与外部网络的连接点或者出口，攻击者能够对这个网络系统发起拒绝服务攻击，致使该网络系统的出口处被阻塞。所以，网络路由探测是发动网络攻击的第一步。

检测网络路由探测攻击的方法相对来说较为简单，查找若干个主机2s之内的路由追踪记录，在这些记录中找出相同和相似名字的主机。图2-37所示是四个来源于不同网络的主机对同一个目标的探测，这个目标是一个DNS服务器。

时间	源主机.源端口 > 目的主机.目的端口	:	协议名	数据包大小	[生存期 步数]
12:29:30.01	proberA.39964 > target.33500	:	UDP	12	[ttl 1]
12:29:30.13	proberA.39964 > target.33501	:	UDP	12	[ttl 1]
12:29:30.25	proberA.39964 > target.33502	:	UDP	12	[ttl 1]
12:29:30.35	proberA.39964 > target.33503	:	UDP	12	[ttl 1]
12:27:55.10	proberB.46164 > target.33485	:	UDP	12	[ttl 1]
12:27:55.12	proberB.46164 > target.33487	:	UDP	12	[ttl 1]
12:27:55.16	proberB.46164 > target.33488	:	UDP	12	[ttl 1]
12:27:55.18	proberB.46164 > target.33489	:	UDP	12	[ttl 1]
12:27:26.13	proberC.43327 > target.33491	:	UDP	12	[ttl 1]
12:27:26.24	proberC.43327 > target.33492	:	UDP	12	[ttl 1]
12:27:26.37	proberC.43327 > target.33493	:	UDP	12	[ttl 1]
12:27:26.48	proberC.43327 > target.33494	:	UDP	12	[ttl 1]
12:27:32.96	proberD.55528 > target.33485	:	UDP	12	[ttl 1]
12:27:33.07	proberD.55528 > target.33486	:	UDP	12	[ttl 1]
12:27:33.17	proberD.55528 > target.33487	:	UDP	12	[ttl 1]
12:27:33.29	proberD.55528 > target.33488	:	UDP	12	[ttl 1]

图2-37　网络路由探测攻击

网络路由探测还能够作为一种网络管理手段来使用，比如，ISP（Internet服务提供商）可以用它来计算到达客户端最短的路由，以优化

Web服务器的应答，从而提高服务质量。

（2）TCP SYN flood攻击。TCP SYN flood攻击是一种分布拒绝服务攻击（DDoS），一个网络服务器在短时间内接收到大量的TCP SYN（建立TCP连接）请求，导致该服务器的连接队列被阻塞，拒绝响应任何的服务请求。图2-38所示是一个典型的TCP SYN flood攻击。可见在短短几分钟内，一个网络服务器在端口510上接收到大量的TCP SYN请求，导致该端口上的连接队列被阻塞，无法响应任何服务请求，导致拒绝服务。类似的DDoS攻击还有FIN flood，ICMP flood，UDP flood等。

时间	源主机.源端口	>	目的主机.目的端口	: 控制位	序列号：确认号	窗口大小
00:56:22	5660 flooder.601	>	server.510	: S	14300151:14300151 (0)	win 8192
00:56:22	7447 flooder.602	>	server.510	: S	14300152:14300152 (0)	win 8192
00:56:22	8311 flooder.603	>	server.510	: S	14300153:14300153 (0)	win 8192
00:56:22	8660 flooder.604	>	server.510	: S	14300154:14300154 (0)	win 8192
00:56:22	5900 flooder.605	>	server.510	: S	14300155:14300155 (0)	win 8192
00:56:23	0660 flooder.606	>	server.510	: S	14300156:14300156 (0)	win 8192
00:56:23	8860 flooder.607	>	server.510	: S	14300157:14300157 (0)	win 8192
00:56:23	4560 flooder.608	>	server.510	: S	14300158:14300158 (0)	win 8192
00:56:23	8790 flooder.609	>	server.510	: S	14300159:14300159 (0)	win 8192
00:56:23	9050 flooder.610	>	server.510	: S	14300160:14300160 (0)	win 8192
00:56:23	3460 flooder.611	>	server.510	: S	14300161:14300161 (0)	win 8192
00:56:23	2360 flooder.612	>	server.510	: S	14300162:14300162 (0)	win 8192
00:56:23	9760 flooder.613	>	server.510	: S	14300163:14300163 (0)	win 8192
00:56:24	8690 flooder.614	>	server.510	: S	14300164:14300164 (0)	win 8192

图2-38　TCP SYN flood攻击

（3）事件查看。一般情况下，在网络操作系统中都会设有各种日志文件，并且会提供日志查看工具。用户可通过日志查看工具来对日志信息进行查看，观察用户行为或者系统时间。比如说，在Windows操作系统中，提供了事件日志和事件查看器工具，管理员可以通过事件查看器工具来对系统的安全事件进行查看，在Windows操作系统中，主要有以下三种事件日志。

1）系统日志。指的是和Windows NT Server系统组件有关的事件，例如系统启动时所加载的系统组件名；加载驱动程序时发生的错误或失败等。

2）安全日志。指的是和系统登录和资源访问有关的事件，例如有效或无效的登录企图和次数；创建、打开、删除文件或其他对象等。

3）应用程序日志。指的是和应用程序有关的事件，例如比较常见的应用程序加载、操作错误等。

通过事件查看器工具能够对这些事件日志信息进行查看，普通的用户可以查看系统日志以及应用程序日志，只有系统管理员才可以查看安全日志。一般情况下，每种事件日志都是由事件头、事件说明和附加信息组成的。使用"事件查看器"能够查看指定的事件日志，每一行显示一个事件，包括事件类型、日期、时间、来源、分类、事件、用户账号和计算机名等，如图2-39所示。

应用程序	2 162 个事件						
类型	日期	时间	来源	分类	事件	用户	计算机
⚠警告	2013-06-05	16:43:33	Userenv	无	1517	SYSTEM	NPU-6E02EF703E2
❌错误	2013-06-03	11:46:46	Microsoft Office 11	无	1000	N/A	NPU-6E02EF703E2
❌错误	2013-06-03	8:09:22	crypt32	无	8	N/A	NPU-6E02EF703E2
❌错误	2013-06-03	8:09:22	crypt32	无	8	N/A	NPU-6E02EF703E2
❌错误	2013-06-03	8:09:22	crypt32	无	8	N/A	NPU-6E02EF703E2
⚠警告	2013-05-31	16:42:05	Userenv	无	1517	SYSTEM	NPU-6E02EF703E2
❌错误	2013-05-31	16:38:05	Microsoft Office 11	无	1000	N/A	NPU-6E02EF703E2
⚠警告	2013-05-30	16:40:20	Userenv	无	1517	SYSTEM	NPU-6E02EF703E2
⚠警告	2013-05-29	16:47:43	Userenv	无	1517	SYSTEM	NPU-6E02EF703E2
⚠警告	2013-05-22	16:42:08	Userenv	无	1517	SYSTEM	NPU-6E02EF703E2
①信息	2013-05-22	14:06:28	crypt32	无	2	N/A	NPU-6E02EF703E2
①信息	2013-05-22	14:06:28	crypt32	无	7	N/A	NPU-6E02EF703E2
⚠警告	2013-05-17	15:41:06	Userenv	无	1517	SYSTEM	NPU-6E02EF703E2
⚠警告	2013-05-15	15:40:30	Userenv	无	1517	SYSTEM	NPU-6E02EF703E2
①信息	2013-05-15	14:22:16	MsiInstaller	无	11728	caiwd	NPU-6E02EF703E2
①信息	2013-05-15	14:22:16	MsiInstaller	无	1022	caiwd	NPU-6E02EF703E2
①信息	2013-05-10	8:20:11	MsiInstaller	无	11728	caiwd	NPU-6E02EF703E2
①信息	2013-05-10	8:20:11	MsiInstaller	无	1022	caiwd	NPU-6E02EF703E2
⚠警告	2013-05-09	15:39:57	Userenv	无	1517	SYSTEM	NPU-6E02EF703E2
①信息	2013-05-09	8:17:26	MsiInstaller	无	11728	caiwd	NPU-6E02EF703E2
①信息	2013-05-09	8:17:26	MsiInstaller	无	1022	caiwd	NPU-6E02EF703E2
①信息	2013-05-09	8:04:37	Winlogon	无	1001	N/A	NPU-6E02EF703E2

图2-39 系统日志

Windows操作系统中，定义了错误、警告、信息、审核成功和失败等事件类型，用一个图标（第1行）来表示。事件说明是日志信息中最有用的部分，它说明了事件内容或重要性，其格式和内容与事件类型相关且不同。

2.5.5 现有关键技术

网络主动防御技术主要包括沙盒技术、蜜罐技术、微虚拟机技术、主动诱骗技术、移动目标防御技术、可信计算技术和风险评估技术等，如图2-40所示。

1. 主动认证技术

2012年，美国国防部先进研究局首次提出主动认证技术，旨在告别繁复密码，想要以生物识别的方法进行国防部授权者的网络验证。主动认

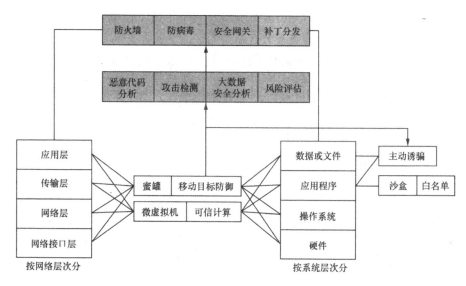

图2-40 主动防御技术体系

证技术是最新研发的身份认证技术之一，其最大的特点在于不需要借助口令、密码等传统认证方式，可以为用户提供实时、连续、准确的认证方式。互联网用户除了可以在用户登录时使用主动认证技术，还可以实现在网络交互的全过程中。主动认证技术在研发过程中，重点开发了两个方面的新型生物特性：①主动认证技术可以进行大范围的覆盖；②不需要借助任何外来的硬件设备。可以说，主动认证技术最主要的研究内容在于将网络用户思维和行为方式用工具进行清晰地表达，然后在用户进行计算机操作时，通过其所执行的任务中所体现的特征进行捕获。

2. 沙盒技术

沙盒技术归根到底是一种环境技术，即在不影响计算机系统正常运行的情况下，创造一个可以对一些不可靠的程序进行测试的环境。例如，Sandboxie应用层的沙，其所创造的测试环境可以牢牢地限制程序运行，任何测试操作都不会对除沙盒以外的计算机系统造成长时间的影响。但是，沙盒技术的一个致命的缺陷在于无法对系统内核进行保护。若有攻击者只针对系统内核，则可以避开沙盒，以此对计算机系统进行攻击。

3. 蜜罐技术

这里的"蜜罐"其实是反义，即为了应对攻击者对计算机的入侵、攻击、伤害，精准识别其攻击模式，计算机的防御人员可以借助虚拟机建造一个虚假的计算机运行系统，对其进行捕捉。例如，Nova就是一个典型的利用蜜罐技术创建的智能计算机系统。Nova即网络混淆和虚拟化的反侦查系统，它能够智能扫描真实网络配置，包括其系统和服务，然后采用蜜罐技术创建的虚拟网络几乎完全接近真实互联网环境。Nova可以智能识别入侵隐患，一旦遭遇非法登录，可以开启智能尝试报警功能。

4. 微虚拟机技术

微虚拟机技术是一种超轻量级的虚拟机生成技术，它能够以毫秒级的速度创建虚拟机，提供基于硬件VT技术支持的、任务级的、彻底的虚拟隔离。每个应用（特别是处理外部信息的应用）被自动纳入微虚拟环境中执行，并被赋予最低权限，即使遭受恶意代码攻击，攻击造成的损害也不能突破微虚拟机的环境而影响其他程序或系统。以Bromium的vSentry微虚拟机为例，它能够以文档为中心或以Web为中心划分微虚拟机，每个文档代表一个任务，其中包括所有与文档相关的进程；每个WebURL标签代表一个任务，进而可有效阻止恶意代码攻击对系统及系统内其他进程造成的损害。与此同时，微虚拟机还提供了实时的攻击检测和取证分析能力，当有PDF提交DNS解析申请时，在任务中创建子进程时，在任务中打开、保存或读取文件时，直接访问原始存储设备时，对剪贴板进行访问时，对内核内存和重要系统文件进行修改时，都会触发警报信息。

5. 主动诱骗技术

主动诱骗技术属于数据丢失中止（Data Loss Prevention，DLP）或数据丢失告警（Data Loss Alerting，DLA）技术，包括对敏感文档嵌入水印、装配诱骗性文档并对其访问行为报警、文档被非授权访问时的自销毁技术等，特别适用于发现内部人员窃密或身份冒充窃密。主动诱骗技术首先要根据合法用户的特征定义用户的合规模型，然后设置虚假的诱骗信息（文档、服务等）。2013年6月和7月，Allure安全技术公司的诱骗研究项目先后两次得到了美国国防部高级研究计划局各75万美元和200万美元的主动认证项目经费资助。主动诱骗技术的应用还包括：①网络和行为诱骗，通过伪造网络数据流并嵌入用户登录凭证的方式，诱骗网络监听攻击者使用截获的凭证登录取证系统或服务，进而检测攻击行为；②基于云的诱骗，云端服务一旦发现攻击则提供虚假的数据或计算资源；③移动诱骗，采用与真实APP相似的诱骗APP，引诱攻击者下载安装。主动诱骗技术原理如图2-41所示。

6. 移动目标防御技术

移动目标防御技术具有"允许系统漏洞存在，但不允许对方利用"的新的安全思想，旨在通过增加系统的随机性（不确定性）或者是减少系统的可预见性，来对抗攻击者利用网络系统相对静止的属性发动的进攻。主要通过构建一种能快速、自动改变一个或多个系统属性和代码的系统，

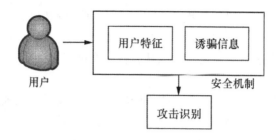

图2-41 主动诱骗技术原理

使攻击者难以有足够的时间发现或利用其脆弱性，从而使系统攻击面对攻击者而言是不可预测的，极大地提升防御者的防御能力，改变易攻难守的不对称局面。移动目标防御主要通过虚拟化技术、工作负载迁移技术、大规模冗余网络连接技术、软件定义网络技术、指令集和地址空间随机化技术、即时编译技术等技术实现。此外，与其他主动防御技术一起合理运用传统的安全风险评估技术和可信计算技术，对于提升信息系统的主动防御能力具有很大的帮助。可信计算技术运用可信密码模块、信任链的构造和可信度量，能够以强基固本的方式增强信息系统抗攻击免疫能力，减少漏洞被利用的机会。安全风险评估技术能够将上述各种主动防御系统采集的攻击特征和警告信息进行融合分析处理，提升整个信息系统的安全态势感知能力。

2.6 新技术领域安全挑战的应对处理

在网络信息领域，探索新型安全技术的脚步永不停止。目前除了常用的防御手段，一些新技术也逐渐被开发，像虚拟化技术、VPN技术、VoIP技术等，只是就现在的科技水平来说，这些新技术尚不成熟，还有很大的发展空间。

2.6.1 虚拟化技术

虚拟化在20世纪60年代兴起，是计算领域的一种古老的技术。通过它可以在唯一服务器创造建立"虚拟"的操作系统。另外，虚拟机软件能够承受许多的压力，把服务器中有形的装置和设备尽量使用。这对于企业来说，从大笔投资的数据中心得到巨大利益就有保障。因为现在的计算机部门的成本概念逐渐增强，很多的公司开始采用可以最大程度的发挥计算机作用的虚拟化技术。虚拟化技术可以将相关资源分派给合适的地方。它能够在很多方面起到显著的作用。例如，业务整合以及系统备份等。然而现在虚拟化技术因为一些原因没有进行大量的宣传，有以下两个方面的原因。

（1）虚拟化技术对计算机的系统功能和处理器方面有不好的影响。

（2）具体的虚拟化技术的安全性问题目前还没有定论，需要更进一步的探索和研究。它一方面会提高系统的复杂程度，增加管理以及监控的难度。另一方面，虚拟化技术的相关功能又能够很好地推动安全管理方面。如今，虚拟化技术中可能碰到以下相关的安全问题。

1）有关虚拟系统的软件的授权使用问题。

2）对于虚拟机管理系统的安全管理问题。

3）主机的安全。

4）相关人员对虚拟化环境的管理。

2.6.2 虚拟专用网（VPN）技术

虚拟专用网（VPN）指的是依靠Internet服务提供商（ISP）和其他网络服务提供商提供的网络接入服务，在公用网络中建立专用的数据通信网络的技术。在虚拟专用网中，任意两个结点之间的连接并没有传统专网所需的端到端的物理链路，而是利用某种公众网的资源动态组成的。虚拟专用网不是真的专用网络，但却能够实现专用网络的功能。所谓虚拟，是指用户不再需要拥有实际的长途数据线路，而是使用Internet公众数据网络的长途数据线路。所谓专用网络，是指用户可以为自己制定一个最符合自己需求的网络。由于VPN是在Internet上临时建立的安全专用虚拟网络，用户就节省了租用专线的费用。在运行的资金支出上，除了购买VPN设备，企业所付出的仅仅是向企业所在地的ISP支付一定的上网费用，也节省了长途电话费，这就是VPN价格低廉的原因。

VPN的安全问题是，由于传输的是私有信息，VPN对数据的安全性有较高的要求。目前VPN主要采用四项技术来保证安全，这四项技术分别是隧道技术（tunneling）、加解密技术（encryption&decryption）、密钥管理技术（key management）、使用者与设备身份认证技术（authentication）。

2.6.3 VoIP技术

IP电话或IP网络电话也是指VoIP。它的具体操作过程有以下几点。

（1）传输平台是基于用IP分组交换网络，为了可以使模拟的语音信号能够使用没有连接的UDP协议进行传递输送，它会对模拟信号进行一些特殊的处理。例如，压缩、打包等。

（2）通过解压缩的方式，在接收端将数字信号转换为模拟语音信号。

（3）经过上面一系列的操作，语音通话或者视频语音同步通话最终实现。

VoIP技术可以为客户节省许多通信开支，与古老的电话技术相比，特别是在较大的跨国公司中，能够节省一大笔异地的长途电话费，通过与VPN技术相结合的方法异地的部门仅仅需要支付当地的相关费用。

以下的安全问题是VoIP技术主要可能存在的。

（1）不接受服务攻击DoS（deny of service），VoIP服务要求保障的服务质量稳定，然而因为VoIP协议使用的是标准化的协议，所以存在端口容易被黑客攻击，造成系统的不稳定甚至瘫痪。

（2）服务窃取，又称"盗打"，通过窃取正常使用者IP电话的登录密码的方式获得话机的使用权。对于企业来说，这将会造成不可估量的损失，而且追踪查找十分困难。

（3）有关媒体流的窃听，因为协议和传输媒介的开放性，造成媒体流能够被窃听或被重放，这能够进一步造成一些重大事故。例如，信息泄密，权限控制措施没有用等。

2.7　非技术领域的网络信息安全管理

信息安全管理是信息和网络安全的重要组成部分。作为安全管理人员，除了在技术上需要掌握各种安全技术措施外，在安全管理等非技术领域也应该具备相当的认识。

2.7.1　信息安全的策略、标准与指南

信息安全计划的终极目标是保护目标组织信息资产的保密性、完整性以及可用性。面对各种各样针对信息资产的威胁，比如非授权访问、毁坏、篡改以及泄露等，往往会使组织的信息资产遭到破坏。对此，要求组织在整个资产保护计划中纳入信息安全计划。信息安全技术无法完全彻底地保护信息资产不受各种威胁的损害。对于组织来说，需要运用安全策略、标准、指南等安全管理手段来组织规范成员的行为，使其理解安全计划，并保证行动可以有效实施。

作为信息安全的负责人，组织的信息安全主管一般负责制定和部署组织的安全策略、安全标准以及安全指南等文档。技术人员可以帮助信息安全主管来理解安全计划的技术，但是要控制好技术人员的数量，过多的技术人员会对安全主管理解组织的业务目标和战略造成一定的困难。安全主管在制订安全文档的过程中，经常会从各种资料或者咨询企业中获取帮

助。但是从这些途径所获得的信息只能作为"如何做"的参考，并不能了解为什么要这样做。所以制订和执行安全文档需要汇集各部门的负责人员共同完成。

1. 安全策略

安全策略为组织成员行为提供了一个很好的指导性文件，通过安全策略能够规定员工的预期行为。一般来说，制定策略是一项非常费时费力的工作，但是策略的作用就是可以通过标准化结构的流程或者手段来合理处理事件。与其在事件已经发生后浪费时间确定需要做什么，不如事先花时间制定好方案，并且让员工学习该方案，这样一来，在事件发生时就会知道应该如何合理处理。

一个良好的策略是简洁易懂的，并且阐明了违反策略的后果，一般包括以下几个关键点。

（1）策略适用范围的说明。一个良好的策略需要指定大概的作用范围，作用范围包括活动、文件以及法律等内容。适用范围为策略的理解和掌握提供了一个背景资料。

（2）策略的概述。概述将说明策略的主旨及目标，阐述这个策略重要的原因，以及如何遵守这个策略。最好是用一句简单的语句或者简短的段落来说明策略的主旨。

（3）策略的细则。如果获知了策略的重要性，那么就应该说明策略的具体情况。策略细则应该尽可能清晰且没有任何歧义。表达方式可根据策略的目标对象或者不同的性质来确定，可以通过列表、清单或者表格等方式来标明。譬如，若需要说明工作结束后怎样对建筑物进行上锁，那么就应该列出一个清单来说明需要进行的全部动作，以及相应的位置。

（4）责任的说明。策略应该强制性规定并且标明某类事件或者某几个事件的负责人。同时，还要标明，一旦由于责任缺失而发生问题，应该追究谁的责任，以及会有什么后果。

（5）例外的声明。实际生活中，会有很多无法预见的事件发生，即使再好的策略也无法预见。例外声明就是针对这种偏离策略预定范围的事件所标明的处理程序。其中最为常见的一种方法是提高报告等级，也就是找到一个可以应付这类事件的人来处理。

2. 安全标准

安全标准指的是支持安全策略实施，并且通过规定具体标准及实施方向来使安全策略能更有效地被执行的文档。安全标准规定了强制性的活动、规则、行为以及制度。一般来说，会规定详细的技术手段、产品或者解决方案等，并且在组织内部整体实施。安全标准可以提供充分的细节支持，审计也能够基于更加详细的标准。构造安全标准的五个关键点如下。

（1）标准的范围与目的。对标准所要表达的意图进行解释或者说明。若制定标准的目标是技术实施，则该标准的范围可能包括软件、加载项、更新和有助于实施者完成任务的其他相关信息。

（2）角色与责任。该部分对由谁来负责实施、监控以及维护等标准进行说明。若是一个用于系统配置的标准，则相关角色和责任的部分需要规定在配置中用户的作用、需要完成的任务；在配置中安装者的作用、需要完成的任务。虽然没有强制规定其中一方不能客串其他角色，但是实际上，针对同一项任务，规定了完成任务所必需的负责机制。

（3）参考文档。这部分是对如何遵守策略、如何与其他组织的不同策略相互联系进行的说明。有时会出现理解混乱或者不确定的时候，此时基于参考文档，用户能够从根本上理解这个标准原本的含义。在实际的工作过程中，可把其放入相应的安全策略中进行考量，这样就可以理解这些标准以这样的方式制定的原因。

（4）执行标准。该部分定义任务的内容和完成该项任务的程序。它应包括相关基准和技术标准。基准提供最低的标准或者标准的起始点。技术标准提供相关平台以及技术方面的信息。若需要在远程位置安装一个服务器，则它所遵循的执行标准通常应该说明安装计算机的类型、使用的操作系统和其他相关内容。

（5）维护与管理要求。该部分的标准定义了管理网络和系统必须进行的工作。比如一个系统的物理安全，需要标明加锁的频率、锁的组合等。安全标准不是固定不变的，对于已经存在的标准或者新建的标准，需要提供一个机制来对其评估，评估标准实施与使用者的遵循情况。这种机制称为审计。

3. 安全指南

不同于安全策略和安全标准，安全指南是非强制性的、带有建议性质的一种安全文档，其通过建议组织及其成员，来进行建议的行为或活动，从而获得更高的安全级别或者对信息安全更加了解。借助于安全指南，可以更好地实施或实现预定的安全策略和安全标准。安全指南文档中更多的是"如何实现"和"如何去做"等内容。

准备良好的安全指南对组织具有以下作用：第一，如果一个安全程序并不需要重复进行的，即使是有经验的支持人员和安全工作人员也会在一段时间后忘记如何去做，而指南有助于帮助他们"刷新"一下记忆；第二，如果希望对某人进行培训以使其接受一些新东西，书面的指南将会改善此人的学习曲线，帮助他更好地掌握；第三，当出现信息安全事件或危机时，指南可以使你不至于变成一团乱麻。

通常策略或者标准都是比较正式的，安全指南并不是这样，因为它们存在就是为了帮助用户遵守策略和标准这样的性质。比如说，安全指南可以解释为何要在安装服务包前采取必要措施，采取这些必要措施的作用。而且，安全指南更加趋向于通过循序渐进的指导过程来帮助用户完成任务。但是，安全指南应该包括一定的背景资料，来协助用户更好地完成任务。一个良好的安全指南文件必须要包括以下五个方面的内容：

（1）范围及目的。范围及目的提供了安全指南的概述，并且提出了安全指南的主旨及方针。

（2）角色与责任。该部分主要是用于确定针对某项特定的任务，需要什么样的人或什么样的部门去完成。它可能包括一个系统或一个服务的实施、部署、支持和管理等任务。而在大型组织中，可能还会有参与某项流程的人为了能够正常完成任务所必需的经验和必备的培训。而从安全角度来说，一个不合格的技术员在没有安全指南的情况下贸然去安装系统，很有可能造成灾难性的后果。

（3）指南主体部分。该部分中，具体介绍了如何分步骤地采用特定的方法完成特定的任务。对于该部分，需要再次强调的是，指南不包括硬性的规定或规则。

（4）日常业务的考量。日常业务的考量主要是指哪些任务是需要按照一定时间间隔进行重复的，以及这一时间间隔是多少。一般情况下，是会以清单的形式列出每日、每周和每月的任务。例如，对于系统备份，指南文档中就应该指出哪些文件和目录是必须要进行备份的以及备份的频率是怎样的。

信息安全管理相关的文档除了安全策略、安全标准以及安全指南以外，还应该包括基准和安全流程。其中安全基准也是通过强制性的手段和规定来支持安全策略实施的文档，但是它与安全标准不同，安全标准更加侧重宏观上要达到的目的，安全基准则是根据安全需要的特点来分别制定的强制规则。例如，企业使用的操作系统包括Windows 2000、Windows XP和Windows 2003，要求所有客户端系统都要配置某个厂商某版本的反病毒软件，这种做法就是安全标准，而操作系统中分别进行怎样的安全配置就是安全基准。

（5）安全流程。指的是通过给组织及其成员提供在操作环境中切实可行并具体的每一步操作流程和标准，从而达到安全策略、安全标准等文档规定的要求。安全流程强化了具体的操作环境、操作流程和操作方法，可以说是安全文档中最为细节化的一类。

2.7.2 信息安全防护策略

1. 安全防护策略的概念

安全策略指的是高级管理员或者CTO制定的高层声明。其概括了安全对机构的意义、机构的安全目标、机构从哪种角度处理安全问题等方面。通常来说，安全策略应该包括一系列具体的策略，并需要定时进行审查和更新。所有策略都应经过相关的法律审查，以保证其不会触犯法律。其中最重要的一点是，策略必须可以让雇员知晓，并可以保证在日常工作中得以实施。

安全策略一般反映在几个独特的方面，分别与商业业务、人力资源、身份认证与识别、突发事件响应相关。

2. 认证与鉴别策略

电子商务与网络交易推动着对于身份验证与认证的技术发展。如何证明自己，让客户信赖自己，或者如何证明交易的对方是一个值得信赖的供应商，是企业必须要完成的任务。每年由于网络欺诈行为以及伪造身份造成的损失高达数十亿美元。所以，企业一定要建立可信任的安全域，在这个可信任的安全域范围内来进行各种交易。

（1）认证策略。认证策略对如何使用数字证书在网络上证明自己的身份进行了说明，此外，还对如何交换、接收、识别和发放有效的证书，以及如何验证某个证书的合法性进行了说明。它需要指明有哪些证书颁发机构（CA）是可以信赖的，如何使用已经颁发的数字证书，在哪种场合使用以及其他的细节问题。它还需要确定是使用第三方的CA公司颁发证书，还是需要建立本公司自己的CA系统。

（2）密码策略。目前，最为常用的身份鉴别机制就是用户名和密码，所有机构都需要对密码有一个相关的管理策略。密码管理策略阐述了有关用户密码的全部事务，其中包括：

1）用户选择密码的程序，比如字符集要求、长度要求等。用户密码的改变频率，例如强制规定每隔30天或者每隔60天必须更换一次密码。

2）密码的分发方式，初始密码怎样从密码生成机构转移到用户手中，并且要保证不会在中途泄露。

3）密码的修改方式，用户通过哪种方式来修改密码，修改需要满足何种条件。

4）密码的处理方式，例如不应该共享密码，也不能把密码写在纸质媒体上。

如果出现了违反密码安全的情况，需要及时采取合理的应对手段。必须要注意的一点是，密码管理策略和用户，特别是应用程序开发人员有可能会存在一定程度的矛盾。其中的任意一方走向极端，都会容易引起愈差的安全环境或者对工作效率产生不良影响。若密码修改次数过于频繁使得员工忘记密码，就会增加他们写下密码的可能，这样一来入侵者就有可能通过一些途径（比如社会工程学）找到密码并发动攻击。但是在密码的分发以及修改过程中，员工必须要暂停工作，直到密码创建完成后才可以正常地登录系统，这样会使工作效率严重降低。

3. 针对突发事件的响应策略

不管组织或者机构怎样小心，还是不可避免地会发生一些安全事件，这是属于可容忍范围内的。然而，在发生安全事件之后，机构对其进行处理的效率与效果都会决定这些安全事件最终的影响。针对突发事件的响应策略及其有关的程序，描述了机构在发生安全事件时，应该怎样对这些事件进行处理，所以，需要提前设计好突发事件的响应策略，并对所有可能的情况进行推测和预测，制定相应的方案。

突发事件响应策略通常应该覆盖事件发生的几个阶段，除了准备阶段之外，如图2-42所示，还包括识别事件，调查和检测、限制、修复和消除，后续步骤。

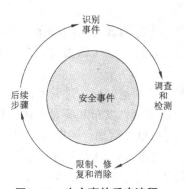

图2-42 安全事件反应流程

（1）准备阶段。第一个阶段就是准备阶段，这个时间应建立突发事件被发现或者怀疑的时候所必须要采取的一些措施。准备阶段并没有一个非常具体的时间概念，而是应该体现在日常安全工作中。在准备阶段中，最重要的工作是需要建立事件响应小组。员工应该接受如何应对突发事件的培训，使其理解在突发事件发生之后的报告链或者命令链，并且可以按照预定方案来进行行动。应对突发事件所使用的必要设备如检测、限制和恢复工具应该在准备阶段进行购置，设备的使用者应该进行相应的培训。

应对事件发生后进行处理的专家小组中包括事件响应小组，也称作计算机安全紧急事件响应小组。一般来说，它可以是一个常设的正式团体，也可以是临时组建的一个特别团体。由于一般情况下事件发生之后时间都比较紧迫，所以通常事件响应小组会在准备阶段就建立好，或者至少搭建框架，或者由专人负责。

事件响应小组作为应对突发事件的领导机构，要作为一项重要任务来进行实施。然而，每个机构和组织都会应对各种各样的突发事件，因此并没有一个模式是可以应对所有事件的，需要相关人员去参与评估，什么样才是符合本公司或者本组织的事件响应小组。这些评估的结果，比如小组的成员、决策、构成、组建时间等，都需要在事件响应策略中加以清晰的说明。

一般情况下具体的小组功能以及组成人员通常应该随着事件或者实际情况进行调整，但是也有一些普遍适用的指导方针：

第一，要保证具有一个强有力的领导，这位领导最好可以是具有非常强的协调能力，可以在紧急情况下充分调动相关资源，对临时团队进行整合以及进行紧急决策。

第二，就大部分计算机安全事件而言，一个计算机专家或者网络系统安全分析人员是不可或缺的。若存在特定的软硬件平台，那么还需要配置相应的专家协助。

第三，应该有至少一个临时或永久的法律专家提供相应的法律支持服务，若需要对攻击者提起诉讼，还应该由此人指导取证过程，小心保存相关证据。

第四，若事件涉及公众利益，应该进行及时准确的信息公开。相关的公共关系专家应该负责处理信息发布和应对媒体的任务。如有人涉嫌以钓鱼网站模仿公司网站的进行欺诈活动，一般应予以公布并厘清相关责任。

（2）识别事件。安全事件的识别是进行安全事件响应流程的起点。尽早地发现、识别和确认安全事件是进行安全事件响应的第一个步骤。例如，出现对网络的嗅探或端口扫描可能是发动一次大规模攻击的前兆，如果能够在嗅探和扫描的阶段就准确地识别事件，往往就可以采取一定的措施避免攻击的进一步扩大。

有的智能系统能够检测出一些事件的发生，例如IDS。然而，这些事件大多数不是安全事件或者潜在的攻击。IDS筛选的事件中，还需要进行手工的检查与识别，进而确定是不是一个潜在的攻击。在人工智能发展到一定阶段之前，还是需要人来完成安全事件的识别。IDS只能是根据既定的规则或者是一些攻击的特征来检查和做一些简单的分析。如果规则不够完善，那么就有可能造成一次普通的ping操作或者一个简单的http连接都会误报。

若安全人员并不确定一个安全事件之前就贸然地进入处理安全事件的紧急状态，这种情况是特别糟糕的。

但是，完全靠着人工来进行事件的识别与筛选并不现实。人工来进行事件识别需要很大的工作量，费时费力。在一分钟内生成的事件可能需要花费一个人一天的时间来分析，在安全事件实际发生的时候，总是会影响相应的及时性。并且，采用人工的方式就会存在疲劳或者惯性思维的问题，在分析中就有可能会存在遗漏的现象，通常来说应该是由自动化系统（如IDS）来进行初步筛选，再通过人工对可疑事件进行分析。

若出现一些安全事件的征兆，第一反应应是尽快地进行识别，来确定它是误报还是一个真正的攻击。并且，为了达成这个目标，参与人员应该不只包含安全管理人员本身，还要包括一些其他的职能人员，例如系统管理员或者网络管理员等。若识别出这是一个攻击或者一个安全事件，就应该开始准备进行下一个阶段的工作了。这种称为警戒级别的提升，通常需要及时地报告给相关的高层人员，并且按照预定方案来处理，包括召集组建事件响应小组，对相关资源进行分配等行为。

（3）调查和检测。事件响应的第二个阶段即为调查阶段。该阶段的主要任务就是研究和分析事件中涉及的日志、记录、文件以及其他有关资源和数据，进而确定事件发生的原因以及事件的影响范围。与识别阶段相比，调查更注重集中于单个事件，调查所得到的结果最后可以判定一个安全事件到底是一次攻击，还是一次更大规模攻击的前兆，是一次误报还是一次随机的事件，安全事件发生的原因以及诱因，同样也是可以判定这次安全事件对整个网络所造成的影响。

调查中有一项重要任务是找出引发安全事件的原因。查出安全事件的原因对于修复与预防来说都是具有非常重要的意义的。在引发安全事件的原因当中，最为常见的就是病毒和恶意代码，因为普通的用户可能不会做到像安全人员那样的敏感，在无意中引发病毒或者安装木马程序。通常可以借助软件包分析工具或者反病毒软件来识别病毒。此外，安全人员的疏忽也是比较突出的原因之一，安全人员可能由于误报而忽视了一些明显的攻击特征，抑或是对安全系统过于自信而出现不应该存在的疏漏等。最后，若攻击者发动社会工程学攻击，则机构中的任何人均有可能成为被攻击的对象——甚至包括不是真正员工的人。假设机构成员没有接受过应对社会工程学攻击的训练，则他们很有可能成为攻击者的突破口。

调查结束后，应该对引发事件的原因统一作个分类，并且同时对事件的影响进行评估，可作为之后的修复阶段的参考。

（4）限制、修复和消除。

1）限制。

事件发生之后，事件相应小组则是希望可以通过最快的速度来限制攻击事件的进一步发展，与此同时，也可以限制该事件所造成的负面影响，通常情况下采取以下一些限制活动。

其一是通知并警告攻击者，对于内部攻击或已知来源的外部攻击，直接对攻击者发出警告，并切断他与网络系统的连接。如果需要对其进行起诉，那么应该征得法律顾问的意见，并且在收集证据中使用经过取证培训的人员。

其二是最普遍的做法，是切断攻击者与网络系统的通信，这是最快捷的响应方式。例如可以添加或修改防火墙的过滤规则，对路由器或IDS增加规则，停用特定的软件或硬件组件，如果攻击者通过特定的账户获得访问机会，那么禁用或删除这个账户。

其三是分析事件来源。通过事件的分析，可以找出当前系统中存在的不足之处，并可以通过必要的手段暂时堵住这一漏洞。例如，如果入侵者通过软件系统的漏洞进入系统，那么可以通过加装补丁的方式将其限制。

当然，在限制手段中，可能需要事件响应小组在有限的时间内作出影响重大的决策。这是事件响应中最困难的步骤。例如，入侵者采用了分布式拒绝服务攻击（DDoS），那么这意味着需要暂时切断与Internet的连接，并恢复系统，对漏洞进行补丁。这样一来，普通的客户也不能通过Internet访问公司并获得服务，这会导致在经济和信誉上的重大损失。此时需要在保障安全与经济利益之间做出选择。

2）修复系统。

如果限制了攻击者的进一步攻击，此时就会进入修复系统的程序，恢复机构和组织在攻击前的正常处理流程。在一次攻击之后，如何恢复系统的正常运行。如果权限被超越或被植入rootkit，系统管理员应设法重新设置权限并填补漏洞。应用服务和业务被损坏的，应该根据供应商提供的指示文件逐步恢复服务。如果遇到非常严重的事故——例如攻击者格式化了一个存有重要资料的硬盘，可能暂时无法恢复，需要调取异地的备份资料。通常来说，针对攻击事件的修复是属于灾难恢复计划（disaster recovery plan，DRP）的一个部分。为了满足组织，尤其是企业组织的商业连续性要求（business continuity plan，BCP），DRP是安全流程的一个重要组成部分。

3）消除事件的影响。

如果系统修复结束，则下一步就应该开始消除攻击事件或者攻击者给网络系统造成的影响。消除手段主要有以下三点。

其一是统一的补丁或者升级。虽然攻击是针对单个计算机或者有限数量的设备，但是与被攻击设备类似的设备，或者被攻击计算机装有同样操作系统和应用软件的其他计算机，还是会存在遭受攻击的危险。所以，需要对这些软件或硬件进行统一的升级或补丁。如果需要打补丁填补漏洞，应该对补丁进行测试，等到确认无误后才可以进行大规模、大批量的打补丁操作。

其二是清查用户账户与文件资源。如果攻击者采用权限超越或漏洞用户等方式，那么应该清理相关的账户，通常应该禁用一些不必要的账户，对攻击发生之后建立的用户账户应进行详细的检查。如果攻击事件的原因是病毒或恶意代码引起，一般应该检查关键文件的健康状况，防止有病毒或木马潜伏。

其三是检查物理设备。如果攻击者采用物理方式或社会工程学方式进行攻击，应该彻底检查有关物理设备。如果发现遭受破坏，应及时修复或进行处理，并做出相应的措施防止再次发生。

4）后续阶段。

后续阶段是几项任务的统称。后续阶段是事件响应的最后一个阶段，同时也与准备阶段密切相联系，可以算做下一次安全事件响应的准备阶段。如果是临时构建的事件响应小组，则这个小组的使命暂时结束并应予以解散。这些任务通常包括：

第一，记录和报告。在整个事件响应的过程中，都应该进行详细的记录，包括辨识事件、调查事件、修复系统这一系列的步骤。这些记录在未来应对类似攻击时将是无价之宝。这些文档除了提交给高层管理者以外，还应该同时提供给组织的其他成员进行警示和提醒。必要时应充实到相关的安全培训材料中。从某种程度而言，这也是企业知识共享的一个重要组成部分。

在对高层的报告中，除了对事件响应步骤的详细描述以外，还应该提出一定的改进建议，以防止此类事件的再次发生。如果需要借助法律程序，那么还需要提供额外的、符合法律规范的报告文档。

如果条件允许，可将安全事件的处理过程公布在相关媒体上，如一些专门讨论安全问题的第三方网站（如CERT网站）或者当地法律部门。这便于其他人共享这些信息，一方面有助于集思广益获得更优化的过程调整和处理方案，另一方面也能够给其他专业人员提供预警和帮助。如果涉及应用程序，也可以将事件告知应用程序开发商，这有助于帮助他人免受类似攻击事件的威胁。

第二，过程调整。过程调整也称流程调整。在安全事件被成功处置之后，仍需要进行相当的工作对其进行总结和评价，这是安全事件响应过程中最有价值的步骤。重新审视组织的程序和政策，如果需要进行修改和变化，应该确定如何进行修改和变化。只有切实地做好这一步，才能患于未然。

第二，取证、保存证据。若在安全事件发生后，希望提起诉讼、追查攻击者以至于获取赔偿，应通过法律途径进行。获取和保存具有法律效力的证据将是顺利履行法律程序必需的。与此同时，这些证据还可以用于内部或外部的审计。

计算机证据具有其他证据不具备的一些特点，其往往不能被直观感受到，通常是书面的证据。基于这些特点，计算机证据的取证需要格外注意。以下是计算机取证的一些要点：

首先，发生攻击后，应该第一时间保护计算机的软硬件环境。如果可能，使用额外的可信的工具记录当前的内存和进程运行情况，甚至需要进行当前的系统快照（snapshot）。同时切断网络和远程连接，并记录电子邮件、Web和DNS的当前cache。最好能够聘请或咨询专业的取证人员进行证据的保存工作。

其次，收集证据时必须进行适当的标记，标记如发现者、被发现日期、时间、地点等信息。

再次，保护证据不会受到过冷、过热、潮湿、静电、电磁和震动的影响。如果暂时不需要运输和传送，应保存在物理访问受限和进行物理访问控制的房间中。

最后，分析和调查时，尽量采用原始证据的副本（如磁盘镜像、系统快照等），而不要使用原始证据设备。镜像制作时应采用按位复制或按扇区复制等较为低级的复制方法，同时应制作散列摘要。

证据的连续性（chain of custody），也称取证链，是指证据在获取以后直到提交到法庭的时间段内，可以连续跟踪并保证证据的安全。如一系列的人和事物可以证明谁获得证据、在什么时间、什么地点、存储在何处、谁控制和拥有证据等一系列问题。如果不能保证证据的连续性，那么该证据可能将不被法律机构认同或接受。

4. 人力资源策略和安全策略

安全链条中人是最薄弱的环节，所以，考察员工的策略是相当重要的。安全策略体系中的人力资源策略主要反映了组织对于员工和组织成员的一些要求。人力资源政策主要体现在以下一些方面。

（1）信息保密与隐私策略。对于商业组织来说，信息保密策略与隐私政策是比较重要的策略之一。在信息保密策略中，必须明确哪些信息是不允许进行披露或透露的，哪些是允许共享和披露的，另外还包括谁有权要求在组织内提供哪种信息给某个员工。另一方面是，该政策应该指出员工的个人隐私和工作相关信息的关系。员工在隐私方面并没有他们想象的那么多，而这一点应该在信息保密策略中明确说明，并告知员工。例如，允许雇主对办公桌、电脑和文件以及公司内部物品进行搜查，公司监控电子邮件内容、Internet访问内容、即时通信内容以及进行电话录音等。员工很可能对这类行为存在一些误解，因此需要明确说明公司的信息保密和隐私政策，以避免误解和防止某些不愉快的事件发生。不过，目前在有关隐私权方面，公司商业道德和隐私权之间的关系仍存在一定的争议。出于安全考虑，公司至少应声明保留这方面的权利，但实际操作中应尽量避免使用。

（2）雇佣与解雇。如果组织和企业打算雇佣员工，就应该保证企业雇佣的是最有能力以及最值得信任的人。人力资源策略中的雇佣策略定义的是怎样把有用之才引入组织相关的范畴。雇佣策略使用的对象应该同时包括期望中的面试者和已确定的未来雇员。大部分组织、尤其是政府部门，期望对未来的员工进行一定程度的调查，称之为背景调查。背景调查的内容包括：学历、身体健康状况、犯罪记录、相关资格认证以及其他资料。同时，由于雇员的岗位不同，所以相应的背景调查也应该有所区分。安全人员的雇佣中，应特别注意其思想品格的考察，与一般雇员相比，安全人员因为关系到整个企业的安全所以需要尤其慎重对待。

而雇员的解雇以及结束合同过程，同样需要相应的策略来保证任务的正常完成。因为它不仅仅包括简单的解雇，也包括如退休、离职、调动及其他相关事务，有时候应命名为"雇佣终止策略"。通常是需要评估这种终止是雇员自愿的还是非自愿的，特别应该谨慎地评估雇员的下一步行动是否会威胁公司的安全。

在雇佣和解雇过程中，除了人力资源部门需要参与外，还需要IT部门和安全部门的参与。因为在当前的网络环境中，个人只有在网络环境中拥有一个恰当的身份才可以开展必要的工作。在雇佣策略中，应该确定新用户怎样加入到公司网络，谁有权力批准新建一个用户并将其对应到新员工身份，还需要确定谁有权限对新员工账户进行授权和授予何种权限。在解雇策略中，IT部门的任务则更为重大。必须明确一个详细的雇佣终止流程。例如，一个员工离开公司，那么他的账户应及时进行禁用，他的计算机接入应立即禁止。如果配有笔记本式计算机或其他硬件设备，应该及时进行回收。同时，在员工离职时，他的身份验证工具如身份卡、硬件令牌、智能卡等都应收回。无论离职员工是否离开，一旦得知该员工即将离职，应对其所能够接触的信息资源（尤其是敏感信息）进行备份处理。通常可以这样认为，员工的离职是一个充满情绪化的时期，虽然大多数人不会做出过分之举，但是为了保证安全，必须这样做。

最后需要注意的是，不管是雇佣策略还是雇佣终止策略，都需要充分考虑当地的政治和法律因素。在制定策略时应该避免出现违反当地法律或一般道德规范的条目，例如性别和种族歧视等。

（3）可接受的使用策略。可接受的使用策略是由公司提供的计算机和相关设备的使用规定。它旨在保证员工的工作效率以及合理使用机构资产。在这个策略当中，公司必须要明确公司的计算机设备以及相关信息的所有权，并且需要明确说明哪些行为是允许的，哪些行为是禁止的。最简单的体现为："计算机由公司提供，仅能用于公司事务"。而稍微复杂一些的更是规定了如电话使用、网络使用、访问Internet、电子邮件使用以及其他一些使用权限。这个政策不应是含糊其辞的，相同的道理，对于这一政策的执行也应该是坚定而持久的。如果雇员违反这一政策，如使用公司计算机下载色情或非法的信息，必须予以坚决地制止，甚至应该追加惩罚。一方面可以避免组织利益受到损失，另一方面也可以起到警告和震慑作用。如下为对于Internet和电子邮件可接受的使用策略的举例：

Internet使用策略中，通常情况下，应该具体说明员工允许浏览和严禁浏览的站点、允许上网冲浪的时间段以及允许使用的参数。此外还包括允许员工在何种情况下通过机构的网络发布消息，以及发布消息的内容限制范围等。

E-mail的使用策略主要包括：是否允许使用公司的邮件服务器来进行收发非工作性质的邮件，电子邮件的大小是否有限制，电子邮件的内容是否有限制，禁止发送如谩骂、人身攻击、色情信息、非法信息、种族歧视等内容的邮件，禁止发送连环信以及诈骗性邮件等内容，禁止加入木马、病毒或蠕虫，电子邮件附件的限制，电子邮件中包含数字签名和证书的要求。除此之外，Email的使用策略中往往还包含对于电子邮件进行内容检查的声明。

可接受的使用策略中，还有一项内容是机构对此项权力的恰当使用。机构在进行监控措施或创建警告信息时，应该与法律顾问探讨该策略是否符合法律和规章。例如，在允许进行网络内容监控的条件下，一般需要明确地向登录用户声明，需要反复警告——无论登录用户是普通员工还是可能的入侵者——他们的行动是已经受到监控的，对系统的任何误用都是无法容忍的。

（4）道德策略。道德是某些法律的基础，是形容人或者组织成员之间的相互关系的基本准则，同样，道德可以给商业行为带来一些影响。道德政策是指书面的组织道德的体现。有许多组织会将某些行为定义成违反道德的，也会接受一些固有的道德要求，并严格要求员工遵循。通常道德规范期望员工可以忠实，可以通过专业的方式来完成所有活动。如果发生违反道德规范的行为就会受到一定的惩罚，例如非议、批评等，如果严重违反道德，组织会考虑将这些人解雇。

对于IT人员来说，遵循必要的道德规范也有利于实现安全。例如计算机专业人员社会责任（computer professionals for social responsibility，CSPR）这一组织定义了一系列计算机专业人员的道德要求，包括不应利用计算机伤害他人、不要干扰他人工作、不要将计算机用于盗窃等。这些要求不仅有助于建立一个可信任的网络环境，而且可以约束计算机专业人员的行为。从这一意义上来说，道德策略属于安全策略的一部分。

5. 安全策略中的业务策略

安全策略中的业务策略是指机构或组织在运行中涉及各类业务时需要考虑到的，用来保证组织安全的策略。

（1）职责分离。职责分离是众多机构所采取的基本安全原则。实际上，它的本质是降低对任何个人的信任级别，它将同一个事物的不同部分交给不同的员工来进行处理。职责划分的主要目的就是为了减少任何个人对机构造成灾难性后果的能力。除此之外，就某项任务而言，职责划分能够大大减少舞弊的风险。比如，一般情况下，公司在财务制度上会分成采购、出纳和会计，在一次采购活动中，分别负责订购物品、查验接收物品以及付款记账这三项不同的任务，这样就能够防止采购由于个人利益而未授权地购买某一项商品，因为如果采购想要实施这个行为，就一定要征得另外两个人的同意才可以完成。

职责分离还有另外一个非常重要的目标，就是将职责分散给多个人，以防止其中的某一个人成为正常工作必不可少的人物。这样一来，人物就具备了足够的分布性，如果人员发生失误或者无法正常工作，还可以由备份的人员来替代完成，这样就可以保证不会给机构带来一些灾难性的影响。

在实际进行职责分离的过程当中，对于一些关键岗位，可以考虑通过轮岗的方式或者是轮调的方式来进行实施。因为轮岗的方式不仅能够保证职责由多人共同承担，而且，这种轮岗的方式也就相当于实施内容的审计过程。

在职责分离的过程中，需要充分考虑对事务进行合理恰当的分割。如果事务分割成太多的部分，就会导致多头监管、效率低下的现象，这样就会给事务原本的正常运作带来一些不利的影响甚至是风险。而且过细的分工会导致大量的人力资源被浪费，还有可能导致"三个和尚没水喝"的情况出现。

（2）最小特权。最小特权（least privilege）一般是安全的一条基本准则。所谓最小特权，指的就是对于机构中的个人，只提供完成任务所需的最小信息和最低权限。

应需可知（need-to-know）允许组织成员对有关信息拥有一定程度的知晓。通常来说，越多的人可以接触到敏感信息也就意味着这个信息越容易被泄露。然而，有时出于完成工作的需要，某些人必须掌握一定的敏感信息。因此，"应需可知"意味着成员可以结合工作的需要，有限度地访问到一部分敏感信息，但是必须保证这种信息访问仅仅是为开展工作而进行的。

这两个策略属于安全的基本准则，一般应作为指导性的策略予以实施。通常来说，最小特权与应需可知是紧紧联系在一起的。并且，它们还应该阐述可以向机构中的什么人员授权访问何种信息，对员工的访问权限的分配等内容。

（3）应有的注意。应有的注意（due care，同义语还包括"尽责"，due diligence）是法律和商业上一个常用的术语，它讲述了一方的行为可能对另一方造成的损失或伤害。在安全策略中，due care说明了机构必须要采取某些常规的行为来保证安全，并且，需要把这些行为制度化，从而防止个人由于疏忽造成的安全威胁。例如，就病毒对企业的安全威胁来说，如果安全管理人员认知到病毒对企业有害，那么就需要及时地部署防护措施。并且把防病毒软件的日常安装、维护以及升级列入公司的安全策略中，向员工发布并使用，公司强制予以实施。以上这些就是一类due care的行为。如果违反了以上策略，例如，对于病毒的安全危害认识比较缺乏，没有严格遵循现有规定进行反病毒软件的更新之类的行为，就会被视为是违反 due care 准则的行为。

（4）清除与销毁策略。清除与销毁策略（disposal and destruction policy）主要用于应对社会工程学的垃圾翻捡（dumpster diving）行为。攻击者可能会从废弃的文件、报废的计算机硬件设备或者旧的移动存储介质中搜寻到有用的信息，进而发动攻击。所以，机构需要有一个必要的清除与销毁策略以及相关程序。

通常来说，对于纸张应该购置专用的粉碎机，把纸质文件粉碎，并且要防止垃圾翻捡者将粉碎文件还原。如果没有条件粉碎纸质文件，也可以采用烧毁或泡在水中的方式来使其字迹模糊。对于旧的存储介质，应该根据其存储特性考虑周全的销毁方法。如对磁性存储介质，可以进行低级格式化，或者进行消磁处理。如果进行格式化，那么就应该规定格式化的次数和方法。如果使用专门的商业软件，就应该考察其效果才可以进行采购和使用。

（5）物理访问控制策略。所谓物理访问控制策略（physical access policy），就是指对直接接触系统主机设备或物理访问某些 IT 设施的使用规定。由于物理访问控制措施不到位而导致的盗窃或信息泄密的情况时有发生。物理访问控制的内容在第1章已有讲述。而物理访问控制策略，从高层的角度，规定了物理访问控制必须实现的安全目标，如保证物理设备安全、保证不受到攻击者的物理攻击或者物理访问 IT 设施的规定和流程等。

2.7.3　信息分级与保密

信息分级（information classification）就是一个帮助组织更加有效地进行安全防护的重要工具。信息分级是组织根据信息的业务风险（business risk）、数据本身价值和其他的标准，对信息进行等级的划分。组织可以通过信息分级，来发现影响组织业务的最明显的因素，并根据信息等级对信息实施不同的保护、备份恢复等方案。信息分级旨在降低组织保护自身所有信息的成本。信息分级符合安全原则中的分层性安全原则。与此同时，信息分级通过对关键信息的标识，也可以增强组织的决策能力。

实际上，信息分级应该在组织级的层次上来实施，如果在部门级别或者更低的层次上进行实施，那么就体现不出来它的优势。组织实施信息分级的好处包括以下几点。

（1）组织范围的所有数据由于实施了正确的保护措施，因此提高了保密性、完整性以及可用性。

（2）组织能够尽可能有效地利用信息保护的预算，因为组织可以根据信息等级设计和部署最合适的保护方案。

（3）组织的决策能力和准确性可以通过信息分级来增强。

除此之外，组织还可以通过信息分级的处理过程，重新整理自身的业务流程和信息处理需求。

各个组织由于自身的情况各不相同，信息分级项目的流程也是各不相同的。一个比较标准的信息分级项目所包括的流程如下。

第一步，初始准备阶段。这个阶段，进行信息分级的管理人员需要回答以下一些问题，并且将此作为进行信息分级的基础。

（1）管理层是否支持这个信息分级项目，无论信息分级项目还是其他更大的安全项目，管理层对项目的支持是项目成功的主要因素。

（2）要保护的信息对象和风险因素是什么，是否可以通过接下去的风险分析步骤来得到解答。

（3）是否有法律法规上的要求，信息分级项目主管在实施项目时要优先考虑法律法规方面的因素。

（4）组织的信息是否来源于整个业务流程，并为整个业务流程所拥有。一般而言，企业或组织的信息并非只存在于各种IT设施中，而是广泛地来源于业务流程。这是对信息重要程度的一种鉴别。

（5）是否已经准备好进行项目所需的各种资源，这些资源包括项目各步骤的规划和准备、人员的培训等。

第二步，制订指导信息分级项目所需的各种策略。

（1）信息安全策略（information security policy），规定了组织对自身所有数据的所有权、数据的保护需求、管理层对信息安全项目的支持等。信息安全策略是一个从总体上而非细节上确定组织信息安全需求的文档，组织的所有安全项目都围绕它来进行。

（2）数据管理策略（data management policy），规定信息分级是保护信息资产的一个处理流程，并确定了每一个信息分级的定义、安全需求以及各角色对分级信息的责任。

（3）信息管理策略（information management policy），作为信息安全策略的补充，信息管理策略规定了几个要点：信息是其所属业务单元的资产；业务单元的管理者是信息的所有者；IT设施和部门是信息的持有人；定义信息分级和所有权之中使用到的各种角色和责任；定义各信息等级和其对应的标准；定义每个信息等级的最小安全需求范围。

第三步，风险分析。制定好信息分级项目所需的各种策略和流程以后，项目就可以进入到下一个阶段，也就是风险分析阶段。风险分析需要组织各个部门的代表组成一个联合工作小组进行操作，如果资源或其他原因不允许，也应该由组织中最重要的部门的代表组成工作小组。风险分析步骤成功的一个最重要因素依然是来自管理层的支持。

第四步，信息分级的实施。在信息分级标准确定和风险分析结束之后，项目就可以进入到信息分级的实施阶段了。站在成本与控制难度的角度来说，一个组织对其信息使用太多的信息等级是不明智的，这样除了会增加部署、管理成本和控制的难度外，也会由于分级太多而导致人员责任不清、效率低下等弊端，因此可考虑采用适当数量的信息等级，并给每个等级赋予简单易记的名字。

1. 信息分级方法

从理论上来说，权限分层、访问控制和信息分级都是简单易懂的。但是在实际操作过程中，安全人员所面临的环境却远远比理论上的分层复杂得多。信息分级可以简单地根据信息对于组织的重要程度划分成可公开的（public）、私有的（proprietary）、公司机密（confidential）等。当然，也有针对于更复杂组织的分级方法。

企业或者一般组织通常会采用的一种分级方法：将所有信息分为两类：公开（public）和私有（private）。通常来说，公开信息与私有信息分别占信息总量的20%与80%。其中公开信息包括：有限分发（limited distribution）和无限分发（full distribution）。而私有信息包括：内部信息（internal information）和机密信息（restrict information）。

而政府及军事上一般采用的分级方法：安全级别从低到高为无密级（unclassified）、敏感无密级（sensitive but unclassified）、机密级（confidential）、秘密级（secret）和绝密级（top secret）。

2. 信息安全中员工的角色

信息分级中的员工角色可以结合组织的具体情况来进行定义，最为常见的有以下六种。

（1）信息所有者（information owner），就是组织中信息所属部门的经理或管理者。

（2）信息维护者（information custodian），一般是IT部门，负责进行信息的日常维护。

（3）最终用户（end user），信息的最终使用者。

（4）安全管理员（security administrator），负责管理组织中人员的系统账户等使用情况的人员，一般是组织中的网管。

（5）安全分析员（security analyst），负责制定组织各种级别的信息安全计划、各种安全文档等，通常是CIO、CISO、CSO之类的人物。安全管理员（security administrator）和安全分析员（security analyst）一般统称为安全专家（security professional）。

（6）审计（auditor），主要负责对信息的使用进行审计。

以上这几类角色是信息分级管理中最为常用的角色划分。根据组织或企业的结构和业务的不同，还可以划分出以下一些角色。

（1）数据分析员（data analyst），负责根据组织业务进行数据结构或类型的设计、维护等操作的人员。

（2）咨询人员（consultant，solution provider），提供数据处理方案的人员。

（3）应用程序管理者（application owner），组织中拥有某个处理信息的应用程序的部门的经理或管理者。

3. 信息存取与访问控制

将用户授权作为代表的权限分层与访问控制并不能简单地把用户角色的重要性与用户权限相等同。比如，一个会计如果接受一项统计公司资产的任务，那么就可能必须要对他的用户赋予较高的权限，这样使他可以访问库存信息，但是较高的权限有可能会导致库存信息被非法地篡改（恶意的或者无恶意的），换句话说，在保证了可用性的条件下，难以同时保证安全目标中的保密性。对于一个安全管理人员来说，现实情况下难以再安全目标中的保密性、可用性以及完整性之间做出完美的平衡。所以安全管理人员一定要在系统和网络构建之前遵循一定的规范，选择适合组织的一套安全体系。这些规定和规范，称为安全体系模型（或者也可以简称为安全模型）。

4. 审计

审计（audit），就是在日常工作中保证符合组织的策略、标准和流程的工作过程。定期进行安全审计将有效地保证企业的信息分级和权限控制制度得以贯彻和实施。作为一个审计人员，需要能够及时对目前的安全状况提出建议并加以改进。审计的建议会涉及如安全访问控制、物理控制以及其他相关的内容。对于组织来说，审计人员提出的意见是相当宝贵的，虽然大部分人不太愿意看到审计的结果，但是它还是能够有效地帮助组织提高安全性及效率。

对于安全具有重要影响的审计主要需要在以下一些方面进行。

（1）权限审计。权限审计确认账户、用户组和角色的分配是否符合相应的安全策略。一次审计过程中，可能需要将全部用户账户和用户组都巡查一次以保证它们无误。

（2）使用审计。使用审计主要考察系统和软件的使用是否符合安全策略，将会考察物理设备的折旧、软件的安装和配置以及相关的其他活动。使用审计中一项重要的任务是考察软件的许可证是否合法。非法使用未经授权的软件（或者故意使用盗版软件）将会受到严厉的处罚。一方面未授权的软件可能给公司带来经济和法律上的麻烦，另一方面；未授权软件可能包含病毒或后门，给系统带来安全隐患。

（3）应急对策审计。企业在危机发生时必须保证通信畅通且处理流程得当。该类审计主要针对组织的决策人员，测试他们是否制定有相应的事件响应计划和灾难恢复计划。业务连续性计划BCP、灾难恢复计划DRP和其他类似的计划应该在制定后由审计人员进行系统的分析，以保证它们的准确性，同时，还需要随时间的发展不断进行补充和更新。

（4）管理和行政审计。管理和行政审计通常被人忽略，但是这是一项非常重要的审计。管理审计直接关系到信息分级策略的实施。它能够审查信息分级的合理性和相应的参与人员情况。审计还应该包括对当事人员进行的尽责（due diligence）调查。行政审计往往会包括对于组织资产的审计，如谁保管资产、如何防止未经授权的访问、资产的变动如何等。

（5）审计和日志。日志是审计工作开展的基石。只有借助详细、明确、丰富的日志，审计人员才能更好地开展工作。目前大部分操作系统和应用程序软件都允许和能够记录日志，较为高级的日志系统还能够由管理员对日志所记录的内容进行调整。一般建议在以下设备中开启日志供审计使用：操作系统；应用程序服务；防火墙；关键网络设备。

但是，一般审计人员应该定时检测日志，可以一周或一月为期限。并对日志进行整理和留档。

2.7.4 满足商业连续性需求

随着电子商务与网络的不断发展和应用，在商业中保持服务能力是网络系统最值得关注的一类问题。因为如果不能保证计算机系统和网络系统的通畅状态，将会带来不可估量的损失。为了保证企业能够持续地运行，需要事先对企业的持续运行能力进行一系列的评估，并最终得到商业连续性计划（business continuity plan，BCP）。

对于一个企业来说，只有根据商业连续性计划切实地实施控制措施，才能有效地避免在发生问题时影响到企业的正常运行。但是，不同的企业对商业连续性的要求并不尽相同。例如，同样是商业零售企业，主要业务是依赖互联网进行销售的公司和主要依赖柜台销售的公司，应对Internet安全事故的连续性要求必然存在着差异。所以，就需要有一个必要的手段来确定企业的商业连续性要求，这一过程称为业务影响分析（business impact analysis，BIA）。

在商业连续性要求确定之后需要根据这一要求确定相应的计划，并需要对其进行相当程度的细化，以应对不同的状况。例如，在BCP中，需要制定在业务运行时，提高可用性减少事故发生几率的计划；维持业务连续性所必需的软硬件和环境支持；在万一发生灾难和故障时，如何尽快从业务的中断中恢复。

1. 硬件及环境支持

组织或企业所处的环境，以及相关的基础设施，如电力、水、燃气等会对业务的连续性产生相当的影响。例如，大多数情况下，计算机系统需要持续和稳定的电力保障。电力中断意味着企业的运营将会随之中断。因此，在考虑商业连续性计划时，应做好这方面的预案。例如，可以使用不间断电源（UPS）维持计算机（尤其是服务器）或交换机等关键性商用设备或精密仪器的不间断运行，从而防止计算机数据丢失、电话通信网络中断或仪器失去控制。

而环境影响商业连续性的例子更是相当的普遍，例如火灾、洪灾、火山、地震、海啸等自然灾害都将会严重影响企业的正常运作。如果说电力等基础设施还可以通过投入资金来进行改善，那么自然灾害完全是无法避免的不可抗拒力的作用。而且，环境灾害给企业带来的损失可能会使企业运行和服务中断相当长的时间，人工的基础设施中断，如电力等。普通的网络攻击可能只会有几个小时到一天的服务中断，而且，会有相应的职能机构来承担恢复任务；而自然灾害可能造成长达几天、几周甚至数月的服务中断。

案例：2001年9月11日，位于纽约的世贸中心大楼遭到恐怖袭击而倒塌，这使得有一些公司完全没有办法正常运作。因为在世贸大楼内集中了这些公司的主要管理人员，并且在其中架设了集中管理的通信系统和IT技术部门。而同处于世贸中心大楼的摩根斯坦利公司，在遭受了严重的人员和数据损失之后，借助于异地备份的数据，在第二天就恢复了正常的业务运行。

作为安全管理人员，在获知已制定的商业连续性计划后，如果需要对这一计划进行具体的实现和实施，则应该考虑所有发生事件的可能性。例如遇到自然灾害、恐怖袭击、基础设施破坏或盗窃等事件，应该如何应对，应当对其风险进行何种评估。即便是发生几率非常小的事件，也应该做好预先的评估和准备。

2. 高可用性

高可用性（high availability）指的就是面对某种破坏或安全事件时，

系统或网络还可以继续进行操作，并不会受这些事件影响的性质。高可用性是业务连续性的一个重要内容。根据研究表明，大部分的威胁都是很小的威胁，例如网络系统中某个交换机的突然死机，或者是电力网络中一次规模很小的浪涌发生，它们虽然可以对系统带来比较严重的影响，但是这个影响的时间比较短，也就是说BIA中的关键系统受影响时间这一指标非常地小。这些问题完全可以从技术层面上进行解决，并且使其对整个系统和业务的影响都有所降低。高可用性就是为了应对这类威胁而产生的安全指标。

实现高可用性通常依赖以下三类技术。

（1）冗余。冗余技术是指借助某些特殊技术实现的在安全事件发生时保障设备可以正常运行的机制。冗余的实现主要依赖两种技术，一种是副本设备（duplicated）；另一种是可进行故障转移（fail-over）的设备。主机副本是指建立一台和原有设备完全一致的设备。而故障转移则是指当检测到故障发生之后，能够通过切换到其他系统来实现系统重建的技术。这样一来，可以保证服务不会被安全故障所打断。而原来的设备在经过修复后还是能够重新提供服务或者转换成备用服务的用途。对于主机服务器而言，相当于准备了两台一模一样的服务器，而对于网络系统来说，实际上是意味着在一条网络瘫痪后，采取另外一个网络或者另一条路由路径来保证网络的畅通。

冗余技术一般来说都比较昂贵，例如，如果需要使用副本设备，那么就一定要准备两台一模一样的设备，但是在同一时间内却只能有一台设备提供服务。当设备成本较高时，对整体部署的成本来说是一个非常大的挑战。然而，可进行故障转移的设备需要检测故障发生并且进行切换，如果是自动化设备，那么就需要如远程控制、自动化、电子与电气等方面的相关技术。所以说，只有在服务非常关键的情况下，才会选择使用冗余设备。

还有一类更加复杂的冗余技术，同时具备副本设备和故障转移技术的长处，称为集群（cluster）。集群技术一般情况下是用在服务器中，原理是把多台物理服务器虚拟为一台虚拟化的服务器向用户提供服务。集群内部借助局域网或其他连接方式进行连接，对外提供统一的服务，而所需的运算资源由专用的集群控制器在集群内部进行分配。在集群内部某台机器故障或不能提供服务时，其计算任务可以分配给其他机器，这样就能够持续地提供服务。集群除了提供冗余服务以外，还可以提供如进行高性能计算或者网格计算等功能。相比于同样性能的单台计算机，集群价格更加地低廉。目前，世界上主要的高性能计算机系统基本上都是集群计算机系统，如图2-43所示。

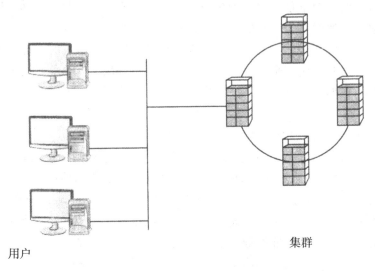

图2-43　集群计算机系统

现代的计算机操作系统，如Windows、Linux等都支持集群技术。而对于用户来说，完全不用关心集群内部的任务分配情况，他们所知的就是服务可以通过持续的方式提供。如果服务需要极高的可用性，通常应以集群的方式提供服务。

（2）容错。在单台主机或单台设备的组成部分中，若某一个组件发生故障，借助于容错系统，可以维持服务或业务的持续运行。通常容错系统采用额外的备件来实现这一功能。对于服务器设备而言，容错系统将会对关键部件，如CPU、磁盘驱动器、存储系统或者电源准备一个额外的备件，或者直接构成一套子系统。一些大型主机厂商（如惠普、Unisys和IBM公司）已经将容错技术广泛应用于服务器中。如对主机增加第二个电源或第二个CPU。而且，随着芯片技术的发展和芯片成本的降低，某些高端的工作站也已经可以实现容错技术。

容错技术的另一项非常重要的应用就是不间断供电系统（uninterrupted power system，UPS）。UPS是在电网供电异常（如停电、欠压、干扰或浪涌）的情况下不间断地为电器负载设备提供后备电源，维持电器正常运作的设备。它能够维持设备的不间断运行，从而防止计算机数据丢失、通信网络中断或者仪器失去控制。UPS持续供电能力的大小会随着需求的不同而不同，简单的UPS只能维持几分钟到几小时的电力供应，而大型的

UPS则可以维持超过24h甚至更长时间的电力供应。新型的UPS除了使用蓄电池作为一级后备电源以外，甚至还能够使用小型发电机作为二级备用电源。

（3）RAID。独立磁盘冗余阵列（redundant array of independent disks，RAID）的基本思想就是将多个相对比较廉价的硬盘组合起来，成为一个磁盘组，使其性能可以达到甚至超过一个价格昂贵、容量巨大的硬盘。正是因为具备这个特点，RAID原本的名称实际上是"redundant array of inexpensive disks"，即廉价磁盘冗余阵列。相比于单一的磁盘，RAID具有以下优点：增强数据集成度；增强容错功能；增加容量；增加数据吞吐能力。

随着硬盘价格的不断降低，以及RAID控制器芯片性能价格比的不断提高，RAID技术正在渐渐地由原来的服务器专有技术转变成大众都可以使用的技术。

通常来说，RAID在不断的发展过程中已经形成了面向不同应用的多种规范，这些规范也是渐渐地成为了技术标准。目前来说，RAID系列的规范主要是包含RAID 0～RAID 7等八种规范，它们的技术侧重点以及针对的应用都是各不相同的。而通常在网络和系统管理中比较常见的规范主要有以下几种。

1）RAID 0：无差错控制的带区磁盘组。

想要实现RAID 0，就一定要有两个以上硬盘驱动器，它的技术特点在于数据是分成数据块保存在不同驱动器上。也正由于这个原因，数据的吞吐率能够极大地提高，因为对同一段数据的读写能够使用多个驱动器同时进行，驱动器的负载相对来说也是比较平衡的。它的缺点则是没有任何的差错控制，如果磁盘组中的某一块磁盘出现了故障，那么导致的结果就是保存在其他磁盘上的数据也将无法使用。所以，一般用于需要较大传输速率和I/O吞吐率的场合，就不应该把它用于对数据稳定性要求高的情况。在所有的RAID级别中，RAID 0的读写速度是最快的，而且磁盘使用率也是最高的——相当于所有组成磁盘容量的总和。但是RAID 0的安全性却是最差的。

2）RAID 1：磁盘镜像结构。

构造RAID 1结构一定要使用两个磁盘，而RAID控制器必须可以同时处理两个磁盘的读写。RAID 1的技术就是在读写数据中同时对两块磁盘读写同样的数据，这样就可以在读写的同时形成一个镜像备份。RAID 1在RAID系列规范中的安全性是最高的。它可以实现磁盘系统的热备份和热替换。如果有其中某块硬盘损坏，那么可以借助另一块修复和恢复数据。不过，RAID 1的缺点是它的磁盘利用率是最低的，只有50%——即单块硬盘的容量（如果两块硬盘容量不同，则RAID的容量取决于容量较小的那块硬盘）。

3）RAID 3：带奇偶校验码的并行传送。

RAID 3的实现则是一定要有三个以上的驱动器，读写数据时使用$N-1$块磁盘存储数据块，然后使用一块单独的磁盘用于记录数据块的奇偶校验数据。对于RAID 3来说，读写速率的瓶颈在于进行奇偶校验，所以它的控制器相对来说较难实现。RAID 3对于大量的连续数据可提供很好的传输率，但对于随机数据，奇偶盘会成为写操作的瓶颈，利用单独的校验盘来保护数据，在安全性上尽管不如RAID 1，但是对比RAID 0的安全性有较大提高。如果记录数据的某一块磁盘失效，可以借助于奇偶校验盘及其他数据盘恢复数据。如果奇偶盘失效则不会影响数据使用。RAID在安全性以及磁盘利用率上做到了一个比较好的平衡，它的磁盘利用率是$(N-1)/N$（N表示磁盘总数）。

4）RAID 5：分布式奇偶校验的磁盘结构。

与RAID 3一样，RAID 5的实现也必须要有三个以上的磁盘驱动器。RAID 5也像RAID 3一样，在读写数据时将数据分块存放在不同的磁盘上，同时使用奇偶校验作为安全保证，不过它的奇偶校验码平均分配到所有组成磁盘上，在一次读写过程中将数据分块为$N-1$块（N为磁盘总数）存储在$N-1$个磁盘上，然后剩余的一块磁盘用于存放数据块的奇偶校验。RAID 5的特点是强化了读出效率，但是写入效率一般。而对于RAID 5来说，大部分数据传输只对一块磁盘操作，可进行并行操作，因而读取数据相当快。不过在RAID 5中有"写损失"，也就是每一次写操作，将产生对所有磁盘的写动作。RAID 5的安全性也相当优良，如果任何一个硬盘损坏，都可以根据其他硬盘上的校验位来重建损坏的数据。而且，对RAID 5来说，任何一块硬盘在损坏后，不会影响到阵列的正常使用，可以采用热替换的方式更换损坏的部件。不过，如果阵列中有超过一块的硬盘损坏，RAID 5就不能继续使用了。RAID 5是综合性能较好的一类RAID。磁盘空间利用率较高$(N-1)/N$，读写速度较快。同时还能保证较好的安全性和可热替换特性。因此RAID 5也是广泛应用于服务器的一类RAID。

5）RAID 1+0与RAID 0+1

RAID 0+1与RAID 1+0都是组合式的RAID，有时候也分别称为RAID 01或RAID 10（这里不是数字编号10，而是1和0）。因为RAID 0和RAID 1两种结构各有优缺点，所以可以相互补充，RAID 0+1和RAID 1+0利用了RAID 0的速度以及RAID 1的安全两种特性，同时具备速度和安全性两方面的优点。不过它的缺点是需要的硬盘数较多，因为至少必须拥有四个以上的偶数硬盘才能使用。对于一些兼有速度和安全性要求的系统来说，可以使用RAID 10或RAID 01。

3. 备份和故障恢复

灾难恢复计划（disaster recovery plan，DRP）是涵盖面更广的商业连续性计划的一部分，是恢复关键业务流程所必需的数据和资源以及应该采取的必要步骤。灾难恢复计划的核心就是对企业或机构的灾难性风险做出评估以及防范，尤其是对那些关键性业务数据、流程予以及时的记录、备份以及保护。

在商业连续性计划与灾难恢复计划中，备份技术是其中的一项重要技术。安全故障只可以降低发生的可能性，但是不可能完全彻底地避免。而硬件和存储介质也会发生损坏，例如光盘介质的保存时间通常是数年至数十年，而磁盘介质可能会由于某一次的磕碰或者振动而发生损坏，备份指的就是将文件系统或者数据库系统中的数据加以复制，如果发生灾难或者错误操作时，可以方便且及时地将系统中的有效数据进行恢复，并且可以正常运作。

（1）需备份的数据。对于一个机构来说，其所有的数据都有备份的价值，但是事实情况是难以做到对所有数据都进行备份。一般来说，应该对关键业务所需要的数据或者是一个组织依赖的数据进行备份。而更为优秀的备份计划不仅仅考虑数据的问题，还会考虑相应的应用程序、操作系统甚至是硬件平台。在详细的DRP中，也应该考虑和备份相关的其他内容，例如专有硬件、人员或者生产环境。假如是遭受到严重的自然灾害，可能不仅仅会造成设备的损坏或数据的损失，还有可能造成人员的伤亡。在这种情况下，可能即使留有备份数据，但是还是不能够及时地恢复业务和服务。所以，狭义的备份仅仅需要考虑数据，而更广义范围内的备份还应该考虑与数据相关的其他因素。

对于一个企业而言，以下是需要进行备份的文档和文件：领导层的决议和决策；公司公文文件；关键性的合同；财务信息文件；组织文件；人事信息；借贷款凭据；税务记录。

在应用程序方面，需要进行备份的包括：应用程序；会晤记录；审计档案；客户名单和潜在客户名单；数据库文件；电子邮件；财务数据；交易记录；操作系统；用户文件和信息；工具程序。

（2）备份的策略。备份的策略可以视为组织安全策略的一个部分。最简单的备份策略就是"复制需要备份的文件"。而如果考虑更周全一些，则需要在备份策略中增加更多的细节，主要包括：备份执行的频率；用于备份的存储介质的类型；谁来执行备份工作；备份存储的位置；备份应该保存的时间；如何从备份中恢复数据，等等。

总的来说，即便是最简单的基本数据维护与备份，也应该制定详细的考虑与周全的计划。

（3）备份的类型。通常来讲，主要有四种不同的基本备份类型。

1）完全备份。最早的和最简单的备份类型就是完全备份，在完全备份中，所有的文件和数据都会被复制到存储介质中。从一个完全备份中能够直接恢复原有系统。完全备份的实现技术实际上是非常简单的，但是需要花费大量的时间、存储空间以及I/O带宽。与完全备份相反的就是选择性备份，也就是选择一部分数据进行备份操作。下面讲到的其他几种备份类型都属于选择性备份。

2）差异备份。在差异备份中，只有在上一次完全备份之后才进行改变的数据和文件才需要进行复制存储。相比于完全备份来说，差异备份更加迅速，因为毕竟只是需要记录一部分数据。差异备份可以分成两个步骤：第一步是制作一个完全备份；第二步是对比检测当前数据与第一步中的完全备份之间的差异。差异备份必须在一次完全备份之后才可能开始，而且需要定时执行一次完全备份。这一时间段将取决于预先定义的备份策略。差异备份的恢复也分成两个步骤完成，第一步是加载最后一次的完全备份数据，第二步是使用差异备份的部分来更新变化过的文件。差异备份在备份速度上比完全备份快，但是备份中，一定要保证系统可以计算从某一个时刻起改变过的文件。从空间的使用上来看，差异备份只需少量的空间就能够实现备份。

3）德尔塔备份。德尔塔备份的目标是在每一次备份处理中，都可以处理尽量少的数据信息。德尔塔备份主要针对的对象就是如数据库等大型文件和大型应用系统的备份。它只会备份存储文件变化的部分，所以可以这样说，它的恢复是最为复杂的。

每一种备份方法都有各自的优点和缺点，没有任何一种单独的备份方式对组织来说是完美无缺的，见表2-11。所以，需要在备份策略中仔细地评估每一种备份方式的适用性，并最终选择备份方法。

表2-11　不同备份类型对比

项目	完全备份	差异备份	增量备份	德尔塔备份
所需空间	大	中等	中等	小
恢复	简单	简单	麻烦	复杂
备份速度	慢	较快	快	最快

4）增量备份。增量备份与差异备份比较相似，但是增量备份只是复制上一次全部备份后或者上一次增量备份后才更新的数据。与差异备份相比，它只需要备份上一次任何一种备份之后改变的文件，所以备份速度更快。相应的，它的恢复方法也稍微复杂一些，需要在某个完全备份恢复的数据基础上，然后将该时间点以后所有的增量备份都更新到数据库中。同样，增量备份消耗的存储空间也远小于完全备份，甚至比差异备份所需空间更少。

（4）备份的存储。备份通常都是需要付出存储的代价。备份通常需要占用大量的存储介质，特别是如金融或统计等数字资源占据组织或企业重要地位的情况下。备份的存储首先需要考虑的是存储的稳定性，通常认为可以作为长期的备份存储介质一般是光盘、硬磁盘和磁带这几类。但是，介质都会随着时间的推移而慢慢老化，例如磁性存储介质的磁性会减弱、光存储介质也有保存期限。除了介质老化问题，技术的发展也使得很多旧的存储介质过时。如目前的计算机设备已经很难找到读取5.25inch软盘的驱动器了。如果有保存在5.25inch软盘上的数据，即便数据是完好的，但是也难以再进行恢复和使用了。

同样，还需要重点考虑的一个问题就是备份的安全。对于备份与恢复的便利性来说，最优和最简单的策略就是将所有的备份资源系统放在一起。然而，如果发生比较严重的安全事故或者自然灾害，可能将源系统与备份一起毁坏。在实际操作过程中，通常是把最新的备份存放在本地的其他主机或设备中，而把其他的副本通过网络等方式保存到其他地点。如果备份数据根据安全策略需要进行加密，那么应该妥善保管相应的恢复密钥，因为如果攻击者可以获取这些备份数据，就能够根据这些数据将一套系统还原出来。

（5）备份的频率以及备份的留存。通常来说，备份的有效性与备份创建后发生的数据变化是直接相关的。备份创建的时间越长，相应发生变化的可能性也就会越大，备份失效的可能性也就越大。然而，过于频繁的备份活动将会给正常的业务带来影响，如影响磁盘空间、I/O吞吐率或者干扰事务运行。同样，备份留存多长时间也是需要考虑的问题。只有一个备份是否够用呢？答案一般是否定的。通常情况下，需要维护多个备份。然而，多个备份如果留存时间过长，就会给磁盘空间带来比较严重的影响——特别是采用完全备份的方法进行备份。

有一类比较简单的备份留存选择办法——比例法。比例法中，保留三个最新的备份。如果创建一个新的备份，一个最老的备份就会被覆盖。还有一类根据时间周期的备份方法，也就是保留最新的每天、每周、每月、每季度和每年的备份。

通常在制定备份策略时，会针对备份的频率以及留存时间，一般需要考虑以下一些参数：没有备份时的恢复代价；备份策略的代价；备份占用存储介质的成本；保存介质的成本；执行备份工作的成本。

如果需要预估备份策略的年度成本或者其他成本核算，通常要将以上因素都需要考虑在内。

（6）备用的站点。备份创建的目的就是为了可以及时地恢复服务，所以对于某些服务，可以连同设备和数据一起进行备份。等到需要恢复时，可以通过最短的时间来恢复提供服务。这种备份经常用在单台主机提供的服务中，所以也被称为备用站点或者替代站点（alternative site或backup site）。创建替代站点对于维持业务持续运行具有非常重要的作用。备用站点通常可以分成以下几类。

1）冷站点（cold site）。冷站点仅仅包含一些必须的基本组件。设备在平时处于关闭状态或者停机状态。冷站点的数据一般是采用冷备份（cold backup）的方式进行备份，也就是等待原始站点停机或者维护状态下的备份，当然，也可以采用其他类型的数据备份。利用冷站点恢复系统服务需要花费的时间是非常长的，包括启动系统、恢复备份数据以及上线等任务。但是，冷站点由于只需要维护一些基本组件，所以冷站点的建设成本会大大降低。

2）热站点（hot site）。热站点是一个配置与原始站点完全一致的站点，包括软硬件环境与通信组件。通常热站点的主机会一直处于运行状态或者待机状态，热站点的数据一般是采用热备份（hot backup）的方式进行的，也就是正常运行状态下同步备份数据。如果发生了安全故障，那么热站点就能够在很短的时间内（几分钟到数小时）恢复提供服务。热站点也存在缺点，与冷战点只需要维护一些基本组件的建设成本相比，热站点的缺点在于，维持一个相同配置的站点的建站和备份的成本会更高。

3）温站点（warm site）。温站点介于冷站点和热站点之间，温站点的恢复时间也介于冷站点和热站点之间，当然也还是需要系统管理员花费时间来进行一些恢复操作。

此外，若是某些特殊服务的需要（如蜂窝网络的基站），还可以将必要的硬件设备和电气设备装置在卡车或拖车上，开进到某个位置提供临时的服务，这称为移动站点。

4. 业务影响分析和风险分析与评估

（1）业务影响分析。业务影响分析（BIA）指的就是评价关键业务在遭到中断后对组织的影响的过程，它主要是用于确定关键业务的影响力以及确定恢复计划。BIA过程不会涉及对具体安全威胁或缺陷的分析，而重点分析发生安全事件后，组织所遭受的损失情况。

1）确定关键职能。一个公司如何才可以确定关键职能？可以首先尝试回答以下问题。"在全面的服务恢复之前，有哪些功能是必须存在的？"

一个组织的全部功能（或者称为职能）可以主要划分成以下几类：第一类是关键的：这些功能对业务运行来说是必不可少的。第二类是必要的：这些功能是正常的要求，但是组织在缺失这些功能的条件下依然能够运行一定的时间。第三类是值得的：这些功能对系统的正常处理不构成影响，但是可以更有效地或者更好地提高业务处理能力。第四类是可选择的：拥有这些业务就会使得业务处理得更加完美，但是没有它们也并不会造成什么不利影响。

关键过程的识别程序能够帮助一个公司确定在商业连续性要求条件下，哪些职能和系统是必须运行的。没有这些功能，就没有办法完成公司的基本任务。某些关键性职能并不是很显眼的或出众的，可能经常被人遗忘或忽视。一旦发生安全事故，这些缺失的环节会给系统的正常恢复带来严重的影响，这样才会得到相当的重视。因此，在识别关键职能的过程中，需要全组织所有部门对全部职能进行仔细的评估，以防止上述情况的发生。

2）优先考虑关键业务职能。在发生安全事件之后，为了保证业务的持续性，采取的行动一定要根据重要程度来排列一个优先级。如果需要重建和恢复系统，一般组织可以动用的资源是有限的，针对更大范围的安全事件来说，可能连一些基本的功能都不能实现。例如，如果一个企业的网络通信服务中断了，通常可以采用一些备用的方法来临时保证通信服务，但是在一段时间内，肯定不能够实现完整的网络服务，而且临时的通信服务在质量和带宽上必然少于完全的网络服务。在这种情况下，作为安全管理人员，必须要找出哪些应用系统是必须的，接着要对其赋以较高级别的资源使用权限来充分满足它们的需求。一般的公司可能会更愿意在这种情况下选择优先恢复电子邮件系统的通信，而不是Web网站。

3）确定关键系统损失的时限。在缺少一个关键功能之后，需要计算组织还可以生存的时间有多长。某些职能在缺失后，组织就会马上瘫痪，然而对于另外一些职能来说，组织在缺失后还可以支撑一段时间。区别这些职能，以及发现相应的时间段是进行业务影响分析的一个重要环节。例如，一个主要依赖网站进行电子商务活动的公司，在网站瘫痪后还能够支撑多长时间？公司通常会预先对这一时间段进行评估，并且试图确定其所能承受的最长时间。这段时间越长，就代表如果发生了问题，可能造成的损失也就越小。

4）有形和无形的影响的估算。一个组织在遭受安全事件影响后势必会导致一定的损失。损失分为两种：有形和无形。例如，损失产品或者损失销售额就属于有形的损失，这种理解起来比较容易，也能够得到一定的重视。但是，管理者往往会疏忽无形的损失，例如产品在消费者心中的信誉，或者服务得到的评价等。相比于有形损失，由于无形的损失难以进行量化的评价，所以很难统计和计算无形的损失。

BIA会带给一个组织以下一些影响：

第一，借助于BIA，能够一目了然地、非常清晰地看出组织在安全事件后受到的损失。

第二，BIA分析了安全事件可能带来的损失，有助于合理地分配预算，如果希望转嫁损失，也可以预先购买保险。

第三，BIA分析可以记录哪些业务流程对组织的正常运转来说是必不可少的，以及在发生中断后应该如何恢复它们，这些都是BIA最主要的功能。

BIA是制定商业连续性计划以及制定灾难恢复计划的有效前提。

（2）风险分析与评估。风险分析与评估（risk analysis and assessment），也可以简称为风险评估（risk assessment），就是指对可能发生的事件中不确定因素的识别、分析和评估的过程。针对一个事件来说，在人们选择了某种机会之后，一定会随之遇到各种各样不确定的因素，这些不确定的因素便称之为"风险"。例如，购买一辆汽车可以使出行更加方便，但是，同时也会由于燃料费上涨、路费、维修等各种不确定的因素导致额外的支出，而且虽然几率很小，但是还是存在发生交通事故危害生命的情况。不确定因素一般是有好有坏的，但是作为习惯，人们通常是把遭受伤害或遭受损失的不确定因素称为风险。

中文的"危机"一词，从字面的意义上可以理解为"危险与机遇"，这就表明了一般机遇和危险是紧密连接的。所以，我们在选择一个机会之前，往往会或多或少地考虑机会之中包含哪些不确定的因素，更进一步地，我们还会想办法去了解机会当中的不确定因素发生的可能性到底有多大，并准备一些能够降低发生几率或损失的措施。同时，为了更加有效地准备和评估应对不确定因素的防御措施，我们还必须仔细地研究不确定因素的各个组成元素，并弄清楚它们之间的关系，这个过程就是风险分析和评估（risk analysis and assessment）。

风险评估作为安全管理的一项重要任务，也是近年来比较热门的话题。因为，未雨绸缪的做法可以有效地降低组织在实际发生安全事件后的损失。而对风险的进一步分析和评价，以及决定采用哪些方法控制风险的影响，这些决策过程已经发展成为较为严谨的风险管理理论，广泛地应用在金融、商业、卫生、公共安全等领域。管理学理论中有关风险管理的描述如下：

风险管理已称为危机管理，是一个管理过程，包括对风险的定义、测量、评估和发展应对风险的策略。风险管理的目的是将可避免的风险、成本及损失最小化。理想的风险管理中，事先已排定优先次序，可以优先处理引发最大损失及发生几率最高的事件，其次再处理风险相对较低的事件。实际状况中，由于风险与发生几率一般是不一致的，因此，难以决定处理顺序，所以需衡量两者比重，做出最合适的决定。

风险管理涉及机会成本（opportunity cost）和一定的博弈论理论。风险管理同时也要面对如何运用有效资源的难题，如果将资源用于风险管理可能会减少运用在其他具有潜在报酬之活动的资源。但是，理想的风险管理正是希望利用最少的资源来化解最大的危机。以下是一些风险评估中比较常见的概念：

1）风险（risk）：潜在的损失或伤害。

2）资产（asset）：通常是指开展业务所必备的资源。一般的安全事件的损害目标主要是资产。资产也分为有形和无形两种。而对于信息系统来说，信息资产（information asset）是最重要的一类无形资产，信息安全主要就是为了保障信息资产不会受到损害。

3）威胁（threat）：可能造成风险的因素或事件，例如各种恶意软件、自然灾害等。

4）漏洞（vulnerability）：风险防御措施的缺失或弱点，可以被威胁所利用并造成危害。通常出现漏洞就意味着风险发生的频率更高和风险发生时损失更大。例如没有安装反病毒软件便可认为是一个漏洞，会使恶意软件攻击的发生几率和损失更大。

5）控制措施（control）：同义词还有对策（countermeasure）以及安全措施（safe guard），就是指对于威胁相关的风险进行检测、预防或者缓解的一些措施。

6）风险的定性评估（qualitative risk assessment）：主观确定某一事件对于项目、计划或业务影响的过程。定性的评估一般依赖于专家的判断或经验来完成，相对来说比较简单。

7）风险的定量评估（quantitative risk assessment）：客观确定某一事件的影响过程。定量的风险评估相比于定性评估更为准确和科学，一般采用某种度量方法或模型来完成。定量评估相对需要更高的评估水平，但是不可能对所有需要评估的对象使用定量化方法。对于能直接算出资产价值的对象，如设备、软件等，可以用定量的方式直接算出它的价值。对于另外一些无法量化的对象，如数据、业务流程等，则可以使用定性评估的方式。在管理学中常用的层次分析法（analytic hierarchy process AHP）或专家打分方法也通常用于这些不易于量化的对象，尽量将其量化从而可以获得更好的评估结果。

8）单项预期损失（single loss expectancy，SLE）：风险发生时的单个威胁或事件所可能造成的资产损失。

9）年度发生率（annualized rate of occurrence，ARO）：一年内某种安全事件发生的几率（或者频繁程度）。

10）年度预期损失（annualized loss expectancy，ALE）：预期的某种安全事件每年所可能造成的损失。ALE=SLE×ARO，即如果一个对象遭遇风险时损失（SLE）是10万元，每年发生该风险的几率（ARO）是1/100，那年度预期损失就是$100000×0.01=1000$（元）。而假如每年发生该风险的几率（ARO）提高到1/10，那么年度预期损失将会变为10000元。年度预期损失的估算是定量化进行风险评估的一项重要内容。对于风险控制来说，能做到的就是尽量减少SLE或者ARO，并进而能够减少ALE。

通常来说，可以通过风险评估解决以下这些问题：①风险的具体形式，究竟会发生何种威胁。②威胁对组织或企业的影响如何。③威胁发生的频率或速度。④威胁发生的几率或可能性。威胁发生的不确定性是风险管理中的核心问题。当然，谁都希望为所有可能发生的情况做好充分的准备，但现实常常不允许这样考虑，我们只能够保证优先度最高的部位和风险最有可能发生的部位能部署到风险管理方案。

在进行过风险分析和评估之后，通过风险分析和评估，可以从上述四个问题中发现一些无法忽视的风险（unacceptable risks，有时也称无法接受的风险），我们需要部署相应的方案来应对它们，这就是如何应对风险。风险的应对方式可以分成三种。我们还是可以用上面买车的例子来进行类比。

假设买了车之后，在路上发生追尾事故的可能性为每三个月一次，如果车主采取了在交通繁忙时刻降低车速，选择另外车流量较小的道路或者在车上添置防追尾的设备等都属于车主接受了风险存在的事实，并采取了降低风险发生可能性或损失的措施，人们将之称为接受风险（accept the risk）或者缓解风险（mitigate the risk），也就是试图减少风险发生的可能性。

若车主认为部署防追尾的设备成本比追尾后修一次车还贵得多，或者因为其他原因而无视追尾危险，这样称之为忽视风险（ignore the risk或reject the risk）。这种情况下，风险并没有减轻而只是被忽略了。

还有一种比较常见的情况是车主通过购买保险，将追尾可能产生的各种费用转移到保险公司身上，这种行为称之为转嫁风险（transfer the risk）。

接受/缓解风险和转嫁风险是对待风险的常用方式，但在某些不太重要的场合或者风险影响甚微的情况下，也可以选择采用忽视风险的方式。

制订一个风险应对方案，需要首先解决以下问题：①能否消除风险？能否减少风险发生的可能？②如果存在消除方案，那么每年需要花费的成本是多少？③消除风险的效费比是否合算？

在一个组织或企业中，业务影响分析和风险评估通常是在商业连续性要求的基础之上，对整个企业或组织进行整体的分析和评价。尽管说它们的侧重点稍有不同，但是仍是制定商业连续性计划的重要参考文件。而为了保证商业连续性计划而进行的如备份、可用性等支持，也需要同时考虑业务影响分析和风险评估的结果。

5. 从供应商获得支持

服务水平协议（service level agreement，SLA）是一个用户与供应商之间的协议。这里的供应商除了是产品和硬件设备的供应商以外，一般还是应用软件和技术支持的提供者。这一协议的主要作用是为了保证用户所得到的服务和产品与供应商所事先允诺的一致。协议通常描述服务的提供者为消费者保证的具体服务的等级。协议需要根据期望的服务和支持描述消费者的预期，同时也包括如果没有提供或未达到所描述的服务等级，则应得到何种惩罚措施。借助这样的一份SLA，用户可以得到供应商在技术和软硬件上充分的支持，也只有这样，用户才能在选用供应商的软硬件之后，根据预期的服务水平，调整自己的业务连续性计划。SLA通常需要由法律部门牵头制订，并交由具有公信力的机关进行登记和备案。这是一份具有法律效力的文件。以下是SLA中比较关键的特点：

（1）平均故障间隔时间（mean time between failure，MTBF）：是对系统或组件发生故障的一种预期衡量方式。如果一套系统的MTBF为一年，那么在使用系统一年以后，就需要做好更换系统的准备。而如果一年以后该系统还能继续使用，则认为对该系统的投资具有额外的收益。MTBF有助于评估一个系统的可靠性和寿命。

（2）平均修复时间（mean time to repair，MTTR）：是衡量在故障发生后，修复系统所需要的时间的一项指标。如果MTTR是24h，这表示通常需要24h才能修复该系统。一般认为，MTTR越小，越有利于用户的BCP。

2.7.5　怎样维持较高的安全水平

如果想要将系统维持在一个较高的安全水平，那么至少需要做到以下几点.

（1）简化安全管理。安全管理问题是一个非常复杂的问题，涉及企业或组织的各个方面。为了维持一个较高的信息安全水平，需要涉及企业内部的多个部门以及机构，同时，也需要企业成员的共同努力。除了安全管理人员以外，其他非专业的组织成员因为技术和知识背景往往与安全技术甚至IT技术都没有关系，所以更加需要通过最简单明了的方式来实施企业的安全策略和安全流程，尽量保证通过最简单的方法处理来维持较高的安全水平。

（2）保持更新。技术处于每时每刻都在不断地发展过程中，作为一名安全管理人员，应该时刻注意收集相关信息，例如安全威胁、安全漏洞以及安全技术的发展，对于所管辖的系统实施必要的更新。安全人员为了维持较高的安全水平，主要需要关注的更新包括以下内容：操作系统的更新；应用软件的更新；网络设备（硬件、软件和固件）的更新；安全策略和安全流程的更新。

除此之外，安全管理人员个人的知识背景也是需要随着技术的发展而一起更新的。安全人员一般需要随时注意几个较为知名的安全组织（如CERT、NIST、LinuxSecurity、反病毒软件厂商等）提供的技术动态以及相关知识更新。

（3）策略与执行。组织的安全需要制定必要的策略来进行安全保障，即便是达到了较高的安全水准，还是会需要对组织的策略进行微调或者更新，从而适应技术的发展。除此之外，可以达到某一个较高的安全水平，从某种角度来说，说明组织在执行策略方面是坚决彻底的。为了维持这一安全水准，需要管理层持续地对安全防护投入资源。对于安全管理人员来说，得到管理层持久的支持，也是贯彻安全策略和执行安全流程所必需的基本条件。

（4）培训和教育。培训和教育有助于组织成员理解和应对安全威胁以及制订相应的安全防护措施，也能够更好地推进安全的实施。进行安全培训和教育的对象应该包括所有的企业成员，从领导和高级管理人员到普通员工，甚至也应该包括如实习生、临时员工等身份的相关人员。在安全培训中，尤其需要注意的是应对管理人员（如部门经理或主管）以及相关技术人员进行重点的安全意识教育和安全培训。因为这些身份的组织成员是实施和贯彻安全策略的重要环节。

安全意识教育（security awareness）可以作为组织安全计划中的一部分来进行，在开始安全意识教育计划之前，应该先确定安全意识教育项目的目的。目的可以简单定义为"所有的组织成员必须了解自己最基本的安全责任"或者"组织成员必须了解组织所面临的信息安全威胁，并且需要养成良好的使用习惯，来防御这些风险并保护信息系统"。不过很多时候设定详细的目标更加有利于安全意识教育项目的进行，企业员工一定要有理解以下条目的安全意识：①安全策略、标准、流程、底线和指导；②物理和信息资产所面临的安全威胁；③开放网络环境面临的安全威胁；④需要遵守的法律法规；⑤需要遵守的组织或部门制定的规章制度；⑥如何辨识和保护敏感（或保密）信息；⑦如何存储、标记和传输信息；⑧如果发生可疑或已确认的安全事件，应该向谁报告；⑨电子邮件和互联网安全使用策略及流程；⑩社会工程学。

安全意识教育的目标应该与组织所制定的信息安全目标相互紧密配合，同时，还要密切结合组织信息安全计划，否则就无法达到它所预定的效果。

第3章 网络信息安全测评技术概述

3.1 网络信息安全测评基本概念

3.1.1 国内外信息安全测评发展状况

信息安全测评不是简单地对某个信息安全特性的分析与测试，而是通过综合测评获得具有系统性和权威性的结论，对信息安全产品的设计研发、系统集成、用户采购等有指导作用。因此，信息安全测评技术就是能够系统、客观地验证、测试并评价信息安全产品和信息系统安全及其安全程度的技术，主要由验证技术、测试技术及评估方法三部分组成。前两部分通过分析或技术手段证实信息安全的性质、获得信息安全的度量数据；第三部分通过一系列的流程和方法，客观、公正地评价和定级由验证测试结果反映的安全性能。当前，信息安全验证与测试技术正在迅速发展，出现了大量的方法、工具和手段，而信息安全评估流程、方法与相关的安全功能一般由评估标准、规范、准则等要求给出。

信息安全测评是实现信息安全保障的有效措施，对信息安全保障体系、信息产品、系统安全工程设计以及各类信息安全技术的发展演进有着重要的引导规范作用，很多国家和地区的政府和信息安全行业均已经认识到它的重要性。美国国防部于1979年颁布了编号为5200 28M的军标，它为计算机安全定义四种模式，规定在各种模式下计算机安全的保护要求和控制手段。当前普遍认为5200 28M是世界上第一个计算机安全标准。1977年，美国国家标准局（NBS）也参与到计算机安全标准的制定工作中来，并协助美国国防部于1981年成立国防部计算机安全中心。该中心于1985年更名为国家计算机安全中心（NCSC），归美国国家安全局（NSA）管辖。NCSC及其前身为测评计算机安全颁布一系列的文件和规定，其中，最早于1983年颁布的《可信计算机系统评估准则》（TCSEC，Trusted Computer System Evaluation Criteria）将安全程度由高至低划分为A~D四类，每类中又分为2级或3级。如得到广泛应用的Windows NT和Windows 2000系列产品被测评为C2级，而美国军队已经普遍采用更高级别的军用安全操作系统。在美国的带动下，1990年前后，英国、德国、法国、荷兰、加拿大等国也陆续建立计算机安全的测评制度并制定相关的标准或规范。如加拿大颁布了《可信计算机产品评估准则》（CTCPEC，Canada Trusted Computer Product Evaluation Criteria）。美国还颁布了《信息技术安全联邦准则》，通常它被简称为FC（Federal Criteria）。由于信息安全产品国际市场的形成，出现了多国共同制定、彼此协调信息安全评估准则的局面。1991年，英国、德国、法国、荷兰四国率先联合制定了《信息技术安全评估准则》（ITSEC，Information Technology Security Evaluation Criteria），该准则事实上已经成为欧盟其他国家共同使用的评估准则。美国在ITSEC出台后，立即倡议欧美六国七方（即英国、德国、法国、荷兰、加拿大的国防信息安全机构和美国的NSA与NIST）共同制定一个各国通用的评估准则。从1993—1996年，以上6国制定了《信息安全技术通用评估准则》，一般简称为CC（Common Criteria）。CC已经于1999年被国际标准化组织（ISO）批准为国际标准，编号是"ISO/IEC15408—1999"。另外，为指导对密码模块安全的评估，NIST自20世纪80年代至21世纪初，一直在编制《密码模块安全需求》。2002年，NIST以编号FIPS PUBI40—2发布它的最新版本。当前，很多国家和地区均建立了信息安全测评机构，为信息安全厂商和用户提供测评服务。

我国于20世纪90年代末也开始了信息安全的测评工作。1994年2月，国务院颁布了《中华人民共和国计算机信息系统安全保护条例》（国务院147号令）。为了落实国务院147号令，1997年6月和12月，公安部分别发布了《计算机信息系统安全专用产品检测和销售许可证管理办法》（公安部32号令）和《计算机信息网络国际联网安全保护管理办法》（公安部第33号令）。1998年7月，成立了公安部计算机信息系统安全产品质量监督检验中心，并通过国家质量技术监督局的计量认证【（98）量认（国）字（L1800）号】和公安部审查认可，成为国家法定的测评机构。1999年，我国发布了国家标准《计算机信息系统—安全保护等级划分准则》（GB 17859—1999）。1999年2月，国家质量技术监督局正式批准了国家信息安全测评认证管理委员会章程及测评认证管理办法。2001年5月，成立了中国信息安全产品测评认证中心，该中心是专门从事信息技术安全测试和风险评估的权威职能机构。2003年7月，成立了公安部信息安全等级保护评估中心，它是国家信息安全主管部门为建立信息安全等级保护制度、构建国家信息安全保障体系而专门批准成立的专业技术支撑机构，负责全国信息安全等级测评体系和技术支撑体系建设的技术管理及技术指导。2001年，我国根据CC颁布了国家标准《信息技术—安全技术—信息技术安全性评估准则》（GB/T 183361·1—2001），并于2008和2017年对其进行了版本更新，当前版本为（GB/T 18836—2017）。当前，已经有大量信息安全产品、系统通过了以上机构的检验认证，信息安全测评已经逐渐成为一项专门的技术领域。

目前，随着信息技术的日益发展和应用模式的不断创新，信息安全测评的对象也在不断发生变化和更新。

云计算是一种基于互联网向用户提供虚拟的、丰富的、接需即取的数据存储和计算处理服务，包括数据存储池、软件下载和维护池、计算能力池、信息资源池、客户服务池在内的广泛服务。云计算是信息技术领域的革新，这项技术已经对社会公众的生活及工作方式带来巨大的冲击。云计算技术的发展衍生出新的安全问题，如动态边界安全、数据安全与隐私保护、依托云计算的攻击及防护等。随着云服务平台逐渐成为经济运行和社会服务的基础平台，人们开始普遍关注云平台的安全性，云平台也发展成新的网络信息安全测评对象。在云计算环境中，安全测评不仅关注云平台基础设施等软、硬件设备的脆弱性和面临的安全威胁，并且更多地强调云平台在为海量用户提供计算和数据存储服务时的平台自身健康度的保障能力，即云平台在复杂运行环境中的自主监测、主动隔离、自我修复的能力，避免由于各类不可知因素而导致的服务中断引发严重的安全事故。

物联网指通过射频识别（RFID）、红外感应器、全球定位系统、激光扫描器等信息传感设备，按约定的协议把任何物品与互联网连接起来，通过信息交换实现智能化识别、定位、跟踪、监控和管理的一种网络。物联网的核心网络仍然是互联网，是从面向人的通信网络向面向各类物品的物理世界的扩展。物联网技术的广泛应用引发了诸如安全隐私泄露、假冒攻击、恶意代码攻击、感知节点自身安全等一系列新的安全问题。更为严重的是，组成物联网的器件普遍由电池供电，为了节省能源，无法在器件上使用计算复杂度较高的成熟的安全技术，而只能部署轻量级的安全技术。这种新的安全需求有效的安全测评手段，准确掌控物联网在实际运行环境中的安全保障能力。

目前，工业控制系统逐渐成为网络攻击的新的核心目标之一，特别是那些具有敌对政府和组织背景的攻击行为。从2007年针对加拿大水利SCADA系统的攻击到2010年针对伊朗核电站的震网病毒攻击，网络攻击目标已经从传统的信息系统逐步扩展到关系国计民生的关键基础设施，如电力设施、水利设施、交通运输设施等。这些关键基础设施大多由工业控制系统进行管理，一旦遭受严重的攻击，影响的远不是虚拟世界中的网络信息系统，而是和人们生活工作密切相关的物理世界中的系统，极端情况下甚至会给人身安全、公众安全和国家安全带来严重威胁。因此，信息安全的保障对象也随之扩展到了这些关键基础设施。如何建立针对工业控制系统的安全测评标准和技术体系、充分掌控国家关键基础设施的安全性和可靠性，是安全测评技术在新形势下面临的重要挑战。

总而言之，国内外信息安全测评发展是非常迅速的。我们的生活离不开网络的发展，只有掌握更多的信息安全测评的技术，我们乃至国家的信息安全才能得到保障。也就是说，信息安全测评技术在我们的生活中占有重要的地位。随着我们国家经济和科技的迅速发展，相关专家研究出了一些比较好的有关信息测评的技术，为保障信息安全作了应有的贡献。

为了大家能够对本章的内容更加了解，也为了大家能在日后的操作中熟练运用，下面我们将从信息安全验证技术等方面来介绍信息安全测评技术。

3.1.2　信息安全测评技术

什么是信息安全测评技术？信息安全测评技术的种类是我们接下来所说的重点内容之一。

众所周知，信息安全测评技术在近几年随着经济和科技日新月异的发展，也在不断地发展。从某些方面来说，这说明了信息安全测评技术已经得到了国内外相关人员的重视，说明了信息安全测评技术在我们的日常生活中有着举足轻重的作用。信息安全验证技术、信息安全测试技术以及信息安全评估技术是信息安全测评技术的重要内容，下面我们将进行具体论述。

1. 信息安全验证技术

（1）安全模型。安全策略是在系统安全较高层次上对安全措施的描述，它的表达模型常被称为安全模型，是一种安全方法的高层抽象，它独立于软件和硬件的具体实现方法。常用的访问控制模型是最典型的一类安全模型，从中不难看出，安全模型有助于建立形式化的描述和推理方法，可以基于它们验证安全策略的性质和性能。

（2）协议形式化分析。当前对安全协议进行形式化分析的方法主要有基于逻辑推理、基于攻击结构性及基于证明结构性的三类方法。基于逻辑推理的分析方法运用了逻辑系统，它从协议各方的交互出发，通过一系列的推理验证安全协议是否满足安全目的或安全说明，这类方法的代表是由Burrows、Abadi和Needham提出的BAN逻辑。基于攻击结构性分析方法一般从协议的初态开始，对合法主体和攻击者的可能执行路径进行搜索或分析，找出协议可能的错误或漏洞，为了进行这类分析，分析人员一般要借助自动化的工具，后者采用形式化语言或数学方法描述和验证协议，常用的分析工具包括FDR等。基于证明结构性的分析方法主要在形式化语言或数学描述的基础上对安全性质进行证明，如Paulson归纳法、秩函数法和重写逼近法等。

（3）可证明安全性方法。如今，在设计和使用中使用可证明安全性方法的密码算法和安全协议逐渐递增。它将设计算法和协议的安全性归结于已被认可的算法或者函数的安全性（如伪随机函数、分组密码等）在一定的完全模型下，这种设计方法与以前的方法不同。从一定程度上来说，它让设计者对安全性的掌控增强。密码与安全协议的设计水平大大提高。

2. 信息安全测试技术

（1）测试仿真环境的构造。传统的测试方法主要依靠构建实际运行环境进行测试，测试人员使用专用的软、硬件测试工具得到结果。但随着网络应用的普及及运行环境的复杂化，一方面构造实际运行环境的代价越来越高，如测试服务器时可能需要大量的终端计算机，另一方面的问题是，在实际系统中采集、控制和分析数据不方便。在以上背景下出现了各种测试环境仿真技术，它们主要由各类测试仪实现。其中，流量仿真技术可以模拟不同带宽、连接数和种类的网络流量，它们适合测试对象的背景流量或所需要处理的流量；攻击仿真技术模拟攻击者的主机向被测试系统发起攻击；通信仿真技术既可以使测试人员通过简单的开发获得需要的通信流量，又可以通过设置加入人为的线路噪声或损伤，如丢弃一定比例的流量等；设备仿真技术使仿真的设备可以与被测试设备通信，方便直接了解后者的特性。当前，spirent、lxlA等企业的测试仪已经支持上述仿真，如一些网络安全设备测试仪提供了对IPsec网关的测试功能，在测试中，可以用测试设备仿真整个环境。

此外，信息安全测试过程可能会对被删系统产生一定的影响，干扰被删系统的正常业务数据流和控制流。因此，对于大多数需要保障实时性和可靠性的业务系统，无法对其进行直接的安全测试，并且在很多情况下也缺乏测试仪器来构建专业的测试环境。为了应对这类测评需求，采用软、硬件结合的方式，利用通用设备来构建具备高仿真度的模拟网络环境实施测评，这种思路逐渐在安全测评技术领域引起重视。模拟网络环境的构建工作包括部署主机、建立主机间的连接和信任关系、创建主机上运行的服务、生成应用程序和生成系统用户等。在这种思路的指导下，人们提出了"克隆"技术，通过构造在系统配置和应用配置方面完全吻合被测系统要求的模板主机，利用主机克隆技术实现模板主机在模拟网络环境中的快速复制，从而达到快速部署主机和应用服务的目的。

（2）有效性测试。检查信息安全产品、系统或它们的模块、子系统有没有把所设计的功能完成通过测试的办法就是有效性测试。当然，通过检测相关的指标量来对完成的程度和效果进行衡量，也是包括在内的。另外，经典的应用的案例或输入的数据需要在测试方法里有所体现，值得注意的是，对于所输入的数据，一些极端的情况也要求考虑在内。测试序列是一种测试用例数据（典型输入数据和边界值等）。以上的做法是为了所反映的安全情况能够更全面、更准确。当前，出现了一些根据设计方案描述语言或源代码自动生成测试实例和输入的技术，极大地提高了有效性测试的效率。在测试网络信息安全产品和系统中，往往需要搭建并开发测试环境，如用通信仿真模拟客户端或服务器，分别测试双方的有效性。另外，用流量仿真提供背景流量，使测试环境更加真实。

（3）攻击测试。攻击测试指利用网络攻击或密码分析的手段，检测相应的模块、设备、应用、系统等测试对象的安全性质，判断测试对象是否存在可被攻击者利用的安全缺陷，验证可能的攻击途径，如针对密码模块的分析测试主要基于特定的密码分析和安全性能评价方法，包括对密文随机性指标的测试、对密码代数方程求解时间和可行性的测试等。

攻击测试所采用的技术手段主要有主机探测、漏洞扫描、针对网站的SQL注入和跨站攻击、针对口令的字典攻击和暴力破解、缓冲区溢出攻击、会话劫持攻击、拒绝服务攻击等。攻击测试对测试人员的技术能力和经验要求较高，通常由专业的测试人员借助一些专用的测试仪器，根据目标系统的状况和反应来选择最具效果的技术手段用以实施测试。部分测试仪器允许测试者进行二次开发，测试人员可以根据被测对象的特性对测试仪器进行定制开发，实施更有针对性的测试攻击，如可以利用测试仪对入侵检测系统（IDS）进行攻击测试。

（4）故障测试。故障测试的含义是通过相关的测试，对信息安全产品或系统的相关情况进行了解。例如，系统出现故障的类型等。通过故障测试，测试人员可以知道被测对象运行的相关情况，它可以同步进行有效性以及负荷性能的测试，但是它还可以利用其他比较特别的办法来进行测试。在通常情况下，测试人员可以通过错误数据输入的方法来进行故障测试，也就是检测被测对象是否稳健。另外，在通信的相关测试中，测试人员可以通过相关的方法来测试通信双方对通信故障的抵御能力。对于一些安全设备，如军用密码机等，它们的运行环境可能比较恶劣，故障测试还可能采用非常规变化的电压或者电流等措施，测试这些设备抵抗物理环境变化的能力。

综上所述，开发者或评估人员在信息安全产品或信息系统的开发或评估中，获得反映它们性能的数据需要借助测试技术。在一般情况下，指标就是能够反映产品或系统相关性能度量的检测对象，而指标值就是它们的值。准确、经济地为开发者或评估人员提供指标值或计算它们的相关数据是测试技术的要求，它们对产品或系统在安全性、运行性能、协议符合性和一致性、环境适应性、兼容性等方面的状况进行反映，为提高产品或系统的质量、准确评估它们的等级提供了依据。

3. 信息安全评估技术

随着信息系统规模的不断发展，应用服务的日益普及以及用户数目的逐年增加，信息系统已经渗入到人们生活的各个方面。由于普遍存在着资源管理分散、安全意识薄弱和防护手段缺乏等问题，信息系统正面临着严峻的安全形势。信息安全评估技术能够利用信息安全测试技术和信息安全验证技术的分析结果，利用预先建立的评估模型对被评估的网络与信息系统的安全性做出定性或定量的评估，帮助人们准确把控网络信息系统的安全状况和发展趋势，从而指导安全保障工作的方向和力度。典型的安全评估技术包括风险评估方法、脆弱性评估技术、安全态势评估技术、安全绩效评估技术等。

（1）风险评估方法。它的含义是在风险没发生或没结束的时候，把此事件对人们各方面所带来的损失以及影响的可能性进行评估，也就是说风险评估就是对某一事物或事件发生之前或之后所带来的损失及影响的可能性进行量化的评估。站在信息安全的角度，风险评估是对信息资产的某些方面（例如存在的弱点等）所导致的风险的可能性的一种评估。

信息安全风险评估使信息系统的管理者可以在考虑风险的情况下估算信息资产的价值，为管理决策提供支持，也为进一步实施系统安全防护提供依据。常见威胁有基于网络和系统的攻击、内部泄露、人员物理侵入、系统问题等，它们尽可能利用信息系统存在的脆弱性，这种可能性不但与威胁和脆弱性本身相关，还与攻击者、攻击方法、攻击时间、系统状况等有关。

（2）脆弱性评估技术。信息安全问题日益严重，一方面是由于互联网的应用范围越来越广泛，另一方面是由于简单易用的攻击工具越来越普及。然而，安全问题的根源在于安全脆弱性（或称安全漏洞）。脆弱性的发现、利用、防范和修补已成为信息安全攻防双方的焦点，也是保障网络信息安全的核心问题之一。信息系统的可靠性、健壮性、抗攻击性在很大程度上取决于所使用的信息产品的脆弱性状况。由于现有的安全防御技术在主动掌控脆弱性方面存在诸多缺陷，目前，迫切需要开展脆弱性评估技术的研究，建立完备、有效的安全评估机制，用以充分指导安全措施的规划和部署，有效降低信息系统的脆弱性程度。

众所周知，安全体系需要各个环节安全技术的不断改进和创新才能得到有效的保障。脆弱性评估作为构筑信息安全体系的关键环节，有着不可替代的重要作用。脆弱性评估技术能够对系统遭到入侵的脆弱性、利用途径以及可能性进行分析，并以此为根据，有选择的修补安全漏洞，为了得到最大回报的技术以最小的代价。它可以通过网络对网络系统信息的脆弱性进行综合判断。在信息安全领域的典型防御技术中，入侵检测、防火墙、病毒检测都是被动的检测，而脆弱性评估则是防患未然、主动测评，对于相关技术的研究来说具有举足轻重的意义。具体的原因分析如下。

1）一般情况下，对于来自外部和内部的攻击可能，它都能够分析。

2）它可以检验入侵关联的结果，还可以修正误报，弥补漏报。原因是它是基于网络信息系统的各种的信息，而系统可能遭受入侵的途径则是由它的评估结果来表现。

3）计算机病毒的蔓延往往依赖于系统的后门或脆弱性。在感染病毒之前对可能的蔓延路径进行分析是另一层次的病毒防御。

从这三点来看，脆弱性评估可以作为这三种典型安全防御技术的有效补充，评估结果还可用于针对攻击行为的关联分析及预测、安全策略制定等方面。

（3）安全态势评估技术。它可以对网络信息系统的安全情况从总体上进行动态的反映，并能够预测出安全状况的发展趋势，然后向相关人员报告紧急情况。这让提高系统的安全性有了可靠的数据。

所谓的安全态势评估是指通过技术手段从时间和空间位置来感知获取

安全相关元素，通过数据信息的整合分析来判断安全状况并且预测其未来的发展趋势。安全态势评估技术近年来开始应用在计算机网络领域，它对于网络信息系统的保障有着非常重要的意义，具体原因如下：

1）它能够对网络信息系统各方面的安全元素进行安全事件、系统自身的脆弱性和服务等进行整体上的分析。

2）它对网络信息系统的安全状况能够从总体上进行动态反映，它的评估结果很全面，而且具有时效性。

3）它可以预测和预警未来的安全状况和发展的趋势，通过时间序列等方法通过一段时间内的评估结果。

4）它能够对不同层次和规模的网络或信息系统进行分析，适应性强，应用范围广。

因此，安全态势评估技术已逐渐成为构筑信息安全体系的关键环节，有着不可替代的重要作用和意义，国内外学者已纷纷致力于研究针对网络信息系统的安全态势评估模型、技术和方法。

（4）安全绩效评估技术。信息系统能够组织具有很大意义的专业工作，为了对其安全性进行保证，通常会采用相关安全的处理办法。在评估系统的安全性时，需要解决以下几个问题。

1）怎样评估所实行的安全措施对抵制防御各种攻击的效果？

2）怎样发现所实施的安全措施有没有按照要求去执行它的保护功能？

综上所述，安全绩效已经变成了网络安全领域所研究的热点，它已经得到了国内外相关人士的重视。

对系统安全措施能够抵御攻击的安全功能的强度是安全绩效评估的关键点，要求对脆弱性条件下（已知的或已经发现的），判断系统能不能通过诱发产生安全脆弱性的行为，来评估在攻击的状态下，系统安全措施的防御能力。

通常情况下，开展安全绩效评估有一条重要的途径——建模，可是对系统本身的动态性和复杂性进行全面而且抽象的描述是非常困难的，安全绩效评估建模难度提高的原因是实际应用与模型层次的矛盾。建模与抽象层次呈反比关系，但此时模型分析结果与实际的应用差距很大；与之相反，建模就会很复杂。当前，我们评估安全绩效可以通过把系统安全策略等方面的信息按照模型的不一样的抽象层次和粒度，进行准确的分析。当前的大部分安全绩效评估的技术还在研究阶段，对评估过程的一致性和规范性有很大影响，原因是在相关方面（如数据分析，参数设置等）对技术人员经验的依赖性很高。因此此项技术尚未进入实用阶段。

4. 灰盒测试

在白盒和灰盒之间的一种测试就是灰盒测试，在集成测试阶段多使用灰盒测试，不仅关注测试内部对象的情况，同时还关注输入、输出的准确性。灰盒测试没有白盒测试那样完整、详细，但是相对于黑盒测试来说，它更关注测试对象的内部逻辑，一般情况下，它判断内部的运行状态是通过一些表征性的标志、事件和现象。一些工具和方法组成了灰盒测试，并且该工具方法是取决于应用测试对象的内部知识和与之交互的环境的，且可以用于黑盒测试中，使测试效率、错误发现和错误分析的效率得以增强。

灰盒是局部认知的一种测试对象上的工作过程的装置。灰盒测试是以对测试对象内部细节有限认知为基础的测评方法。测试者对内部测试对象运作和功能的详细了解比较缺乏，但可能知道系统组件之间互相作用的方法。在通常情况下，Web服务应用会与灰盒测试一起使用，原因是因特网仍可以为不断发展进步且复杂多变的应用测试对象提供比较稳定的接口。灰盒测试不存在偏见和侵略性，原因是不需要测试者接触源代码。但是，相比较白盒测试来说，灰盒测试对于潜在问题更难以解决和发现。特别是对于一个单一的应用，白盒测试可以把内部细节完全掌握。灰盒测试把黑盒测试与白盒测试的要素相结合，它把特定的操作环境和系统知识以及用户端都考虑到了，在系统组件的协同性环境中对应用软件的设计进行评价。灰盒测试对输入和输出都有涉及，但对于测试对象和代码的操作等的使用，通常情况下，是不在测试人员视野之内的信息设计测试。

5. 静态测试

对测试对象本身不运行，检查测试对象的正确性仅通过检查或分析源测试对象的接口、过程、结构、语法等就是静态测试。寻找错误通过做符号执行、流程图分析、结构分析对测试对象、软件设计说明书以及需求规格说明书。静态方法找出可疑和欠缺之处（如可疑的计算和空指针的引用、未使用过的变量、不匹配的参数等）的活动是通过测试对象静态特性的分析展开的。静态测试结果可以应用进一步的查错，并为测试用例选取提供指导。

代码质量度量、静态结构分析、代码检查等都是静态测试的内容。它可以通过人工的方法进行，把人的逻辑思维优势充分发挥，也可以通过借助软件工具自动进行。桌面检查、代码走查、代码审查等都是代码检查的内容，在一般情况下，设计以及代码的同样性是代码检查的主要内容。关键是对设计和代码的同样性进行检测，从代码对标准的恪守、可读性、结构的恰当性、逻辑表达的准确性等方面，可以发现对测试对象标准不遵守的问题，测试对象中危险、不准确和不清楚的部分，把测试对象中不可移植部分、对测试对象编程风格的问题找出来，如检测变量、对测试对象的逻辑进行审查等。

利用静态测试，可以在较早时期发现计算机编码中的缺陷，且发现的概率较大，同时静态测试还可以快速查找出重点内容，使得其重新编码的成本大大降低；但是静态测试需要的时间较长，其效率和操作人员的技术能力有密切联系。

6. 动态测试

一般情况下，通过测试对象的运转，检测运转结果与预期结果的差别，并把健壮性、准确性、运转性进行分析就是所谓的动态测试方法。依照动态测试在整个软件开发过程中的作用以及所在的阶段，具体可分为以下四个步骤。

（1）单元测试。所谓单元测试是检测测试对象中的基本组成单位，通过检验测试对象基本的组成单位的准确性来达到目的。它又称白盒测试。

（2）集成测试。顾名思义，集成测试是所进行的测试是在测试对象系统集成过程中，检测测试对象单位之间的接口是不是准确是其主要目的。实际上，集成测试是由若干次的确认测试和组装测试组成。单元测试的延续伸展是组装测试，不仅测试软件的基本组成单位，还需把相互联系模块之间的接口的测试增加；检测验证组装测试结果的是确认测试，把单元测试以及集成测试中发现的错误尽可能地排除是其主要的目的。

（3）系统测试。所谓系统测试是指彻底的测试已经集成完毕的测试对象，来对其正确性以及性能等进行测试，看其是否满足规约（设计说明书、需求说明书等文档）所指定的要求。通常情况下，应按照之前的测试计划进行系统测试，应该与规约对比它的输入、输出以及其他动态的运行行为，并对它的健壮性进行测试。在规约不完备的情况下，此时这样的测试是不准确的，因为它更多的是依靠测试人员的判断和工作经验。它也是黑盒测试。

（4）验收测试。一般情况下，它是在投入使用之前，测试对象最后的测试。它也是黑盒测试。

7. 渗透测试

渗透测试是为了证明网络防御按照预期计划正常运行而提供的一种测试机制。渗透测试并没有一个标准的定义，国外一些安全组织达成共识的通用说法是渗透测试，是通过模拟恶意黑客的攻击方法，来对计算机网络安全进行评估的一种方法。主动分析系统的所有弱点、技术缺陷等是这个过程中所要进行的。此分析是模拟黑客的位置来实行的，并且在这个位置主动有条件的把安全漏洞利用。也就是说所谓的安全测试是渗透人员为了挖掘和发现系统中所存在的漏洞，利用不同的位置（如从内网、外网等）通过各种技术手段对某个特定的网络进行测试，之后会输出的一份测试报告，渗透人员会把这份报告交给网络所有者。然后根据这份测试报告，网络所有者对系统所存在的问题以及安全隐患一目了然。另外，此测试还具有两个明显的特点：一是渗透测试的过程是循序渐进的；二是渗透测试的攻击方法是不影响业务系统正常运行的。

作为网络安全防范的一种新技术，渗透测试对于信息安全测评具有实际应用价值。

8. 模糊测试

模糊测试是一种通过向目标系统提供非预期的输入并监视异常结果来发现测评对象漏洞的方法。在模糊测试中，用随机破坏数据（也称作Fuzz）攻击一个测评对象，然后观察哪里遭到了破坏。模糊测试的特点在于它是不符合逻辑的。自动模糊测试不去猜测哪个数据会导致破坏，而是将尽可能多的杂乱数据投入程序中。

模糊测试是一项简单的技术，但它却能揭示出测试对象中的重要Bug。它能够验证现实世界中的错误模式，并在信息产品或系统上线前提示潜在的攻击渠道。模糊测试只能够说明Bug在测试对象中的出现，并不能证明不存在这样的Bug，而且，通过模糊测试能极大地提高测试对象的健壮性及抵御意外输入的安全性。如果模糊测试揭示出测试对象中的Bug，就应该进行及时修正，而不是当Bug随机出现时再应对它们。模糊测试通过明智地使用校验和XML、垃圾收集和基于语法的文件格式，更有效地从根本上加固了测试对象。因此，模糊测试是一项用于验证测试对象中真实错误的重要工具。

3.2 网络信息安全测评基本要求

3.2.1 客观性和公正性原则

在网络信息安全测评过程中，遵守客观性与公正性的原则是非常重要的。虽然在测评工作中，个人的主张以及判断不能被完全的摆脱，但是测评人员可以在明确定义的测评方法和过程的基础上，根据测评双方都没有意见的测评方案来开展测评活动。前提是在无偏见和主观判断的情况下。

3.2.2　经济性和可重用性原则

值得注意的是，因为测评的成本比较高，工作比较复杂，所以之前的相关测评结果依然是可以使用的，包含之前信息系统的安全测评结果和商业产品的测评结果。然而所有的重用的测评结果都有一个前提，即与当前系统相适应，且可以把目前系统的安全情况反映出来。

3.2.3　可重复性和可再现性原则

在通常情况下，网络信息安全测评的结果应该是一致的。无论是谁，执行同一次测评，使用相同的方法，要求一样的前提下，测评结果应该都是一样的。当然，这也是可再现性的体现。然而同一个测评者对同一测评对象重复执行，结果一样，这是可重复性的体现。

3.2.4　符合性原则

在网络信息安全测评的过程中，遵循符合性的原则是非常重要的。取得的良好的判断是基于对测评指标的准确的理解，这时的测评结果才满足符合性原则的要求。为了确定其满足测评指标的要求，在网络信息安全测评的过程中，应当使用正确的方法。

3.3　网络信息安全测评基本流程

3.3.1　网络信息系统安全测评体系

1. 网络信息系统安全指标体系

基于网络信息系统安全评估原则，在分析了网络信息系统的组成、结构、特点及安全属性基础上，对于包含有 N 个主机的目标网络的安全评估可建立的网络信息系统安全评估指标体系如图3–1和图3–2所示。

图3–1强调的是以单机为准则对评估指标进行细化。图3–2强调的是以网络安全机密性、完整性和可用性向量为准则对评估指标进行细化。

在此需要注意，无论何种层次化指标体系结构，它们的底层都是3N个网络安全机密性、完整性和可用性向量的分量，顶层是评估的总目标，即

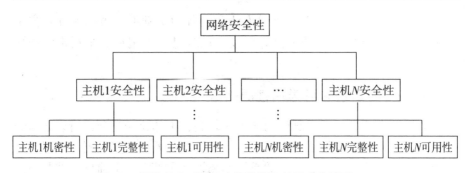

图3-1 网络信息系统安全评估指标的层次化模型1

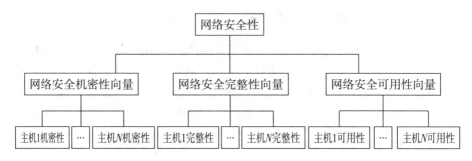

图3-2 网络信息系统安全评估指标的层次化模型2

网络信息系统安全性。

2. 网络信息系统安全评估指标值的量化

通常情况下我们认为，某类项目某一个指标值的量化，该指标值一定是具有非常重要的意义的。在网络信息系统，有关于安全评估指标值的量化问题，从网络安全的出现开始即作为一个很重要的问题占据着人们的思考空间，这可以说是网络信息系统安全评估中经常能够被人们发现且每次都会引发人们进行思考的一个非常有"意义"的问题了。

另外，这个问题还与被评估目标的网络和参加评估的专家有一定的关联，所以，要求参与评估的专家也须对其有一定的了解，只有在了解的情况下，才能做到整个评估过程的胸有成竹。

在本书中，主要采用的是专家打分的方式来对相关方面的安全评估的指标值进行一定程度的量化。量化的进程主要包括网络安全的机密性向量方面的内容读取的具体权限、网络安全的完整性向量方面的写权限的具体值以及网络安全的可用性向量方面的与服务器拒绝值有关的具体的专家量化。下面对其进程的主要内容的步骤进行介绍。

（1）Null=0，表示非授权用户获得的权限对目标主机没有危害性。

（2）$read_{root}=5$、$write_{root}=5$、$service_{collapse\_unrecover}=5$，表示非授权用户获得的根目录读权限、根目录写权限以及使目标主机不可恢复的瘫痪时对目标主机的危害是最大的。

（3）其余权限的量化值a_{i-j}表示非授权用户获得的此权限相对于根目录读权限readroot对目标主机的危害程度，且有$a_{i-j} \in [0，5]$。

（4）计算量化表中每个权限值的量化平均值。

网络信息系统安全评估指标值的量化表见表3-1（假设有5个评估专家）。

表3-1　网络信息系统安全评估指标值的专家量化表

权限值	专家1	专家2	专家3	专家4	专家5
$read_{local\_unauthorized}$	a_{1-1}	a_{1-2}	a_{1-3}	a_{1-4}	a_{1-5}
$read_{remote\_unauthorized}$	a_{2-1}	a_{2-2}	a_{2-3}	a_{2-4}	a_{2-5}
$read_{local\_user}$	a_{3-1}	a_{3-2}	a_{3-3}	a_{3-4}	a_{3-5}
$read_{remote\_user}$	a_{4-1}	a_{4-2}	a_{4-3}	a_{4-4}	a_{4-5}
$read_{root}$	a_{5-1}	a_{5-2}	a_{5-3}	a_{5-4}	a_{5-5}
$write_{local\_unauthorized}$	a_{6-1}	a_{6-2}	a_{6-3}	a_{6-4}	a_{6-5}
$write_{remote\_unauthorized}$	a_{7-1}	a_{7-2}	a_{7-3}	a_{7-4}	a_{7-5}
$write_{local\_user}$	a_{8-1}	a_{8-2}	a_{8-3}	a_{8-4}	a_{8-5}
$write_{remote\_user}$	a_{9-1}	a_{9-2}	a_{9-3}	a_{9-4}	a_{9-5}
$write_{root}$	a_{10-1}	a_{10-2}	a_{10-3}	a_{10-4}	a_{10-5}
$service_{local\_drop}$	a_{11-1}	a_{11-2}	a_{11-3}	a_{11-4}	a_{11-5}
$service_{remote\_drop}$	a_{12-1}	a_{12-2}	a_{12-3}	a_{12-4}	a_{12-5}
$service_{local\_collapse\_recover}$	a_{13-1}	a_{13-2}	a_{13-3}	a_{13-4}	a_{13-5}
$service_{remote\_collapse\_recover}$	a_{14-1}	a_{14-2}	a_{14-3}	a_{14-4}	a_{14-5}
$service_{collapse\_unrecover}$	a_{15-1}	a_{15-2}	a_{15-3}	a_{15-4}	a_{15-5}

3.3.2　网络信息系统安全测评原则

网络信息系统安全测评原则，一般是指明确目标测定对象的属性，并把它变成主观效用的行为，即明确价值的过程。

网络信息系统安全测评的原则是实施评估过程中应遵循的基本原则。网络信息系统的结构复杂、网络传输实时性强、安全性高、网络运行动态多变、战场运行环境复杂等特点，为使对其安全性的评估更加客观、准确和科学，应遵守以下原则。

1. 客观性原则

网络信息系统有别于普通意义上的计算机网络，网络传输实时性强，安全性高，这些要求在制定测试方案和评估规则时要综合考虑。

2. 系统性原则

从网络的组成来看，网络信息系统由各个节点上的网络设备组成，对整个网络安全性的考核可由各个节点上网络设备的安全性得来，但整个网络安全性并不是各个子系统安全级别的简单相加，也就是要从系统性角度出发，全局把握各个分系统或各设备的重要性程度，对安全性指标给予综合评判。

3. 定性和定量相结合的原则

定性与定量两方面的结合，一方面，定性一般是作为定量的前提、基础，而定量则在定性的基础上再进一步进行加工，比定性更为细致化；另一方面，两者互相联系，定性的评估方面的相关措施包含定量的相关措施，定量的评估方面的相关因素中也渗透着定性的因素。

在网络信息系统安全评估中我们需要注意，定量和定性可以分开进行，也可以相互结合进行，要具体问题具体分析，如有些评价指标只能进行定量，有些评价指标只能进行定性等，但有一个核心，那就是：一定要能根据确定的指标找到相对合适、适用的量化方法。

4. 完备性原则

完备性原则要求在网络信息系统安全评估中，综合分析评估目标的特点，制定能涉及各个方面的评估指标。

5. 可行性原则

对网络信息系统安全评估所建立的模型，应满足量化计算的可行性，否则，即使使用了科学合理的评估模型，也会因无法计算而得不到最终的评估结果。

6. 静态和动态相结合的原则

对网络信息系统安全性的评估过程中，有些指标的考核可以在静态网络环境下进行，但有些指标的考核必须在网络动态运行情况下进行，这样，考核结果才能真实反映网络的安全状态，因此在制定测试和评估方非授权用户获得此主机的最高"读"权限、最高"写"权限和拒绝服务的最大程度值三个特征值来描述，那么，网络信息系统的安全性就可由网络中所有主机的最高读权限、最高写权限和拒绝服务的最大程度值来分析得到。

3.3.3　网络信息系统安全等级测评流程

对于初次进行等级测评的信息系统，测评机构进行的等级测评过程分为四个基本测评活动：测评指标活动、方案编制活动、现场测评活动、分析与报告编制活动，具体流程详见图3-3。

而我们在进行网络信息系统安全等级评测时要注意，测评双方之间的沟通与洽谈应贯穿整个等级测评过程。

1 .测评准备活动

（1）活动简介。本活动是开展等级测评工作的前提和基础，是整个等级测评过程有效性的保证。

（2）活动必要性。测评准备工作是否充分直接关系到后续工作能否顺利开展。

（3）活动主要任务。本活动的主要任务是掌握被测系统的详细情况，准备测试工具，为编制测评方案做好准备。

2. 方案编制活动

（1）活动简介。本活动是开展等级测评工作的关键活动，为现场评测提供最基本的文档和指导方案。

（2）活动主要任务。本活动的主要任务有以下两方面的内容。

1）确定与被测信息系统相适应的测评对象、测评指标及测评内容等。

2）根据需要重用或开发测评指导书，形成测评方案。

3. 现场测评活动

（1）活动简介。本活动是开展等级测评工作的核心活动。

（2）活动主要任务。本活动的主要任务是按照评测方案的总体要求，严格执行测评指导书，分步实施所有测评项目，包括单元测评和整体测评两个方面，以了解系统的真实保护情况，获取足够证据、发现系统存在的安全问题。

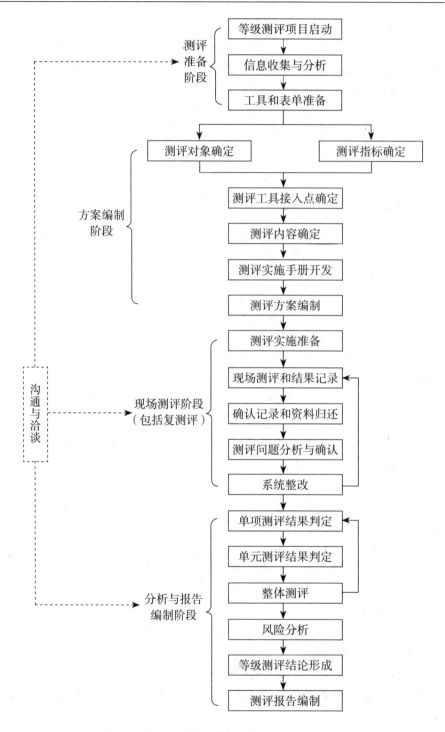

图3-3 信息系统安全等级保护测评工作流程

4. 发现与报告编制活动

（1）活动简介。本活动是给出等级测评工作结果的活动，是总结被测系统整体安全保护能力的综合评价活动。

（2）活动主要任务。本活动的主要任务有以下两方面的内容。

1）根据现场测评结果和《信息安全技术—信息系统安全等级保护基本要求》的有关要求，通过单项测评结果判定、单元测评结果判定、整体测评和风险分析等方法，找出整个系统的安全保护现状与相应等级的保护要求之间的差距。

2）分析这些差距导致被测系统面临的风险，从而给出等级测评结论，形成测评报告文本。

3.3.4　信息安全专用产品销售许可测评流程

信息安全专用产品销售许可测评工作中建立了完善的测评流程，对测评任务的各个环节实时监控，每个环节的工作由专门的人负责，做到实时的质量控制，以确保检验报告的及时完成和数据及报告的准确性。

相关的服务流程为送检装备阶段、受理阶段、在检阶段、报告审核阶段、报告/样品发送阶段，各阶段的具体措施如下。具体流程如图3-4所示。

1. 送检准备阶段

送检准备阶段主要由送检客户参照评测机构网站www.mctc.org.cn上的"服务指南→检验流程"准备送资料，填写委托合同并准备送检资料和样品。

2. 受理阶段

受理阶段依据客户送检的合同、资质证明、技术文档和样品等全套资料，测评机构管理部将对送检资料进行初步的文审，一旦发现有不符合要求的、准备不齐全的，在该阶段即要求送检单位补充齐全。

送检资料通过初审后，管理部对送检产品进行正式的登记受理，将产生新的检验任务，任务状态为"管理部接受"状态，依据客户送检时声明的送检样品与代销产品一致，由样品管理员接收样品入库。跟随每一个检验任务有一套完整的检验流程单、样品编码单和样品接收/取回凭证单等，将伴随每个检验任务的整个生命周期，并和所有任务资料一并归档。

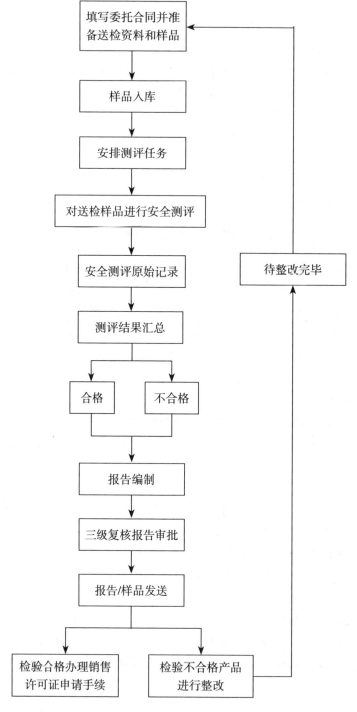

图3-4 信息安全专用产品销售许可测评流程

3. 在检阶段

在检阶段测评机构将在承诺的评测周期内，由指定的检验人员从样品库领取样品进行检验；按照合同约定的检验依据，对送检样品进行测试和记录原始数据，该阶段由检测部完成；主检和复检的检验员完成测试后，由主检进行结果汇总，依据检测结果，分别编制合格/不合格的检验报告初稿。

4. 报告审核阶段

报告审核阶段检验员将检验报告初稿提交，由检测部审核、管理部审核和技术负责人批准第三等级审核，最终形成正式的检验报告。

5. 报告/样品发送阶段

报告/样品发送阶段即检验报告完成后，测评机构通知客户领取或快递报告和样品。为方便送检单位，目前，多数检验报告都采用快递的方式邮寄。

3.3.5 网络信息系统安全测试的实践应用

通常情况下，网络信息系统安全测试实践应用的突出例子有很多，其中最有代表性的是仿真技术的应用。

为了方便读者参考，也为了证明网络信息系统安全测试的实际效果，在这里以仿真技术的应用为例，对仿真技术在网络信息系统安全测试中应用的必要性、仿真可信度评估、仿真技术对HLA的借鉴以及仿真技术在网络信息系统安全测试中的应用为主进行具体的论述。

1. 仿真技术在网络信息系统安全测试中应用的必要性

网络信息系统安全性的测试有如下特点。

（1）网络信息系统是分布式的。网络信息系统本身是个分布式系统，其分布性分别表现在物理上和逻辑上，其具体表现内容如下。

1）表现在物理上。在物理上，网络信息系统各部件可能分布在不同的物理位置，相互之间通过有线或无线网连接。

2）表现在逻辑上。在逻辑上，各个部件的功能是分布的，相互之间有许多复杂的指挥、控制关系，功能是并发执行的。

（2）网络信息系统安全测试需要复杂的环境。对网络信息系统安全测试评估有两点要求，下面我们分别对这两点要求进行简单解释。

1）需要将网络信息系统原型置于复杂的环境中。

2）需要向网络信息系统注入大量的情报数据驱动网络运行，形成接近实际的测试环境。

（3）网络信息系统安全测试有很强的实时性。网络信息系统安全测试必须具有实时控制、实时处理、实时操作和实时响应的特性。

（4）网络信息系统安全测试是开放的。网络信息系统不是一个孤立的系统，它的功能发挥和测试系统也有密切关系。

因此，对网络信息系统的安全测试环境的构建须采用开放性的体系结构。通过对网络信息系统的安全测试环境的构建采用的开放性体系结构，可以使测试平台易于扩充和扩展，易于实现与异种平台系统的互连、互通和互操作。

综上所述，为客观全面地考核网络信息系统的安全性，需提供接近实际应用环境的测试条件，涉及多种软件、硬件和应用平台。

但真实环境测试通常是最昂贵的。那么，如何有效利用现有测试、测试资源，如何节约研制经费、缩短研制周期，提高网络信息系统的质量是我们需要面对的问题。

另外，仿真技术的应用，使得网络信息系统安全测试，不仅可以利用实装的配试设备对网络安全指标进行考核，而且还可以利用仿真系统提供真实的、动态的、多样的、可重复的战场态势对网络信息系统进行数据链的注入来考核网络安全指标，从而保证了对网络信息系统安全指标评判结果的科学性、合理性和可操作性。仿真技术具有可靠、无破坏性、可多次重复、安全、经济、不受气象条件和场地空域的限制等特点。

要对网络信息系统安全进行全面系统的评估，必须采用仿真结合实装的方法，产生符合实际战争情况的剧情，将网络信息系统置于半实物仿真的实际环境中进行测试才能达到考核网络信息系统安全的目的。对于网络信息系统安全的测试来说，仿真的重点主要有两个方面的工作：一是对网络信息系统的仿真；二是对网络信息系统所传递的信息流的仿真。

2. 仿真可信度评估

（1）仿真可信度评估简介。首先，我们得了解一个内容，即进行仿真可信度评估需要目前正在被大力研究并广泛使用的技术——仿真测试技术。

其次，在系统设计和开发过程中，我们必须知道：一定要建立提高仿真可信度的机制，运用仿真模型的检查、验证和确认技术（Verification Validation and Accreditation，VV&A），针对每个仿真模型的设计开发，建立模型的检查和验证计划。

最后，要尽量使用权威部门已确论过的仿真模型，提高每个仿真模型的逼真度，从而提高整个仿真系统的可信度。

（2）仿真可信度评估在仿真系统中的作用。

仿真可信度评估一般被人们认为是仿真系统设计需要开展的一个必要环节。

通常，只有保证了仿真的正确性和高可信度，最终得到的仿真结果才有实际应用的价值和意义，仿真系统才更具生命力。

另外，只有构建了高可信度的指挥控制系统网络信息系统半实物模拟柔性仿真平台，对于指挥控制系统网络信息系统的安全性的评价才科学可信。

（3）仿真可信度评估的定量方法。仿真可信度评估的定量方法是利用数理统计或者模糊理论等方法说明仿真模型的可信度。

（4）仿真可信度评估中的仿真模型可信度。针对指挥控制系统网络信息系统安全模拟仿真模型，可以采用如下的技术思路来定量分析仿真模型可信度，即将整个仿真系统按照其组成分解为若干仿真子系统，这时一个仿真系统的可信度问题就转化为考查各仿真子系统的可信度，以及各子系统可信度对整个仿真系统可信度影响这两个问题。然后利用AHP和模糊数学的方法对整个系统的可信度进行评估。

根据AHP方法，得到网络信息系统仿真可信度评估指标因素集，如图3-5所示。网络仿真可信度评估流程图，如图3-6所示。

3. 仿真技术对HLA的借鉴

目前，适于测试业务流仿真的分布交互式仿真技术标准主要有数字化信息系统（Digital Information System，DIS）国际标准（IEEE Stdl278. x）及其改进型DIS++，即高层体系结构（High Level Architecture，HLA）两种。

基于DIS国际标准开发的仿真系统是分布式的、实时的、（测试）平台级的系统，可以"人在回路"，它区别于传统的集中式的仿真实现，具有基于普通网络的分布式、开放性、标准化等诸多优点。

建模与仿真（M&S）的HLA作为DIS++所采用的体系结构，主要从时间管理、数据过滤、各仿真之间数据传输的机制等方面对DIS有大的改进。HLA作为适用于所有应用领域的体系结构，其主要目标在于促进测试业务

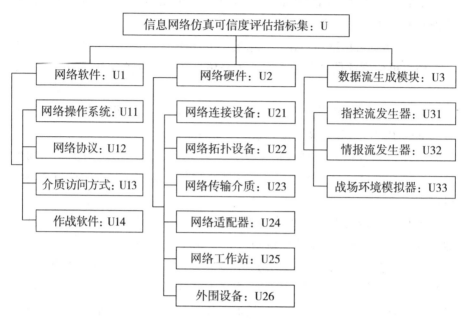

图3-5 网络信息系统仿真可信度评估指标因素集

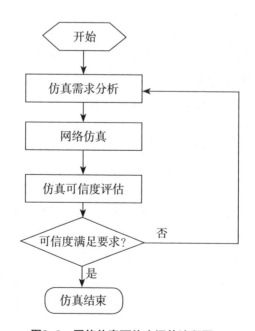

图3-6 网络仿真可信度评估流程图

流仿真系统与整个网络信息系统安全测试评估系统之间的互操作，促进仿真及其部件的重用。

在网络安全测评领域，到目前为止，国内尚没有采用HLA真正建成并使用的类似于网络安全测试评估系统这样大规模的、符合IEEE 1516系列标准的仿真测试系统。

因此，在选择网络安全测试评估系统的测试业务流仿真系统的仿真技术标准时，考虑到DIS标准主要是针对分布式平台级测试仿真和模拟训练系统制定的，而网络安全测试评估系统是一个基于信息流的实时仿真系统。因此，DIS标准并不能完全最优地满足网络安全测试的要求，由于HLA已成为国际标准，其优越性在美军众多的成功应用中已得到证实，并被美军确定为建模与仿真的强制执行标准。目前，HLA已成为我国建模与仿真技术的发展方向，能够有效地支持仿真重用和仿真互操作，为测试业务流仿真提供了一个新的思路，为网络信息系统安全测试提供了一种有效的手段。

另外，HLA作为DIS++所采用的体系结构，主要从以下几个方面对DIS有大的改进。

（1）时间管理。

（2）数据过滤。

（3）各仿真之间数据传输的机制等。

4. 仿真技术在网络信息系统安全测试中的应用

在网络信息系统安全测试中，不仅可以利用实装的配试设备对网络信息系统安全指标进行考核，而且还可以利用测试业务流仿真模块模拟的真实的、多样的、可重复的战场态势对网络信息系统进行数据链的注入来考核网络的安全性能，从而保证了测试结果的真实可靠。

因此，仿真技术的应用，特别是对测试业务流的仿真参与到网络信息系统安全测试，将有利于对网络信息系统安全方案进行及早和全面的把握；在测试需求（测试要求书中提出的）和测试标准之间建立明确的联系；确定需要改进或存在不足的测试能力和测试设施；并能降低测试成本与风险，提高考核结果的科学性和合理性。

仿真技术在网络信息系统安全测试中的应用过程，如图3-7所示。

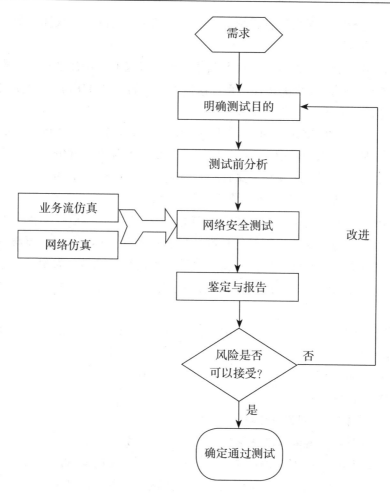

图3-7　仿真技术在网络信息系统安全测试中的应用过程

第4章　信息系统安全性相关评估标准

伴随着信息系统的不断发展，信息系统的安全性问题逐步凸显，也越来越受到人们持续不断的关注。

人们作为信息系统的主要用户，可能对信息系统本身做不到特别了解，因而面对信息系统的各个要素，如信息系统的软件、信息系统的硬件、信息系统的集成等难以直接得到他们想要的安全性信息。

一方面，他们可能会提出疑问：我使用的这个信息系统的安全性怎么样？我使用的这个信息系统到底安不安全？安全与否会直接影响到他们会不会继续使用这个信息系统，信息系统的安全性问题受到越来越多人的关心。

在这样的背景下，信息系统的开发者需要对他们所开发产品的安全特性进行说明，以打消用户的质疑，要证明自己所开发的信息系统是安全的，请用户放心使用，而用户则相对的要去亲自验证这些信息系统的安全特性的可靠性。

另一方面，他们的主体——信息系统的使用者和信息系统的购买者一般只是普通的用户，并不会是安全方面的专家。即信息系统的使用者和信息系统的购买者都难以对产品的安全性进行准确和充分的验证，难以对系统提供者所提供的安全证明的有效性进行判断，也不能确定以下的任一种说法：这些系统，完全能够保证自身已经非常完善；技术已经非常过硬；该实现的安全性能一定能实现；该通过的信息安全标准也一定能通过；自己所提供的系统确实是非常好的。

因而，除了信息系统的使用者和信息系统的购买者，计算机安全方面的评价是非常必要的。其必要性主要体现在以下几个方面。

首先，在使用者和购买者之外，计算机安全方面的独立的安全专家，能够对信息系统的安全需求、信息系统的安全设计、信息系统的安全实现和信息系统的安全保证证据等方面进行审查。这对于非安全专家的普通用户来说是非常有利的，独立安全专家的评价对于普通用户来说是最合适的。

其次，国际上已经有多种为计算机安全系统构筑的独立审查措施的安全评价体系，这些评价标准不仅能够完善而准确地表达信息系统的安全性，还能够完善而准确地评价信息系统安全性的方法与准则，是信息安全技术的基础，其内容和发展也深刻地反映了对信息安全问题的认识程度。

最后，我们要认识到：了解独立第三方计算机安全评价的现状和发展对信息安全技术的研究十分重要，也是开发和评测各种信息安全技术的依据。

本章对信息系统安全性评估标准的介绍主要包括以下三个方面的内容，分别是可信计算机系统评价标准、通用评估标准和我国信息系统安全评价标准。

信息系统的安全性评估标准的核心，需要我们去了解和掌握，为了读者更好地理解这部分内容，下面对其进行具体的论述。

4.1　可信计算机系统评价标准

由于计算机很早就已经被投入应用，其应用领域也拓展得很快，尤其是大型计算机被应用于一些重要部门，如军事部门、金融部门、财务部门等，系统的安全性也逐步得到人们的重视，人们对系统的安全性投入越来越多的时间和精力。

鉴于计算机系统的安全性能逐步被各国政府和计算机用户所关心的情况的出现，美国最早对其做出迅速反应，其国防部于20世纪70年代初在国家安全局建立了计算机安全评估中心，开始了计算机安全评估的理论与技术的研究，并于1985年12月公布了评价安全计算机系统的六项标准。《可信计算机系统评价标准》（Trusted Computer System Evaluation Criteria）是这套标准的名称，又称"橘皮书"，在下文中我们把它简称为TCSEC。其中，"可信"即可以信赖，不仅可靠，而且安全。

一般情况下我们认为，提出TCSEC的初衷主要有以下两点。

（1）提供一种可以使用户对其计算机系统内敏感信息安全操作的可信程度做出评估的标准。

（2）能为计算机制造商们提供一种标准和可供循环的指导规则（以保证其产品满足敏感应用的安全需求）。

另外，其最初只是军用，后来发展到民用领域，是计算机系统安全评估的第一个正式标准，在计算机系统的发展历程中具有非常重要的里程碑意义。

本节有两个方面的内容，一方面是对TCSEC基本知识的解释；另一方面，对计算机系统的安全等级进行阐述。

4.1.1　TCSEC基本知识

TCSEC的基本知识主要包括TCSEC的相关概念、TCSEC的考核标准和TCSEC的系统模型。这些相关概念作为TCSEC的基础，通常也会被沿用到其他安全标准的制定当中。

1. TCSEC的相关主要概念

一般情况下我们认为：TCSEC的相关主要概念包括TCSEC的安全性、可信计算机（trusted computing base，TCB）、自主访问控制（discretionary access control，DAC）、强制访问控制（mandatory access control，MAC）、隐蔽信道。

为了描述计算机系统的安全问题，我们分别对其进行解释，以便让读者可以更好地理解这部分内容，具体如下。

（1）TCSEC的安全性。TCSEC的安全性包括TCSEC的安全策略、TCSEC的策略模型、TCSEC的安全服务和TCSEC的安全机制四个主要方面的内容。

这四个主要方面之间的联系也是非常紧密的。

1）TCSEC的安全策略。所谓的TCSEC安全策略是指为了实现软件系统的安全而制订的有关管理、保护和发布敏感信息的规定与实施细则。

2）TCSEC的策略模型。所谓的TCSEC的策略模型是指实施TCSEC安全策略的模型。

3）TCSEC的安全服务。所谓的TCSEC的安全服务是指根据TCSEC安全策略和TCSEC安全模型提供的TCSEC安全方面的服务。

4）TCSEC的安全机制。所谓的TCSEC的安全机制是指实现TCSEC安全服务的方法。

（2）可信计算机。可信计算机是计算机软件、计算机硬件与计算机固件的有机结合体。

另外，根据访问控制策略处理主体集合对客体集合的访问，可信计算机具有与系统安全有关的所有功能。

（3）自主访问控制。自主访问控制，即拥有资源的人，一方面有权决定别人能不能访问自己所拥有的这份资源，另一方面可以确定别人访问自己所拥有资源的哪些内容。

另外，根据他人所需，具有某类权限的资源的所有者（即主体）既可以将其对某资源（客体）的访问权动态地转让给其他主体，也可以将其对某资源（客体）的访问权直接地转让给其他主体，当然，还可以将其对某资源（客体）的访问权间接地转让给其他主体。

（4）强制访问控制。强制访问控制也是一种非常严格的访问控制方式。

强制访问控制对象的访问权限不能由该对象自己掌控，访问权限主要是由系统方面的管理人员所掌控，可以体现出一种强制性。

而系统的管理人员也会有相应的一系列规定，系统安全机制也会严格按照系统管理者所做出的相应的规定执行相应的操作。

另外我们需要了解：系统的管理人员对安全方面所做的规定即便是资源的所有者也不能控制与转让。

（5）隐蔽信道。隐蔽信道是指一个进程利用违反系统安全的方式传输信息。一般来说可以划分为两类：存储信道与时钟信道。

1）存储信道。存储信道是一个进程通过存储介质向另一个进程直接或间接传递信息的信道。

2）时钟信道。时钟信道，即一个进程通过执行与系统时钟有关的操作把不能泄露的信息传递给另一个进程的通信信道，如一个文件的读写属性位可以成为一个隐蔽存储信道，但是按照某种频率创建与删除一个文件能够形成一个时钟隐蔽信道。

2. TCSEC的考核标准

首先为了描述TCSEC的考核标准，我们提出了TCSEC的主体与客体概念。其具体解释如下。

（1）主体（subject）。主体，即计算机系统的主动访问者，包括用户（包括入侵者）、用户运行的程序（包括入侵者的恶意程序）、用户的复制、删除、修改等操作。

（2）客体（object）。客体，即被访问或被使用的对象。对资源的访问控制一般会被抽象为主体集合对客体集合的监视与控制。

另外，在主体与客体的概念体系下，TCSEC提出了评价安全计算机系统的六项标准，即标记（marking）、标识（identification）、可记账性（accountability）、安全策略（security policy）、保障机制（assurance）、连续性保护（continuous protection），具体解释如下。

（1）标记。

1）标记的对象。标记的对象为每一位客体，即对每一位客体都要做一个敏感性标记（sensitivity labels）。

2）标记的目的。

A．用于规定客体对象的安全等级，并且保证每次对客体访问时都能得到该客体的标记，以便在访问之前可以进行核查。

B．为了支持强制访问控制的安全策略。

3）标记的内容。客体的标记既要包含客体的敏感级别，也要包括允许哪些主体可以对本客体进行什么方式的访问。

（2）标识。

1）标识的对象。标识的对象为每一位主体，即必须能够对系统中的每位主体进行标识。

2）标识的意义。为了能够使系统中的每个主体都可以被唯一辨识，并让系统检验每个主体的访问请求。

另外，每个主体必须都被系统识别后才允许对客体进行访问，且对主体的识别与授权信息必须由计算机系统秘密进行，并与完成某些安全有关动作的每个活动元素结合起来。

（3）可记账性。

1）可记账性的内涵。可记账性即我们常说的"责任"。其一般包括标识与认证、可信路径、审计等方面的内容。

2）可记账性的要求。可记账性要求系统必须能够记录影响系统安全的全部活动（包括有新用户登录到系统中，不仅造成修改主体或客体的安全级别事件的出现，还造成同样性质的拒绝访问事件和注册失败事件的多次发生）。

另外，结合可记账性的内涵（以审计方面的内容为例）对可记账性的要求进行简单说明：在我们平时工作中，应对与系统信息安全有关的事件进行审计（即有选择地记录与保存），为之后对影响系统安全活动进行追踪提供方便，迅速确定责任者。

同时，系统必须妥善保护审计信息，尽量避免对审计信息恶意篡改或对审计信息未经授权就进行毁坏的情况。

（4）安全策略。

1）安全策略存在的必要性。在可信计算机系统中，必须要有可供系统使用的访问规则，而实现这些访问规则必须以安全策略为依据进行，因而安全策略是计算机系统实施的过程中一定要有的，这也是安全策略必须存在的主要原因。

2）安全策略所包括的规则。

A．自主存取控制。

　　B．客体重用（即保证只有指定的用户或用户组才能获得对数据的访问权）。

　　C．标记。

　　D．标记完整性。

　　E．标记信息的扩散。

　　F．主体敏感度标记（阻止未授权用户对敏感信息的访问）。

　　G．设备标记。

　　H．强制存取控制等。

　　（5）保障机制。为了实现上述各种安全能力与机制，在系统中必须提供相应的硬件与软件的保障机制与设施，并且能够对这些机制进行有效的评价。

　　另外，我们可以将这些机制嵌入操作系统内，并以秘密的方式执行指定的任务。同时，我们还应该在文档中写明这些机制是否能够独立考察、评估和检验其结果是否充分。

　　（6）连续性保护。系统的上述安全机制必须受到连续性的保护，以有效避免未经许可的中途修改或损坏。

　　3．TCSEC的系统模型

　　首先，TCSEC的系统模型采用了访问监控器的概念。

　　其次，访问监控器映射计算机系统的可信计算机，即安全核，一般来说，基于访问控制器的安全模型（图4-1所示）是负责实施系统的安全策略，并在主体和客体之间对所有的访问操作实施监控。下面在图的基础上对其内容要素分别进行解释。

　　（1）主体。图中的"主体"表示系统中访问操作的发起者可以是用户，也可以是代表用户意图的进程。

　　（2）客体。图中的"客体"表示的是访问操作的对象，包括文件、目录、内存区、进程等。

　　（3）监视器数据基（用户权限表、访问控制表）。"监视器数据基（用户权限表、访问控制表）"表示的是主要的用户权限和客体访问关系等方面的信息。

　　（4）访问监控器。"访问监控器"表示的是实现系统安全策略的机制，也是系统的可信计算基。

　　（5）审计信息。"审计信息"表示相应的审计记录。

　　最后，基于访问监控器的系统安全模型的工作原理为：对于主体提出的每一次访问请求，访问监控器会在访问监控数据基中定义访问关系与访问权的基础上，依据它决定是否同意这次访问的执行，并进行相应的审计记录。

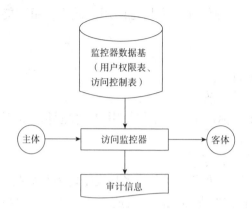

图4-1 基于访问控制器的安全模型

4.1.2 TCSEC的安全等级

TCSEC将可信计算机系统的评价规则划分为四类，即安全策略、可记账性、安全保障措施和文档。

（1）安全策略。可信计算机系统的安全策略包括以下八个方面的内容。

1）自主存取控制。

2）客体重用。

3）标记。

4）标记完整性。

5）标记信息的扩散。

6）主体敏感度标记。

7）设备标记。

8）强制存取控制。

（2）可记账性。可信计算机系统的可记账性包括以下三个方面的内容。

1）标识与认证。

2）可信路径。

3）审计。

（3）安全保障措施。可信计算机系统的安全保障措施包括以下十个方面的内容。

1）系统体系结构。

2）系统完整性。

3）隐蔽信道分析。

4）可信设施管理。

5）可信恢复。

6）生命周期保证。

7）安全测试。

8）设计规范组验证。

9）配置管理。

10）可信分配。

（4）文档。可信计算机系统的文档包括以下四个方面的内容。

1）安全特性用户指南。

2）可信设施手册。

3）测试文档。

4）设计文档。

由于不同指标有不同的支持情况，TCSEC将系统划分为四类（division）七个等级，依次是A（A1）；B（B3，B2，B1）；C（C2，C1）；D。

从系统可靠或可信程度的角度来看，系统的可靠或可信程度是逐渐降低的，见表4-1。

表4-1　TCSEC安全级别划分

安全级别		定义
A	A1	验证设计（verified design）
B	B3	安全域（security domains）
	B2	结构化保护（structural protection）
	B1	标记安全保护（labeled security protection）
C	C2	受控的存取保护（controlled access protection）
	C1	自主安全保护（discretionary security protection）
D	D	最小保护（minimal protection）

在TCSEC中建立的A~D安全级别，即A（A1）；B（B3，B2，B1）；C（C2，C1）；D这些级别之间，一般情况下会形成一种关系，即安全级别高的涵盖安全级别低的，如：A安全级所提供的安全保护包含B安全级的、C安全级的、D安全级所提供的安全保护；B安全级所提供的安全保护包含C安全级的、D安全级所提供的安全保护；C安全级、D安全级所提供的安全保护关系依此类推。

1. A安全级

一般情况下，A安全级只有一种，即A1安全级。

A1安全级又称为可验证设计保护级。其不仅能够提供最好的保护，还能对系统的形式化设计说明和验证，从而真正地确保各安全保护的实现。

A1安全级对系统的结构和策略不做特别要求。如果我们想要加深对其的认识，可以从以下几个方面来看。

（1）A1系统的显著特征。

1）设计系统的人员一定得在一个标准的设计方面的规范的基础上来进行分析系统。

2）设计人员在分析完系统之后，一般情况下他还须利用专业的核对方面的技术来保证系统是标准版的。

（2）A1系统必须满足下列要求。

1）模型要求。系统的管理人员一定要从系统的设计人员那里得到有关安全策略的标准的模型。

2）安装要求。所有的安装操作都是让系统方面的管理人员执行实施的。

3）内容要求。系统的管理人员实施的有关操作，都得符合标准文档的基础。

（3）A1安全级的设计要求非常严格，达到这种要求的系统很少。

目前已获得承认的此类系统，只有Honeywell公司的SCOMP系统。

另外，A1安全级标准是我们至今为止所知道的最高安全级别，大部分的信息系统是达不到这个标准的。

2. B安全级

B安全级包含三个级别：B1安全级、B2安全级、B3安全级，它们都采用强制保护控制机制。

（1）B3安全级。其又称为安全域保护级。B3安全级在系统方面的要求如下。

1）安全级要求。

A. B3安全级要求系统一方面要有资源的所有者的区域，另一方面要求要有信息系统安全对象的区域。

B. 要求系统可以保证对每个访问目标都能控制到，以保证每个目标都受到相应的监管和检查。

C. 要求用户程序或操作被限定在某个安全域内，安全域间的访问受到严格控制。

D. 要求通过硬件来加强安全域的安全，如内存管理硬件主要是为了保护安全域免受无权主体的访问或防止其他域主体的修改。

E．要求用户的终端必须通过可信的信道连接在系统上。

2）安全功能要求。

A．B3级系统的安全功能最好是"短小精悍"的，这也是确保其可以进行广泛而可信测试的必要条件。

B．系统的高级设计（high level design）必须是简洁、完整的，这是系统更容易得到理解与实现的保证，同时必须组合使用有效的分层、抽象和信息隐蔽等原则。

C．系统所实现的安全功能必须是高度防突破的，它的审计功能能够区分出何时能避免一种破坏安全的活动。

3）具备恢复能力的策略。为了使系统具备恢复能力，B3级系统增加了一个安全策略，其具体内容如下。

A．采用访问控制列表进行控制，允许用户指定和控制对客体的共享，也可以指定命名用户对客体的访问方式。

B．系统能够监视安全审计事件的发生与积累，当超出某个安全阈值时，能够立刻报警，通知安全管理人员进行处理。

（2）B2安全级。B2安全级又称为结构化保护级。该级系统的内部结构在系统设计时被划分成独立的、清晰的模块，并采用最小特权原则进行管理。B2安全级在系统方面的要求如下。

1）细节方面的要求。

A．B2级不仅要求对所有对象加标记，而且要求给设备（磁盘或终端）分配一个或多个安全级别（实现设备标记）。

B．必须对所有的主体与客体（包括设备）实施强制性访问控制保护，必须要有专职人员负责实施访问控制策略，其他用户无权管理。

C．通过建立形式化的安全策略模型并对系统内的所有主体和客体实施自主访问控制和强制访问控制。

2）设计方面的要求。B2级有很强的设计要求。

A．B2级系统的设计与实现必须经得起更彻底的测试和审查。

B．必须给出可验证的顶级设计（top-level design）。

C．通过测试确保该系统实现了这一设计。

D．还需要对隐蔽信道进行分析，确保系统不存在各种安全漏洞。

③实现中的要求。实现中有很强的要求。

A．必须为安全系统自身的执行维护一个保护域。

B．必须保证为安全系统自身执行维护的保护域不受外界任何干扰。

C．要保证整个系统的目标代码和数据的完整性得到保护，避免受到外界破坏。

需要注意的是，目前，经过认证的B2级以上的安全系统非常稀少，符合B2标准的只有操作系统和网络产品方面有，且都只有两种以内，而数据库方面都还没有。

（3）B1安全级。B1安全级又称为带标记的访问控制保护级，标记在该级中起着重要的作用，是强制访问控制实施的依据。B1安全级的每个主体和存储客体有关的标记都要由TCB维护。B1安全级对标记的内容与使用有以下几个方面的要求。

1）主体与客体的敏感标记的完整性。

当TCB输出敏感标记时，应准确对应内部标记，并输出相应的关联信息。

2）标记信息的输出。

人工制定每个I/O信道与I/O设备是单（安全）级的还是多（安全）级的，TCB应能知道这种指定，并能对这种指定活动进行审计。

3）多级设备输出。

A．当TCB把一个客体输出到多级I/O设备时，敏感标记也应同时输出，并与输出信息一起留存在同一物理介质上。

B．当TCB使用多级I/O信道通信时，协议应能支持多敏感标记信息的传输。

4）单级设备的输出。

A．不要求对单级I/O设备和单级信道所处理的信息保留敏感标志。

B．要求TCB提供一种安全机制。

C．允许用户利用单级设备与单级I/O信道安全地传输单级信息。

5）敏感标记的输出。

系统管理员应该能够指定与输出敏感标记相关联的可打印标记名，这些敏感标记可以是秘密、机密和绝密的。TCB应能标识这些敏感标记输出的开始与结束。

通常情况下，B1级较能满足大型企业或一般政府部门对数据的安全需求，这一级别的产品一般也会被认为是真正意义上的安全产品。

B1级产品前一般会标有"安全"或"可信的"字样，作为区别于普通产品的安全产品出售。

另外，目前市场上经过认证的B2级以上的安全系统非常稀少，简单举几个例子，内容如下。

1）操作系统方面。典型的有数字设备公司的 SEVMS VAX Version 6.0，惠普公司的HP-UX BLS release 9.0.9+。

2）数据库方面。典型的有Oracle公司的Trusted Oracle 7，Sybase公司的Secure SQL Server version 11.0.6，Informix公司的Incorporated INFORMIX-OnLine、Secure 5.0等。

3．C安全级

C安全级包含两个级别：C2级和C1级。

（1）C2安全级。C2安全级又称为可控安全保护级，通常情况下被人们认为是安全产品的最低档次。

1）主要功能。

A．审计，审计的精细程度必须要达到能够保证对每个主体对每个客体的每一次访问进行全方位跟踪。

B．保证分离信息安全系统的用户。

C．保证分离信息安全系统的数据。

D．可以达成自主访问控制。

E．提供授权服务。

F．对访问权利扩散的控制。

G．C2级还提供客体再用功能，即要求在一个过程运行结束后，要消除该过程残留在内存、外存和寄存器中的信息，在另一个用户过程运行之前必须清除或覆盖这些客体的残留信息。

2）主要要求。C2系统的TCB必须保存在特定区域中，以防止外部人员的篡改。

3）主要应用。很多商业产品已得到该级别的认证。达到C2安全级的产品在其名称中一般并不会展现"安全"这一特色。如以下所示内容。

A．操作系统中Microsoft的Windows NT 3.5。

B．数字设备公司的Open VMS VAX 6.0和6.1。

C．数据库产品有Oracle公司的Oracle 7，Sybase公司的SQL Server 11.0.6等。

（2）C1安全级。C1级系统称为自主安全保护系统。此类系统是针对多个协作用户在同一敏感级别上处理数据的工作环境。

1）主要功能。C1安全级系统通常只提供非常初级的自主安全保护，具有以下几点功能。

A．保证分离信息安全系统的用户。

B．保证分离信息安全系统的数据。

C．可以达成自主访问控制。

D．控制用户权限的传播。

现有的商业系统只需简单改动即可满足其要求。

2）主要特点。C1安全级的主要特点内容如下。

A．把用户与数据隔离。

B．提供自主访问控制功能。

C．使用户可以对自己的资源自主地确定何时使用或不使用控制以及允许哪些主体或组进行访问。

D．通过用户拥有者的自主定义和控制，可以防止自己的数据被别的用户有意或无意地篡改、干涉或破坏。

3）使用要求。

A．该安全级要求在进行任何活动之前，通过TCB去确认用户身份（如密码），并保护确认数据，以免未经授权对确认数据的访问和修改。

B．这类系统在硬件上必须提供某种程度的保护机制，使之不易受到损害；用户必须在系统注册建立账户并利用通行证让系统能够识别它们。

C．C1安全级要求较严格的测试，以检测该类系统是否实现了设计文档上说明的安全要求。另外还要进行攻击性测试，以保证不存在明显的漏洞让非法用户攻破而绕过系统的安全机制进入系统。

D．C1安全级系统要求完善的文档资料。

4．D安全级

D安全级是计算机系统安全等级的最低级别。下面我们对其简单进行解释。

（1）特殊作用。其之所以一直存在在于它的特殊作用，即对排除在外的所有信息系统进行收纳统一，排除在外的信息系统主要指排除在A安全级，排除在B安全级，排除在C安全级以外，如DOS操作系统则属于D安全级类。

（2）基本功能。它具有操作系统的基本功能。

1）文件系统。

2）进程调度。

不过需要注意的是在安全性方面几乎没有什么专门的机制保障。

4.2　通用评估准则

CC（Common Criteria for Information Technology Security Evaluation）标准是国际标准化组织ISO／IEC JTC1发布的一个标准，其标准编号为ISO／IEC

15408。

通常情况下，我们认为它是信息技术安全性通用的评估准则，可以对信息系统或信息产品的安全性进行评估。

国际标准化组织ISO从1990年开始，发起了开发信息技术安全评价通用准则。

1993年6月，国际标准化发起组织之一的CTCPEC联合其他发起组织，如FC、TCSEC、ITSEC等，将它们各自独立的准则进行组合，组合成一个单一的、能广泛应用的IT安全准则。

发起组织包括以下六国七方。

（1）加拿大。

（2）法国。

（3）德国。

（4）荷兰。

（5）英国。

（6）美国NiST。

（7）美国NSA。

经过商议，六国七方的各方代表组合建立了一个CC编辑委员会，CC即由它进行开发。其发展的具体历程如下。

（1）1996年1月，CC 1.0正式版发布。

（2）1997年10月，CC 2.0测试版完成。

（3）1998年5月，CC 2.0正式版发布。

1999年12月，CC被ISO采纳，并将其作为国际标准ISO／IEC 15408正式发布。

目前，全球有20多个国家和地区已经或准备加入CC互认协议。我国与之相对应的标准为《信息系统安全性评估准则和测试规范》。

4.2.1 CC的特点

CC的特点体现在其结构的开放性、表达方式的通用性、结构和表达方式的内在完备性与实用性等三个方面。

1. CC结构的开放性

我们对CC结构的开放性的介绍主要分为CC结构开放性的简介和CC结构开放性的应用两个方面。具体内容如下。

（1）CC结构开放性的简介。在结构的开放性方面，CC提出的安全的功能和保证方面的要求，常常都可以从具体的保护轮廓方面和安全目标的内容中得到进一步的细化和扩展。

（2）CC结构开放性的应用。CC结构的开放性，一般情况下比较适合在信息的有关技术和信息安全的有关技术方面使用，可以更好地促进其发展。

2. CC表达方式的通用性

我们对CC表达方式的通用性的介绍主要分为CC表达方式通用性的简介和CC表达方式通用性的应用两个方面。具体内容如下。

（1）CC表达方式通用性的简介。通用性，即给出通用的表达方式。

一般来看，如果用户、开发者、评估者和认可者等目标用户都使用CC的语言，它们之间就会更加容易理解与沟通。

另外，如果有用户想要直接通过CC的语言来满足自己想要的安全需求，那么开发者这方面，完全可以针对其想要的安全需求来服务，即专门为该客户进行产品、系统安全性方面的描述。这样，评估者方面在进行评估的时候也更容易站在较为客观的角度来进行。最终也会有利于普通客户更好地理解产品方面的实际情况并做出自己的选择。

（2）CC表达方式通用性的应用。这种通用性的表达方式一般对规范实用方案的编写和安全性测试评估都具有重要意义，也是在经济全球化发展、全球信息化发展的趋势下，进行合格评定和评估结果国际互认的需要。

3. CC结构和表达方式的内在完备性和实用性

我们对CC结构和表达方式的内在完备性和实用性的介绍主要分为CC结构和表达方式内在完备性和实用性的简介和CC结构和表达方式的内在完备性和实用性的应用两个方面。具体内容如下。

（1）CC结构和表达方式内在完备性和实用性的简介。CC的这种结构和表达方式具有内在完备性和实用性，主要是从保护轮廓和安全目标的编制上具体体现的。下面以保护轮廓为例进行具体介绍。

保护轮廓可以算作是一种安全技术类标准，是可以用来表达一类产品或系统的用户需求的。保护轮廓主要包括以下四个方面的内容。

1）描述。

这里主要说的描述指对产品系统方面的描述，换句话说，即需要保护的东西。

2）确定。这里说的确定指确定安全的环境，主要包括已知存在的威胁方面和用户的组织安全策略方面。

3）目的。产品或系统的安全目的，一般情况下我们认为，主要指为了应对安全问题所采取的相应的措施和方法，包括技术层面的措施，也包括非技术层面的措施。

另外需要注意的是：信息技术的安全要求包括，功能方面的要求、环境方面的要求和确定性方面的要求三个方面。这些要求，一方面主要通过满足安全目的，另一方面具体地进一步提出解决措施。

4）原理。基本原理，主要是说一方面安全要求对安全目的，另一方面安全目的对安全环境都是具有充分而且非常必要的关系。

5）附加。附加的补充说明信息。

（2）CC结构和表达方式的内在完备性和实用性的应用。保护轮廓的编制具有以下两方面作用。

1）保护轮廓保证既能在技术上得到提高，又能满足用户的需求，两者都保证使其完整。

2）用户通过分析问题制订策略，这是第一步要做的事；其次，要根据策略制订相应的管理和技术实施手段，一步步循序渐进，才能将信息系统的安全保护工作做到滴水不漏。

综上所述，基于保护轮廓编制，可以得到基本的信息系统安全保护目标，在此基础上，要有针对性地落实具体的安全保护要求，实际解决信息系统中遇到的问题。与此同时，CC的安全性能可以利用保护轮廓编制以及根据其所建立的安全目标得到实际应用，如计算机新型产品的研发和生产、后期的测试与评估、信息系统的集成与运行等。

4.2.2　CC的主要用户

CC的主要用户包括消费者、开发者和评估者三个方面。

1. 消费者

首先，当消费者选择IT安全要求表达他们的组织需求时，CC可以起到重要的技术支持作用。当作为信息技术安全性需求的基础和制作依据时，CC能确保评估满足消费者的需求。

其次，消费者可以用评估结果来决定一个已评估的产品和系统是否满足他们的安全需求。这些需求就是风险分析和政策导向的结果。当然，消费者也可以用评估结果来比较不同的产品和系统。

最后，CC为消费者提供了一个独立于实现的框架，命名为"保护轮廓"（protection profile，PP）。用户一般会在保护轮廓里表明他们对评估对象中IT安全措施的特殊需求。

2. 开发者

首先，CC为开发者在准备和参与评估产品或系统以及确定每种产品和系统要满足安全需求方面提供支持。

其次，只要有一个互相认可的评价方法和双方对评价结果的认可协议，CC就可以在准备和参与对开发者的评估对象（target of evaluation，TOE）评价方面支持除TOE开发者之外的其他人。CC还可以通过评价特殊的安全功能和保证证明TOE确实实现了特定的安全需求。

另外，每一个TOE的需求都包含在一个名为"安全目标"（security target，ST）的概念中，广泛的消费者基础需求由一个或多个PP提供。

最后，CC描述一个包括在TOE内的安全功能，我们可以用CC来决定有必要支持TOE评估证据的可靠性和作用，它也定义证据的内容和表现形式。

3. 评估者

当要做出TOE及其安全需求一致性判断时，CC一方面为评估者提供了评估准则，另一方面对评估者执行的系列通用功能和完成这些功能所需的安全功能进行了进一步的描述。

4.2.3　CC的评估保证级别EAL

我们在CC中定义了七个递增的评估保证级，分别为EAL1：功能测试；EAL2：结构测试；EAL3：方法测试和校验；EAL4：系统地设计、测试和评审；EAL5：半形式化设计和测试；EAL6：半形式化验证的设计和测试；EAL7：形式化验证的设计和测试。这七个递增的评估保证级可以通过替换为同一保证子类中的一个更高级别的保证组件（例如添加新的要求）来实现。

1. EAL1：功能测试

我们对EAL1：功能测试的介绍主要从EAL1的适用场合、EAL1的使用原理来说的。内容如下。

（1）适用场合。一般来看，EAL1适用于以下场合。

1）EAL1适用于本身就比较安全的模式或场合下，这样可以在开始阶段很大程度上减少受到威胁的可能性。

2）EAL1还适用于以下情形：即通常我们认为的信息安全系统的管理方面的人员可以在独立的环境中，有能力且非常关心信息保护方面的内容和消息。

（2）使用原理。EAL1的使用原理内容如下。

1）该级别依据一个独立性测试和对所提供指导性文档的检查为用户评估TOE（评估对象）。

2）在该级别上，没有TOE开发者的帮助也能成功地进行评估，并且在没有TOE开发者进行帮助的情况下评估所需费用最少。

3）通过该级别的评估，可以确定：TOE的功能与其文档在形式上是一致的，并且其有效地保护了已标识的威胁。

2. EAL2：结构测试

我们对EAL2：结构测试的介绍主要从EAL2的使用要求、EAL2的支持和保证来说的。内容如下。

（1）使用要求。EAL2要求开发者在投入非常少的时间和支付非常少的费用的情况下，可以保证质量地提交产品的开发信息和根据测试产生的结果。

（2）支持和保证。EAL2的支持和保证情况内容如下。

1）支持。EAL2通常可以从以下因素中得到支持。

A. 对TOE安全功能的独立性测试。

B. 开发者基于功能规范进行测试得到的证据。

C. 对开发者测试结果选择的独立确认。

D. 功能强度分析。

E. 开发者针对明显脆弱性查找到的证据。

2）保证。EAL2通常可以从以下因素中得到保证。

A. 通过TOE的配置列表。

B. 通过安全分发过程的证据。

另外，EAL2在EAL1的基础上有意识地增加了保证。

其实现路径主要是通过对开发者测试的需要、脆弱性分析和基于更详细的TOE规范的独立性测试。

3. EAL3：方法测试和校验

通常情况下，如果没有对现有合理的开发规则进行实质性改进，EAL3是能够使开发者在设计阶段从正确的安全工程中获取最大限度保证的。

我们对EAL3：方法测试和校验的介绍主要从EAL3的适用情况、EAL3的评估要求来说的。具体内容如下。

（1）适用情况。一般来看，EAL3适用于开发者或用户需要一个中等级别的独立保证的安全性，并在不带来大量的再构建费用的情况下，对TOE及其开发过程进行彻底审查。

（2）评估要求。EAL3的评估要求内容如下。

1）开展该级的评估，需要分析以下几个方面的内容。

A. 需要分析"灰盒子"的测试结果。

B. 需要对开发者的测试结果方面的内容进行确认。

C. 需要对开发者方面的已知脆弱性的证据进行搜索操作。

2）EAL3的评估要求使用开发环境控制措施、TOE的配置管理和安全交付程序。

另外，EAL3在EAL2的基础上有意识地增加了保证，这是通过要求更完备的安全功能、机制或通过过程的测试范围，以提供TOE在开发中不会被篡改的一些信任实现的。

4. EAL4：系统地设计、测试和评审

所谓的EAL4，一般情况下我们认为是在非常标准与完善的商业开发规则的基础上，开发者可以从安全工程中所获得的保证级别达到最高级别。不过通常需要满足以下条件，即没有专业知识与专业技能，缺乏相关专业资源等。

当前情况下，如果只对一个已经存在的生产线进行改进，EAL4是其所能达到的最高级别。

我们对EAL4：系统地设计、测试和评审的介绍主要从EAL4的适用情况、EAL4的评估要求来说的。具体内容如下。

（1）适用情况。一般来看，EAL4适用情况的具体方面为：开发者所需要的安全性保证方面；需要额外准备的安全工程专用支出（费用）方面。

（2）评估要求。EAL4的评估要求内容如下。

1）开展该级的评估，一方面得要分析TOE的底层设计，另一方面需要分析TOE的实现子集方面的具体情况。

2）在测试方面，将侧重于对已知脆弱性进行独立的搜索。

3）开发控制方面涉及生命周期模型、开发工具标识和自动化配置管理等方面。

另外，EAL4在EAL3基础上有意识地增加了保证，这是通过要求更多的设计描述、实现的一个子集、改进的机制或是通过提供TOE不会在开发和分发过程中被篡改的信任的过程来实现的。

5. EAL5：半形式化设计和测试

适当应用专业性的一些安全工程技术，并基于严格的商业开发实践，EAL5可使开发者从安全工程中获得最大限度地保证。

如果某个TOE要想达到EAL5的要求，开发者需要在设计和开发方面下一定工夫，如果开发者已经具备相关的一些专业技术，额外产生的费用一般是不会太高的。

我们对EAL5半形式化设计和测试的介绍主要从EAL5的适用情况、评估要求来说的。具体内容如下。

（1）适用情况。一般来看，EAL5适用于以下情况：开发者和使用者在有计划的开发中，采用严格的开发手段，以获得一个高级别独立保证的安全性需要，但不会因采取专业性安全工程技术而增加一些不合理的支出。

（2）评估要求。EAL5的评估要求内容如下。

1）开展该级别的评估需要分析的内容如下。

A．需要分析所有的实现。

B．需要额外分析功能规范和高层设计的形式化模型和半形式化表示。

C．需要分析它们之间对应的半形式化论证。

2）在对已知脆弱性的搜索方面，必须确保TOE可抵御中等攻击潜力的穿透性攻击者。

3）要求采取隐蔽信道分析和模块化的TOE设计。

另外，在EAL5在EAL4的基础上有意识地增加了保证，这是通过要求半形式化的设计描述、整个实现、更结构化（且可分析）的体系、隐蔽信道分析、改进的机制和能够相信TOE将不会在开发中被篡改的过程实现的。

6. EAL6：半形式化验证的设计和测试

EAL6允许开发者通过在一个严格的开发环境中使用安全工程技术来获得高度保证，以便生产一个优异的TOE来保护高价值的资源避免重大的风险。

我们对EAL6半形式化验证的设计和测试的介绍主要从EAL6的适用情况、EAL6的支持和保证来说的。具体内容如下。

（1）适用情况。一般来看，EAL6适用于以下情况，即安全TOE的开发应用于高风险的地方，在这里所保护的资源值得花费额外开销。

（2）支持和保证。EAL6的支持和保证情况内容如下。

1）支持。EAL6通常可以从以下因素中得到支持。

A．TOE安全功能的独立性测试。

B．基于功能规范的开发者测试的证据。

C．高层设计和低层设计。

D．对开发者测试结果进行选择性的独立确认。

E．功能强度分析。

F．开发者搜索脆弱性的证据。

2）保证。EAL6通常可以从以下因素中得到保证。

A．EAL6通过对安全功能的分析提供保证，它靠功能的完整接口的一个规范、指导性文档、TOE的高层和低层设计和实现的结构化表示来理解安全行为。

B．EAL6通过以下方式获得额外保证：TOE的安全策略的形式化模型，功能规范的半形式化表示，高层设计和低层设计和它们之间的对应关系的一个半形式化阐明。此外还需要一个模块化的分层的TOE设计。

C．EAL6也通过结构化的开发流程的使用、开发环境的控制、包括完全自动化的全面的TOE配置管理、安全分发过程的证据等提供保证。

另外，EAL6在EAL5的基础上有意识地增加了保证，这是通过要求更全面的分析、实现的一个结构化表示、更构造化的结构（如分层）、更全面的独立脆弱性分析、系统性隐蔽信道说明和改进了的配置管理和开发环境控制实现的。

7．EAL7：形式化验证的设计和测试

我们对EAL7：形式化验证的设计和测试的介绍主要从EAL7的适用情况、EAL7的支持和保证来说的。具体内容如下。

（1）适用情况。一般来看，EAL7适用于以下情况，即EAL7适用于极端高风险的形势下，并且所保护的资源价值需要极高，值得花费更高的开销进行安全TOE的开发。不过，EAL7通常会实际应用于那些需要进行广泛的形式化分析安全功能的TOE。

（2）支持和保证。EAL7的支持和保证情况内容如下。

1）支持。EAL7通常可以从以下因素中得到支持。

A．TOE安全功能的独立性测试。

B．基于功能规范高层设计的开发者测试的证据。

C．低层设计和实现表示。

D．开发者测试结果的完整的独立确认。

E．功能强度分析。

F．开发者搜索脆弱性的证据。

2）保证。EAL7通常可以从以下因素中得到保证。

A．EAL7通过对安全功能的分析提供保证，它靠功能的和完整接口的规范、指导性文档、TOE的高层和低层设计，实现的结构化表示来理解安全行为。

B．EAL7通过以下方式额外地获得保证：TOE安全策略的形式化模型，功能规范的形式化表示和高层设计，低层设计的半形式化表示以及它们之间的对应关系的适当的形式化和半形式化阐明。此外还需要一个模块化的、分层的和简单的TOE设计。

C．EAL7也通过结构化的开发流程的使用、开发环境的控制、包括完全自动化的全面的TOE配置管理、安全分发过程的证据等来提供保证。

另外，EAL7在EAL6的基础上有意识地增加了保证，这是通过要求使用形式化表示和形式化对应的更全面的分析和全面的测试来实现的。

4.3　我国信息系统的安全评估标准

我国信息系统安全评价标准，主要是为我国的计算机信息系统的安全所需要，信息系统的安全性的提高迫在眉睫，对社会政治的稳定与经济建设的发展都有关系，对其两方面的影响较大。在这样的条件下，公安部提出并组织制定了强制性国家标准《计算机信息系统　安全保护等级划分准则》GB 17859—1999。

首先，该准则是在1999年9月13日进行正式发布的，发布的机构是国家质量技术监督局，发布之后，在2001年1月1日正式实施。

其次，该标准是建立安全等级保护制度、实施安全等级管理的重要基础性标准。一方面是因为它将计算机信息系统安全保护等级划分为五个级别，并通过规范、科学和公正的评定和监督管理起到了以下三个方面的作用。

（1）可以让计算机信息系统方面的安规等级的制定和执法部门的监督检查在此基础上进行具体操作。

（2）给研发计算机信息安全产品的人员提供支持，主要是有关的技术方面的支持。

（3）为安全系统的建设和管理提供技术方面的详细规划和引导。

最后，公安部于2002年7月18日公布并实施了一系列计算机信息系统安全等级保护标准。该导致标准包括的内容有以下几个方面。

（1）GB/T 20271—2006《信息安全技术信息系统通用安全技术要求》（GA/T 390—2002）。

（2）GB/T 20272—2006《信息安全技术操作系统安全技术要求》（GA/T 388—2002）。

（3）GB/T 20273—2006《信息安全技术数据库管理系统安全技术要求》（GA/T 389—2002）。

（4）GA/T 671—2006《信息安全技术终端计算机系统安全等级技术要求》（GA/T 387—2002）。

（5）GB/T 20282—2006《信息系统安全工程管理要求》（GA/T 391—2002）等。

总之，我们要进一步完善计算机信息系统安全等级保护的标准体系。

4.3.1 基本术语

在公安部制定的信息系统安全评价标准中，涉及一部分专业术语，即计算机信息系统（computer information system）、计算机信息系统可信计算基（trusted computing base of computer information system）、客体（object）、主体（subject）、敏感标记（sensitivity label）、安全策略（security policy）、信道（channel）、隐蔽信道（covert channel）、访问监控器（reference monitor）、可信信道（trusted channel）、客体重用。这些术语与TCSEC中的相关术语有一定的相似之处。具体解释的内容如下。

1. 计算机信息系统

计算机信息系统即所谓的CIS，一般来看，是指由计算机及其相关、配套的设备（含网络）构成的，依据一定的实践目标和准则，对信息进行采集、加工、存储、传输、检索的一种人机系统。

2. 计算机信息系统可信计算基

一般情况下我们认为：所谓的计算机信息系统可信计算基，即计算机系统内保护装置的总体。

它主要是包括以下几个方面的内容。

1）计算机硬件。

2）计算机固件。

3）计算机软件。

4）负责执行的安全策略。

另外，它建立了一个基本的保护环境并提供了一个可信计算系统所要求的附加用户服务。

3. 客体

客体即信息的载体。

4. 主体

主体，主要指引起信息在客体之间流动的人、进程或设备等。

5. 敏感标记

一般来说，敏感标记主要是表示客体安全级别并描述客体数据敏感性的一组信息。

一般情况下，可信计算基中把敏感标记作为强制访问控制决策的依据。

6．安全策略

一般来说，安全策略，即指有关管理、保护和发布敏感信息的法律、规定和实施细则。

7．信道

信道，即系统内的信息传输路径。

8．隐蔽信道

隐蔽信道，即允许进程以危害系统安全策略的方式传输信息的通信信道。

9．访问监控器

访问监控器，通常是用来表示监控主体和客体之间授权访问关系的部件。

10．可信信道

可信信道，通常是用来表示为了执行关键的安全操作，在主体、客体及可信IT产品之间建立和维护的保护通信数据免遭修改和泄露的通信路径。

11．客体重用

一般情况下，很多人对客体重用的了解不是很清楚。

客体重用的概念，主要说的是在计算机信息系统可信计算基的空闲存储客体空间中，对客体初始制定、分配或再分配一个主体之前，撤销该客体所含信息的所有授权。

当主体获得对一个已被释放的客体的访问权时，当前主体不能获得原主体活动所产生的任何信息。

4.3.2　等级的基本划分与要求

《计算机信息系统　安全保护等级划分准则》将信息系统划分为以下五个等级，分别是用户自主保护级、系统审计保护级、安全标记保护级、结构化保护级、访问验证保护级。

另外，《计算机信息系统　安全保护等级划分准则》主要的安全考核指标被分为以下几个方面，即自主访问控制、强制访问控制、安全标记、身份鉴别、客体重用、审计、数据完整性、隐蔽信道分析、可信路径和可信恢复等，这些指标基本涵盖了不同级别的安全要求。

1．用户自主保护级

首先，计算机信息系统安全保护等级划分准则主要的等级之一就是用户自主保护级。

其次，用户自主保护级计算机信息系统的可信计算基有两方面的能力：一方面的能力主要指它能够把用户和数据给分到不同两边，达到隔离的效果，这样，用户就可以有能力进行自我的保护；另一方面的能力是它可以控制，控制的内容——对用户方面执行有关访问的控制。这种控制的具体方面即给用户一些能够容易进行的措施，使该用户有可能与整个用户组一起被归入受保护的行列，这样可以让其他用户对有关的数据、重要内容完全没有读写和破坏的可能。

最后，用户自主保护级的考核标准具有以下几个方面的要求，分别是自主访问控制方面的考核、身份鉴别方面的考核、数据完整性的方面的考核。

（1）自主访问控制方面的考核。

1）简介。介绍自主访问控制方面的考核，主要是介绍有关于计算机信息系统可信计算基方面所生成的具体的定义和控制系统中已经被确定名称的用户对有关方面客体进行哪些访问的考核。

2）应用。一般情况下，人们是如何对自主访问控制进行实行的？即已命名的用户有以下的权力，那就是以用户或用户组的身份对哪些客体有权力访问，哪些客体有权力进行共享以及通常我们可能会忽略的一个点，也就是人们在确定自己如何对自主访问控制进行实行时要考虑到，如果自己没有得到授权对信息系统访问，那么自己就不能去读取相关的信息，这些相关信息一般也被认为对非授权用户来说是比较敏感的。

（2）身份鉴别方面的考核。

1）简介。身份鉴别方面的考核，一般来看它的进行阶段主要为计算机信息系统的可信计算基刚一开始执行的过程中。

2）应用。身份鉴别方面的考核一般都会要求用户一定要能够明确定位自己的"地位"，知道自己是什么样的身份，并能很快地通过各种方式去证明自己的身份，通过这样的方式，没有被授予相关权力的人则不在此列而被排除，这样可以达到限制没有被授予相关权力的人对身份鉴别数据的想法和行为。

（3）数据完整性的考核。数据完整性的考核，即通过对计算机信息系统可信计算基实行一些很有效果的策略方针，也就是独立有创造性且很完全合适的方针，以防止未被授予相关权力的人对通常禁止被看到的信息（即敏感信息）可能造成的修改与破坏。

2. 系统审计保护级

一般来看，系统审计保护级是第二级的。

系统审核保护级的相关方面的可信计算基通常具有的能力是：它可以很轻易地利用自主访问控制来保证登录规程、审计安全性有关联的事件和隔离资源，这样的情况下，用户可以对自己的行为负责。

另外，系统审计保护级的考核标准包括自主访问控制方面的考核、身份鉴别方面的考核、客体重用方面的考核、审计方面的考核、数据完整性方面的考核。介绍如下。

（1）自主访问控制方面的考核。

1）简介。介绍自主访问控制方面的考核，主要是介绍关于计算机信息系统可信计算基方面所生成的具体的定义和控制系统中已经被确定名称的用户，对有关方面客体进行哪些访问的考核。

1）应用。一般来看，系统审计保护级实施机制是会让已命名的用户以用户或用户组的身份规定并把控客体的共享。

同时要注意，自主访问控制的实施机制也会限制非授权用户去读取敏感的信息，非授权用户通常情况下是不能够读取敏感信息的，并尽量要避免访问权限的扩散。

（2）身份鉴别方面的考核。

1）简介。身份鉴别方面的考核，一般来看，它的进行阶段主要为计算机信息系统的可信计算基刚一开始执行的过程中。

2）应用。身份鉴别方面的考核一般都会要求用户一定要能够明确定位自己的"地位"，知道自己是什么样的身份，并能很快地通过各种方式去证明自己的身份，通过这样的方式，没有被授予相关权力的人则不在此列而被排除，这样可以达到限制没有被授予相关权力的人对身份鉴别数据的想法和行为。

（3）客体重用方面的考核。

1）简介。我们所说的所谓客体重用方面的考核，一般是指在计算机的信息系统的可信计算基方面的某一个很不容易被发现的领域（通常为不饱和状态）——存储客体区域，对其要求的客体进行安排、定位，在其对存储客体区域再次进行分配另一主体之前，把该客体所拥有的信息的所有权通通收回。

2）应用。对其要注意，如果一个用户作为主体，他还有一定时间的对某一用户（客体）的权利——访问权，那么这个用户就不能去再次获得其身为主体所产生活动信息的任意内容。

（4）审计方面的考核。审计方面的考核的简介和应用如下。

审计方面的考核，主要指在计算机信息系统的可信计算基方面，它有两方面的主要能力：

一方面，它有能力开创和维持有关客体的访问内容及记录有关客体进行了哪些访问，有关客体进行了哪些操作，都能尽收眼底。

另一方面，它有能力杜绝没有被授予相关权力的人对它的访问或没有被授予相关权力的人对它可能的不经意的破坏。

其次，与计算机信息系统有关的可信计算基同样是有一定能力去记录和审计一定内容的，下面是其介绍。

1）记录一定内容。

A. 有没有使用身份鉴别机制。

B. 有没有人将客体引入用户地址空间。

C. 有没有去删除客体。

D. 有没有与基层执行者、有没有对系统进行管理的人、有没有对系统的安全进行监控的人，等等。

E. 当然，只要与系统安全有关，即是其需要记录的内容。

2）审计一定内容。

A. 确定所有与系统安全有关的事件并进行合理审计，如事件是在哪天哪个时间点发生的、有哪些人、事件类型、事件最终成功与否。

B. 对于身份鉴别事件，审计它是从哪里来的。

C. 对于客体引入用户地址空间的事件，审计的内容要把客体的名称包括进去，这样比较完整一些。

D. 对于客体删除事件，也要审计客体的名称，原因同上。

E. 对于审计本身与审计的相关方面，一般采用更为特别的方式，如审计的机制要提供审计所必需的接口，且审计内容能够让已经授权的用户去调用。

（5）数据完整性方面的考核。数据完整性方面的考核的简介和应用如下。

数据完整性方面的考核，即通过对计算机信息系统可信计算机实行一些很有效果的策略方针，即独立有、创造性且很完全合适的方针，以防止未被授予相关权力的人对通常禁止被看到的信息（即敏感信息）可能造成的修改与破坏。

3. 安全标记保护级

一般来看，安全标记保护级是位于最中间的安全等级。

一方面，它不仅可以很轻易地利用自主访问控制来保证登录规程、审计安全性有关联的事件和隔离资源，这样的情况下，用户可以对自己的行为负责。在进行相关描述时没有固定的特定要求的形式，相关描述的具体内容涉及安全策略的模型、数据标记、主体对客体通过一定的方式所采取的强制访问控制。

另一方面，它有能力对已经输出的内容进行准确的定位并予以标记，还能够立刻将测试中出现的一系列错误统统消掉。

另外，安全标记保护级的考核标准具有自主访问控制方面的考核、强制访问控制方面的考核、身份鉴别方面的考核、客体重用方面的考核、审计方面的考核、数据完整性方面的考核等几个方面的要求。介绍如下。

（1）自主访问控制方面的考核。

1）简介。介绍自主访问控制方面的考核，主要是介绍有关于计算机信息系统可信计算基方面所生成的具体的定义和控制系统中已经被确定名称的用户对有关方面客体进行哪些访问的考核。

2）应用。一般来看，安全标记保护级自主访问控制的实施机制允许命名用户以用户或用户组的身份规定并控制客体的共享；阻止非授权用户读取敏感信息，并控制访问权限扩散。

另外，自主访问控制机制是根据用户的指定方式或根据用户的默认方式来阻止非授权用户访问客体的。访问控制的粒度通常为某一个用户。

（2）强制访问控制方面考核。强制访问控制方面考核的简介和应用如下。

强制访问控制方面考核，即计算机信息系统可信计算基对所有主体及其所控制的客体（例如，进程、文件、段、设备）实施强制访问控制。

通常情况下，可以为这些主体、客体指定敏感的标记，该标记也能够说是等级分类和非等级分类的结合，它们是强制访问控制的实施根据。

同时，两种或两种以上成分组成的安全级也是可以的，它是被计算机信息系统可信计算基支持和承认的。

（3）身份鉴别方面的考核

1）简介。身份鉴别方面的考核，一般来看，它的进行阶段主要为计算机信息系统的可信计算基刚一开始执行的过程中。

2）应用。首先，身份鉴别方面的考核一般都会要求用户，一定要能够明确定位自己的"地位"，知道自己是什么样的身份，并能很快地通过各种方式去证明自己的身份，通过这样的方式，没有被授予相关权力的人则不在此列而被排除，这样可以达到限制没有被授予相关权力的人对身份鉴别数据的想法和行为。

其次，每一位用户都有属于自己的独一无二地确定标识，在这样的情况下，用户会对自己的行为比较负责任。

最后，身份鉴别方面的考核，其还可以将已确定标识与该用户每一个有关审计的行为进行很有必要的关联。

（4）客体重用方面的考核。

1）简介。我们所说的所谓客体重用方面的考核，一般是指在计算机的信息系统的可信计算基方面的某一个很不容易被发现的领域（通常为不饱和状态）——存储客体区域，对其要求的客体进行安排、定位，在其对存储客体区域再次进行分配另一主体之前，把该客体所拥有的信息的所有权全部收回。

2）应用。对其我们要注意，如果一个用户作为主体，他还有一定时间的对某一用户（客体）的权力——访问权，那么这个用户就不能去再次获得其身为主体所产生活动信息的任意内容。

（5）审计方面的考核。审计方面的考核的简介和应用如下。

审计方面的考核，主要指在计算机信息系统的可信计算基方面，它有两方面的主要能力。

一方面，它有能力开创和维持有关客体的访问内容及记录有关客体进行了哪些访问，有关客体进行了哪些操作，都能尽收眼底。

另一方面，它有能力杜绝没有被授予相关权利的人对它的访问或没有被授予相关权利的人对它可能的不经意的破坏。

其次，与计算机信息系统有关的可信计算基同样是有一定能力去记录和审计一定内容的，下面是其介绍。

1）记录一定内容。

A. 有没有使用身份鉴别机制。

B. 有没有人将客体引入用户地址空间。

C. 有没有去删除客体。

D. 有没有与基层执行者、有没有对系统进行管理的人、有没有对系统的安全进行监控的人，等等。

E. 当然，只要与系统安全有关，即是其需要记录的内容。

2）审计一定内容。

A. 确定所有与系统安全有关的事件并进行合理审计，如事件是在哪天哪个时间点发生的、有哪些人、事件类型、事件最终成功与否。

B. 对于身份鉴别事件，审计它是从哪里来的。

C. 对于客体引入用户地址空间的事件，审计的内容要把客体的名称包括进去，这样比较完整一些。

D. 对于客体删除事件，审计也要客体的名称，原因同上。

E. 对于审计本身与审计的相关方面，一般采用更为特别的方式，如审计的机制要提供审计所必需的接口，且审计内容能够让已经授权的用户去调用。

（6）数据完整性方面的考核。

1）简介。数据完整性方面的考核，即通过对计算机信息系统可信计算机实行一些很有效果的策略方针，即独立、有创造性且很完全、合适的方针，以防止未被授予相关权力的人对通常禁止被看到的信息（即敏感信息）可能造成的修改与破坏。

2）应用。在网络的环境中，使用完整性敏感标记通常用来确定信息在传送中没有受损。

4. 结构化保护级

首先，结构化保护级是第四级的，一般情况下，结构化保护级即第四级的计算机信息系统可信计算机，它是在有明确概念的形式化的安全策略模型基础上建立起来的。

其所具有的要求的主要方面，是将安全标记保护级的系统中的自主和强制访问控制，通过一定的方式和手段，直接扩展到所有的主体与所有的客体之中。

其次，我们还要考虑隐蔽通道。结构化保护级的计算机信息系统可信计算基一定要结构化为关键保护元素和非关键保护元素。

最后，计算机信息系统可信计算基的接口也必须有非常确定的概念，只有在这样的情况，才能够使可信计算基接口在关于设计与实现方面更好地测试和更完整地复审。

结构化保护级的作用如下：

（1）加强了鉴别机制。

（2）支持系统管理员和操作员的职能。

（3）提供了可信设施管理。

（4）增强了配置管理控制。

（5）使系统具有相当的抗渗透能力。

另外，结构化保护级的考核标准具有以下几个方面的要求，分别是自主访问控制方面的考核、强制访问控制方面的考核、标记方面的考核、身份鉴别方面的考核、客体重用方面的考核、审计方面的考核、数据完整性方面的考核、隐蔽信道分析方面的考核、可信路径方面的考核、可信恢复方面的考核。

（1）自主访问控制方面的考核。

1）简介。介绍自主访问控制方面的考核，主要是介绍关于计算机信息系统可信计算基方面所生成的具体的定义和控制系统中已经被确定名称的用户对有关方面客体进行哪些访问的考核。

2）应用。一般来看，结构化保护级自主访问控制的实施机制允许命名用户以用户或用户组的身份规定并控制客体的共享；阻止非授权用户读取敏感信息。并控制访问权限扩散。

另外，自主访问控制机制是根据用户的指定方式或根据用户的默认方式来阻止非授权用户访问客体的。访问控制的粒度通常为某一个用户。

（2）强制访问控制方面的考核。强制访问控制方面的考核的简介和应用如下。

强制访问控制方面的考核，即计算机信息系统可信计算机对所有主体及其所控制的客体（例如，进程、文件、段、设备）实施强制访问控制。

通常情况下，可以为这些主体、客体指定敏感的标记，该标记也能够说是等级分类和非等级分类的结合，它们是强制访问控制的实施根据。

同时，两种或两种以上成分组成的安全级也是可以的，它是被计算机信息系统可信计算基支持和承认的。

（3）标记方面的考核。

1）简介。标记方面的考核，即计算机信息系统可信计算基应维护与主体及其控制的存储客体相关的敏感标记。这些标记是实施强制访问的基础。

2）应用。通常情况下，为了对没有安全标记数据进行输入，计算机信息系统可信计算基向授权用户要求并接受这些数据的安全级别，且能够由计算机信息系统可信计算基进行审计。

（4）身份鉴别方面的考核。

1）简介。身份鉴别方面的考核，一般来看，它的进行阶段主要为计算机信息系统的可信计算机刚一开始执行的过程中。

2）应用。首先，身份鉴别方面的考核一般都会要求用户，一定要能够明确定位自己的"地位"，知道自己是什么样的身份，并能很快地通过各种方式去证明自己的身份，通过这样的方式，没有被授予相关权利的人则不在此列而被排除，这样可以达到限制没有被授予相关权力的人对身份鉴别数据的想法和行为。

其次，每一位用户都有属于自己的独一无二地确定标识，在这样的情况下，用户会对自己的行为比较负责任。

最后，身份鉴别方面的考核，其还可以将已确定标识与该用户每一个有关审计的行为进行很有必要的关联。

（5）客体重用方面的考核。

1）简介。所谓的客体重用方面的考核，一般是指在计算机的信息系统的可信计算基方面的某一个很不容易被发现的领域（通常为不饱和状态）——存储客体区域，对其要求的客体进行安排、定位，在其对存储客体区域再次进行分配另一主体之前，把该客体所拥有的信息的所有权通通收回。

2）应用。对其我们要注意，如果一个用户作为主体，他还有一定时间的对某一用户（客体）的权利——访问权，那么这个用户就不能去再次获得其身为主体所产生活动信息的任意内容。

（6）审计方面的考核。

审计方面的考核的简介和应用如下。

审计方面的考核，主要指在计算机信息系统的可信计算机方面，它有两方面的主要能力。

一方面，它有能力开创和维持有关客体的访问内容及记录有关客体进行了哪些访问，有关客体进行了哪些操作，都能尽收眼底。

另一方面，它有能力杜绝没有被授予相关权利的人对它的访问或没有被授予相关权利的人对它可能的不经意的破坏。

其次，与计算机信息系统有关的可信计算机同样是有一定能力去记录和审计一定内容的，下面是其介绍。

1）记录一定内容。

A．有没有使用身份鉴别机制。

B．有没有人将客体引入用户地址空间。

C．有没有去删除客体。

D．有没有与基层执行者、有没有对系统进行管理的人、有没有对系统的安全进行监控的人，等等。

E．当然，只要与系统安全有关，即是其需要记录的内容。

2）审计一定内容。

A．确定所有与系统安全有关的事件并进行合理审计，如事件是在哪天哪个时间点发生的、有哪些人、事件类型、事件最终成功与否。

B．对于身份鉴别事件，审计它是从哪里来的。

C．对于客体引入用户地址空间的事件，审计的内容要把客体的名称包括进去，这样比较完整一些。

D．对于客体删除事件，审计也要客体的名称，原因同上。

E．对于审计本身与审计的相关方面，一般采用更为特别的方式，如审计的机制要提供审计所必需的接口，且审计内容能够让已经授权的用户去调用。

（7）数据完整性方面的考核。

1）简介。数据完整性方面的考核，即通过对计算机信息系统可信计算基实行一些很有效果的策略方针，即独立、有创造性且很完全、合适的方针，以防止未被授予相关权力的人对通常禁止被看到的信息（即敏感信息）可能造成的修改与破坏。

2）应用。在网络的环境中，使用完整性敏感标记通常用来确定信息在传送中没有受损。

（8）隐蔽信道分析方面的考核。隐蔽信道分析方面的考核的简介和应用如下。

隐蔽信道分析方面的考核，主要指对系统进行开发的人一方面需要对隐蔽信道方面的内容进行细致的搜索与分析，另一方面要根据实际所测的工程量确定被标识区域所需要的最大的带宽。

（9）可信路径方面的考核。可信路径方面的考核的简介和应用如下。

可信路径方面的考核，主要指当计算机信息系统可信计算基执行连接用户方面的操作时，需要提供计算机信息系统可信计算基与用户之间的可信通信路径。

可信路径上的通信，一方面必须是由该用户本人激活（计算机信息系统可信计算基进行激活也可以，除此之外无他），另一方面，可信路径上的通信在逻辑方面是与其他路径上的通信相隔离的，我们可以因此对其加以辨别。

（10）可信恢复方面的考核。可信恢复方面的考核的简介和应用如下。

可信恢复方面的考核，主要指计算机信息系统可信计算基需要对相关过程和机制方面的内容进行展开，在这样的情况下，基本上可以在计算机信息系统失效或中断后，保证无损恢复所有的安全保护性能。

5. 访问验证保护级

一般来看，访问验证保护级是我国信息系统安全等级的最后级别，下面对访问验证保护级进行介绍。

首先，这一级的计算机的信息系统的可信计算基，基本上能够完整而高效地进行访问监控方面的内容。

其次，从一定角度看，访问监控器是有一定的控制权的，它一方面可以了解并掌控有哪些主体对客体进行了拜访查看，另一方面它能够在占用很小内存的情况下进行分析方面和测试方面的活动。

最后，访问监控器也是有一定初始的设计要求的，如为满足访问监控器方面的正常进行，计算机信息系统可信计算基设计之初，就"精简机构"，把那些对其整体的安全性能不是那么必要的一系列代码统一给去掉了，这也为信息系统有关方面的操作便利性提供了很大的可能。

另外，访问验证保护级具有很多方面的功能，不仅包括最基本的进行安全管理的职能（当发生安全类事件时会发出相应的信号进行提示），还能够很好地渗透到产品之中并服务于用户，并有扩充审计机制的功效。

第5章　网络信息安全测评技术

随着世界各国的信息化进程急剧加快，信息技术迅猛发展。人们在享受信息化带来的众多好处的同时，信息与网络空间给各国的政治、经济、文化、科技、军事和社会管理等各个方面都注入了新的活力，同时也面临着日益突出的信息安全与保密问题。

在政治、军事斗争、商业竞争和个人隐私保护等活动中，信息安全问题一直伴随着人类社会的发展。在网络环境中，人们常常需要查验所获得的信息的可信性，希望他人不能获知或篡改重要信息。

网络环境将成为社会各领域关注的焦点，特别是国家秘密和商业秘密的保护，网上各种行为者的身份确认与权责利的确认，政府网络化的业务信息系统的正常运行，上网后敏感信息、涉密信息的保护，金融机构的数据保护与管理系统的反欺诈，网络银行及电子商务中的安全支付与结算等，这些都会给社会稳定和国家安全带来重要影响。

信息安全测评作用在于通过验证、测试、评估信息模块、产品、系统的各种关键安全功能、性能以及运维使用情况，对信息安全模块、产品或信息系统的安全性进行验证、测试、评价和定级，鉴定产品质量，监控系统行为，警示安全风险保障网络与信息安全。目的在于规范它们的安全特性，发现模块、产品或者系统在设计、研发、生产、集成、建设、运维、应用过程中存在的信息安全风险、发生或可能发生的信息安全问题。

测评认证的依据是国家标准、行业标准或认证机构确认的技术规范；对象是产品、系统、过程或服务；方法是对产品进行抽样测试检验和对供方的质量保证能力即质量体系进行检查评审以及事后定期监督。具体而言，它的表示方式是颁发认证证书和认证标志；它的性质是由具有检验技术能力和政府授权认证资格的权威机构，按照严格程序进行的科学公正的评价活动。

由于信息技术固有的敏感性和特殊性，各国政府纷纷采取颁布标准、信息产品是否合规、安全产品是否有效、信息系统是否安全、信息化基础设施是否具备抵御重大威胁的能力，以测评和认证的方式，对信息技术产品的研制、生产、销售、使用和进出口实行严格管理。

安全测评通过综合测评获得具有系统性和权威性的结论，信息安全测评技术就是能够系统、客观地验证、测试，对信息安全产品的设计研发、系统集成等有指导作用。安全测评不是简单的某个信息安全特性的分析与测试，评价信息安全产品和信息系统安全及其安全程度的技术，主要由验证技术、测试技术及评估方法三部分组成。通过一系列的流程和方法，客观、公正地评价和定级由验证测试结果反映的安全性能，通过分析或技术手段证实信息安全的性质、获得信息安全的度量数据。

5.1　数据安全测评技术研究

海量数据的集中存储有利于数据的分析和处理，但是随着网络技术和信息化的快速发展，使数据规模呈爆炸式增长。同时也在安全方面埋下隐患，在互联网时代，数据就是财富，倘若遭遇意外或被黑客入侵，就会造成大量数据泄露、丢失或损坏，可能会引起重大损失。如何保护这些"财富"就显得尤为重要。当遇到意外或灾难时，数据能够快速恢复而不受影响。利用综合技术和管理措施，确保数据存储、传输、处理的过程中始终保持完整而不被篡改，保密且不被泄露，数据安全保障体系强化内部管控。

5.1.1　数据安全测评方法

数据安全测评主要是通过访谈、检查等方法对数据的完整性、保密性以及灾备能力三方面的保障措施做出有效性评估。

1. 基本概念

数据未经授权不能进行改变的特性就是数据完整性，完整性是一种面向数据的安全性，即数据在存储或传输过程中保持不被偶然或蓄意地删除、修改、伪造、乱序、重放、插入等破坏和丢失的特性。它要求保持数据的一致性、正确性、有效性和相容性。

2. 测评项

针对数据完整性保障能力的测评项应包含以下内容：有能力检测重要文件是否遭到篡改，并存在检测到数据完整性受损时进行数据恢复。

针对重要通信设备应准备重要通信协议，并且保证协议具有足够的安全可靠性，以免来自通用协议层的攻击时数据遭到破坏。

有能力检测数据库系统、操作系统、应用系统、各种设备，在传输、存储过程中的各项数据是否遭受到篡改，并检测数据的完整性受损时是否进行数据恢复。

3. 测评方法

第一，访谈系统管理员。

第二，访谈网络管理员。

第三，访谈安全管理员。

第四，访谈数据库管理员。

第五，检查网络设备应用系统、操作系统、数据库管理系统、设计/验收文档、相关证明性材料（如证书、检验报告等）、主机操作系统。

5.1.2　数据保密性测评方法

1. 基本概念

数据不被泄露给非授权的用户、实体或进程，或供其利用的特性，这是数据的保密性，即数据只为授权用户使用的特性，防止数据泄露给非授权个人或实体。即保密性要求避免数据在存储或传输过程中被非法窃取。

2. 测评项

针对数据保密性保障能力的测评项应包含以下内容：当使用便携式和移动式设备时，应使用较高强度的密码机制，对设备中的敏感信息进行加密存储，并对钥匙进行了可靠保护和管理。

各项数据采用加密如操作系统、数据库系统、应用系统、各种设备等，使用较高强度的密码价值，或者其他有效措施实现数据传输、存储过程的保密性，并对钥匙进行了可靠保护和管理。

针对重要通信应准备专用通信协议避免来自通用通信协议层的攻击使数据泄露，保证该协议具备足够安全性。

3. 测评方法

第一，访谈系统管理员。

第二，访谈网络管理员。

第三，访谈安全管理员。

第四，访谈数据库管理员。

第五，检查网络设备操作系统、应用系统、设计/验收文档、数据库管理系统、相关证明性材料（如证书、检验报告等）、主机操作系统。

5.1.3　数据灾备能力测评

1. 基本概念

数据灾备就是将信息系统从不可正常运行状态到正常运行状态所做的

准备工作，还有信息系统支持的业务功能从不正常状态恢复到可接受状态的活动和流程。

2. 测评项

针对数据灾备能力的测评项应包含以下内容：为了提供信息系统的高可用性，提供异地实时备份功能，避免存在网络单点故障，网络设备、通信线路和数据处理系统均采用硬件冗余网络拓扑结构设计采用冗余技术。

建立异地灾难备份中心，利用通信网络将数据实时备份至灾难备份中心。备份介质场外存放，提供业务应用的实时无缝切换，配备灾难恢复所需的通信线路、网络设备和数据处理设备。

3. 测评方法

第一，访谈系统管理员。

第二，访谈网络管理员。

第三，访谈安全管理员。

第四，访谈数据库管理员。

第五，检查网络设备应用系统、设计/验收文档、数据库管理系统、操作系统、相关证明性材料（如证书、检验报告等）、主机操作系统。

5.1.4 数据安全测评的实施

1. 实施过程

数据安全测评的实施过程是检验数据安全测评的主要手段，在测试过程中应注意各种系统的相关证明材料和各类管理员权限，验证是否具有检测功能等。

（1）专用通信协议。信息系统中的重要通信数据是否经过测试，并且在传输过程中是否采用了具备足够安全性的专用通信协议。

（2）国家权威认证或检验。信息系统中用来保障数据的安全性是否经过检查，检查的专用设备又是否通过国家权威机构的认证或检验。

（3）是否具有足够的安全性。询问信息系统在传输过程中是否为重要通信准备了专用通信协议，该协议如何保证安全性。访谈系统安全管理员、数据库管理员、网络管理员，在这个过程中信息系统中的各种应用系统、操作系统、网络设备、数据库系统的各项数据是否具备足够的安全性，以及该协议如何保证安全性，询问具体的专用通信协议是什么，以避免来自通用通信协议层的攻击使数据遭到篡改。

（4）检查系统是否遭到破坏。检查信息系统中的操作系统、数据库系统、应用系统、各种设备的设计/验收文档或相关证明性材料，是否能检测到用户数据、身份鉴别信息、系统管理数据在存储过程中完整性受到破坏；是否能监测到重要系统完整性是否受到破坏；在其监测到数据完整行受损时进性数据恢复。重点为招标文件、设计方案和设备技术指标、项目建设过程中的监理文档、建成后的验收材料等，查看完整性是否受到破坏，监测、验证信息系统的各项数据的传输过程。

（5）验证各项功能。测试信息系统中的各种设备、操作系统、数据库系统和应用系统，通过流量发生器、协议分析工具或手工方式，监测/验证到完整性受损时是否实现了数据恢复，对信息系统中传输数据、存储数据、系统文件等进行修改，验证其是否具有监测/验证系统，各项数据在存储和传输过程中遭到篡改的功能；是否具有监测/验证重要系统/模块遭到篡改的功能。

（6）访谈安全管理员。访谈安全管理员，在检测到完整性错误时是否能恢复，询问信息系统数据在传输过程中是否有完整性保证措施，具体措施有哪些，恢复措施有哪些。

2. 结果判定

（1）直接否定。如果上文中的第（4）项检查系统是否遭到破坏缺少相关材料，则判定结果为该项直接否定。

（2）信息系统的重要性。专用通信协议或安全通信协议能得到重要的信息系统（应用系统、数据库系统、各种设备、操作系统中的任意一项），提供专用协议服务，则上文中第（1）项专用通信协议为肯定。

（3）完全肯定。如果上文中的第（1）项和第（4）项为直接肯定，那么信息系统符合数据完整性测评项要求。

5.1.5　数据保密性测评的实施

1. 实施过程

数据保密性测评的实施过程是对访谈管理员的各类信息和测试信息系统的各种设备、操作系统及数据库系统等进行测评的重要过程，也是加强保密性措施的重要过程。

（1）访谈网络管理员。访谈网络管理员，询问信息系统中存储保密性是否采用加密或其他措施实现，网络设备的密码机制强度是否足够，鉴别信息和敏感的用户数据，密钥保护和管理措施是否有效，传输保密性是否采用加密或其他措施实现。

（2）访谈系统管理员。访谈系统管理员，询问信息系统中的操作系统的鉴别信息和敏感的用户数据，敏感的系统管理数据、密码机制强度是否足够，存储保密性是否采用加密或其他措施实现，密钥保护和管理措施是否有效。传输保密性是否采用加密或其他措施实现。

（3）访谈数据管理员。访谈数据管理员，询问信息系统中的数据库系统存储保密性是否采用加密或其他措施实现，密码机制强度是否足够，鉴别信息和敏感的系统管理数据，敏感的用户数据，密钥保护和管理措施是否有效。传输保密性是否采用加密或其他措施实现。

（4）访谈安全管理员。访谈安全管理员，询问信息系统中存储保密性是否采用加密或其他措施实现，密码机制强度是否足够，应用系统敏感的用户数据，鉴别信息和敏感的系统管理数据，密钥保护和管理措施是否有效。传输保密性是否采用加密或其他措施实现。

（5）访谈安全管理员。访谈安全管理员，询问密码机制强度是否足够，使用便携式和移动式设备时，是否加密存储对设备中的敏感信息，密钥保护和管理措施是否有效。

（6）检查有关系统鉴别信息。检查数据库管理系统、应用系统的设计、验收文档、网络设备、操作系统，查看其是否有关于系统的敏感的用户数据，鉴别信息和敏感的系统管理数据。是否有采用加密或其他措施实现存储保密性的描述，是否采用加密或其他措施实现传输保密性的描述。

（7）检查相关材料。查看是否有特定业务通信的通信信道的说明，检查相关的证明性材料。重点：招标文件、设计方案和设备技术指标、项目建设过程中的监理文档、建成后的验收材料。

（8）查看密码强度。查看其是否采用了加密或其他措施实现传输保密性，测试信息系统中的操作系统、应用系统、数据库系统、各种设备，并尝试对其进行破解，密码机制强度是否足够验证，尝试对其进行破解。通过协议分析工具、网络嗅探工具等获取系统传输数据分组。

（9）查看鉴别。查看鉴别信息、敏感数据等在系统中是否进行了加密存储，密码机制强度是否足够验证，测试信息系统中的各种设备、操作系统、数据库系统和应用系统，尝试对加密存储的内容进行破解。

（10）足够检验。检查信息系统中用于保障数据安全性的专用设备是否足够国家权威机构的认证或检验。

2. 结果判定

（1）直接否定。如果没有相关证明性材料比如：证书、检验报告等。那么第（6）项检查有关系统鉴别信息为直接否定。

（2）单项否定。如果上文中的第（7）项检查相关材料，在核对过程中缺少相关材料，那么该项为否定。

（3）完全肯定。如果上文中的第（6）项到第（10）项均为肯定，那么信息系统符合数据保密性测评项要求，为肯定通过。

5.1.6　数据灾备能力测评的实施

1. 实施过程

数据灾备能力测评的实施过程是通过各类管理员对信息系统中的操作系统提供数据支持和检查、监理文档查看是否具有业务能力的过程。

（1）访谈网络管理员。访谈网络管理员，是否存在网络单点故障；询问信息系统备份介质是否场外存放。

完全数据的备份是否每人一次；网络设备、通信线路和数据处理系统是否具有高可用性，是否提供数据本地和异地备份与恢复功能。

在灾难发生时是否具备自动业务切换和恢复的功能，采用何种技术实现；是否能够提供业务应用有异地灾难备份中心。

（2）访谈系统管理员。访谈系统管理员，完全数据的备份是否每人一次，备份介质是否场外存放，询问信息系统中的操作系统是否提供数据本地和异地备份与恢复功能。

（3）访谈数据库管理员。访谈数据库管理员，完全数据的备份是否每天一次，备份介质是否场外存放，询问信息系统中的数据库管理系统是否提供数据本地和异地备份与恢复功能。

（4）访谈安全管理员。访谈安全管理员，完全数据的备份是否每天一次，询问信息系统中的应用系统是否提供本地数据备份与恢复功能，备份介质是否场外存放。

（5）检查描述。查看是否有本地和异地备份与恢复的功能和策略描述，检查设计、验收文档，是否有关于业务应用系统的实时无缝切换功能。

重点：项目建设过程中的监理文档、招标文件、建成后的验收材料、设计方案和设备技术指标等，是否有关于网络单点故障的处理描述以及为保证通信线路、网络设备、数据处理系统的高可用性而采用的技术描述。

（6）检查系统配置。检查配置是否正确，是否有异地灾难备份中心，检查主机操作系统、网络设备操作系统、数据库管理系统、应用系统，查看其是否具备重要业务系统的本地和异地备份功能。

（7）检查技术手段。检查技术手段是否具有高可用性，通过检查网络设备、通信线路和数据处理系统是否采用硬件冗余、软件配置等技术手段来进行验证。

（8）是否存在单点故障。是否存在单点故障，通过切断网络链路或关闭重要网络设备等方式，对系统进行测试。

（9）测试验证系统。测试应用系统是否具有异地无缝切换功能，通过网络拥塞、模拟系统故障、电源中断等方式进行测试。

验证应用系统是否能够有效地进行异地无缝切换功能，通过电源中断、网络拥塞、模拟系统故障等方式进行验证。

2. 结果判定

（1）直接否定。如果没有设计/验收文档，则上文中的第（5）项检查描述，直接否定。

（2）完全肯定。如果上文中说的第（5）项和第（6）项都是肯定，那么，信息系统符合数据灾备能力测评项要求。

数据安全主要包括数据完整性、数据保密性、数据灾备能力三个方面内容，对数据安全的测评方法主要是通过文档核查、临机核查、系统测试，访谈网络管理员、安全管理员、系统管理员、数据库管理员等方法，检查信息系统中的各种操作系统、数据库系统、应用系统、网络设备的业务数据、系统管理数据、用户数据、鉴别信息等是否符合数据完整性、数据保密性、数据灾备能力的要求。

各类数据的测试方法和流程都存在差异，因此，在实际测评活动中，往往将数据安全的要求映射到各个不同层面中去分别进行测评，最后将各个层面中的结果合并后形成整体的数据安全测评结果。信息系统中涉及的数据较多，主要包括业务数据、系统管理数据、用户数据、系统文件、应用程序文件、应用系统的配置文件、网络安全设备的配置文件等。

5.2　主机安全测评

当前，针对主机的攻击事件层出不穷，攻击手段多种多样。主机是信息产生、存储和处理的载体，是应用服务程序的运行中心和数据处理中心，主机是信息系统处理流程的起点和终点，是信息产生、存储和处理的载体。主机成为当前安全攻防过程中的关键环节，从用户身份伪造、非法提升权限到重要数据完整性破坏；从缓冲区溢出攻击、口令破解到恶意代码攻击；从外部攻击到内部破坏。

主机安全是保证信息系统安全的基础，主机安全旨在保证主机在数据存储和处理的保密性、完整性、可用性，它直接影响信息系统的整体安全。主机安全测评则主要依据相关安全要求通过访谈、现场检查、测试等方式对主机进行安全符合性评估，它是保障主机安全的重要方式之一。主机安全通常由操作系统、数据库管理系统等自身安全配置、相关安全软件及设备等来实现。

5.2.1 主机安全测评方法

1. 主机安全测评依据

主机安全测评主要包括以下三个方面，主机安全测评的主要依据是各类国家标准。

（1）《计算机信息系统 安全保护等级划分准则》（GB 17859—1999）。

《计算机信息系统 安全保护等级划分准则》是我国信息安全测评的基础类标准之一，描述了计算机信息系统安全保护技术能力等级的划分。

（2）《信息技术 安全技术 信息技术安全评估准则》（GB/T 18336）。

《信息技术 安全技术 信息技术安全评估准则》，是评估信息技术产品和系统安全特性的基础标准。

（3）《信息安全技术 信息系统安全等级保护基本要求》（GB/T 22239—2008）

《信息安全技术 信息系统安全等级保护基本要求》（简称《基本要求》）和《信息安全技术 信息系统安全等级保护测评要求》（GB/T 28448—2012）（以下简称《测评要求》）是国家信息安全等级保护管理制度中针对信息安全开展等级测评工作的重要依据。

2. 主机安全测评对象及内容

《基本要求》针对信息系统的不同安全等级对主机安全提出不同的基本要求。

《测评要求》用来评定各级信息系统的安全保护措施是否符合《基本要求》。依据《测评要求》，测评过程需要针对主机虚拟化软件、操作系统、数据库管理系统等测评对象，从安全标记、身份鉴别、访问控制等方面分别进行测评。

《测评要求》阐述了《基本要求》中各要求项的具体测评方法、步骤和判断依据等。

主要框架有，测评对象：虚拟化软件、操作系统、数据库管理系统等；测评内容：安全标记、身份鉴别、访问控制、可信路径、安全审计、剩余信息保护、入侵防范、恶意代码防范、资源控制等；测评手段：访谈、现场检查、测试等。

从测评对象角度来看，主机安全测评应覆盖主机上可能存在的主要系统软件如操作系统、虚拟化软件、数据库管理系统等。

（1）操作系统。操作系统直接与硬件设备打交道，操作系统的安全性起着至关重要的基础作用，因为操作系统处于软件系统的底层，是基础的软件系统。如果缺少操作系统的基础安全特性，主机的安全性就无从谈起。

（2）数据库系统。数据库系统是信息系统中用于存储和管理数据的软件系统，数据库的安全程度直接影响着数据乃至整个信息系统安全保护措施的有效性。信息系统中的信息加工与处理通常都围绕数据库系统这个中心进行。

（3）虚拟化软件。虚拟化软件是近年来随着云计算技术发展而应用越来越广泛的基础性主机软件，但在当前的主机安全测评中往往被忽略，其安全性直接影响到基于云计算信息系统的总体安全性。

主机安全测评从测评内容角度来看，主机安全测评主要包括以下九个方面。

（1）身份鉴别。主机安全性进行测评主要从：口令复杂度、身份鉴别方式、登录失败处理措施、鉴别信息传输机密性等方面对主机安全性进行测评。

（2）安全标记。对主体和客体的敏感标记设置情况进行测评。

（3）访问控制。从访问控制策略、访问控制粒度、访问控制主客体等方面对主机安全性进行测评。

（4）可信路径。对系统与用户之间信息传输路径的安全性进行测评。

（5）安全审计。从审计的记录、进程保护、策略、日志保护、范围、内容等方面对主机安全性进行测评。

（6）剩余信息保护。主要对数据库客体存储空间的剩余信息保护情况进行测评。通过数据库记录、系统文件、目录、鉴别信息等方面进行测评。

（7）入侵防范。主要对主机的系统补丁更新、入侵防范措施等情况进行测评。

（8）恶意代码防范。主要对主机的恶意代码防护措施进行测评。

（9）资源控制。主要对系统资源监控情况进行测评。

表5-1给出了《基本要求》中针对上述九个方面需要开展测评的项目数量。

表5-1 《基本要求》中针对主机安全开展测评的项目数量

安全控制点	一级要求	二级要求	三级要求	四级要求
身份鉴别	1	5	6	7
安全标记	0	0	0	1
访问控制	3	4	7	6
可信路径	0	0	0	2
安全审计	0	4	6	7
剩余信息保护	0	0	2	2
入侵防范	1	1	3	3
恶意代码防范	1	2	3	3
资源控制	0	3	5	5
合计	6	19	32	36

5.2.2 主机安全测评方式

主机安全测评主要包括访谈、现场检查和测试三种方式。

1. 访谈

测评人员通过引导信息系统相关人员进行有目的的，有针对性的交流以帮助测评人员理解、澄清或取得证据的过程。主机安全访谈要求对主机测评的访谈内容进行询问和调查，并根据访谈收集的信息进行主机安全性的分析判断。主机安全访谈主要由被测评主机的系统管理员、安全管理员、安全审计员、主机使用人员与测评人员等对主机进行测评。

2. 现场检查

测评人员通过测评对象，如制度文档、各类设备、安全配置等进行观察、查验、分析以帮助测评人员理解、澄清或取得证据的过程。对大型业务系统而言，由于主机数量繁多，可采用抽查的方式进行现场检查，为了节省实际执行时由于时间和人力投入有限而浪费的时间。对所提供的主机安全相关技术文档资料进行检查分析；针对主机安全配置要求，运用主机操作指令、登录各个相关主机、运用工具进行安全现状数据的提取和分析。主机安全现场检查主要是基于访谈调研情况，依据主机安全现场检查表单和作业指导书，对信息系统中的主机安全状况进行实地核查。

3. 测试

测评人员使用预定的方法/工具使测评对象、各类设备或安全配置产生特定的结果，以将运行结果与预期的结果进行比对的过程。

主机安全测试主要包括主机渗透测试、主机漏洞扫描、主机安全基线检测等三种方式。

（1）主机渗透测试。主机渗透测试完全模拟黑客可能使用的漏洞发现技术和攻击技术，以发现主机所存在的安全问题，对被测评的主机做深入的安全探测。

（2）主机漏洞扫描。主机漏洞扫描主要针对被测评的主机实现操作系统脆弱性扫描，用户、组、注册表脆弱性扫描，文件共享脆弱性扫描，浏览器脆弱性扫描、Web服务脆弱性扫描，重要文件、目录脆弱性，数据库脆弱件扫描，其他通用服务脆弱性扫描等安全测试工作。

（3）主机安全基线检测。主机安全基线检测主要对被测评的主机进行安全配置检查，检查主机数据库、操作系统、虚拟化软件等是否符合用户的安全基线要求。

在上述测评方式的基础上，将现场检查结果、测试结果、访谈结果进行汇总，开展综合的结果分析，通过各类测评结果之间的相互印证，对获得的各类信息进行综合分析，避免由于人为疏漏以及测试工具自身缺陷导致的测评结果错误，判断结果的正确性。

5.2.3 主机安全测评工具

开展主机安全测评的工具主要有以下类型。

1. 主机自身提供的检测工具

主机自身提供的检测工具包括任务管理器、Windows操作系统的管理等工具，系统自带工具、系统命令工具等（如ping、netstat、route、ps等命令）。这一类检测工具能够协助测评人员对系统状态、系统性能、系统用户行为、系统配置等信息进行有效收集。

2. 端口扫描工具

端口扫描工具检查经过安全设备或软件保护后的主机对外端口，端口扫描类型主要是TCP端口扫描，代替使用系统自带的命令对系统开放端口/服务的检查。用来检测主机开放了哪些对外端口以及端口对应的服务，典型的端口扫描工具包括Nmap、SuperScan等，一般端口扫描器还具有主机状态扫描功能。为躲避安全设备对扫描工具的拦截和监控，扫描工具开发者还设计了乱序扫描、慢速扫描、秘密扫描等端口扫描技术。

3. 漏洞扫描工具

漏洞扫描工具包括主机系统的应用配置信息、系统信息、系统文件、版本号等。常见的漏洞扫描工具均包含了端口扫描工具，同时也包含了大量已有主机漏洞的检查策略。

通过端口扫描得知目标主机开启的端口以及对应的服务后，将这些信息与漏洞扫描工具提供的漏洞库进行匹配，利用漏洞扫描工具进行进一步的探测，查看是否有满足匹配条件的漏洞存在。

4. 渗透测试工具

渗透测试工具包括木马植入、缓冲区溢出、暴力破解、字典攻击等攻击工具，以入侵者的思维与技术，通过模拟黑客的攻击手法，提供用于针对主机开展渗透性测试工作的工具包，模拟可能被利用的漏洞途径，发现隐藏的安全隐患，验证主机漏洞是否真实存在。

5. 主机安全配置核查工具

主机安全配置核查工具包括应用服务开启配置、访问控制策略、用户身份鉴别策略、数据备份策略、日志策略、审计策略等，对系统各类安全策略的配置情况进行自动检查，并对结果进行自动分析，使用工具代替人工记录各类系统检查命令的执行结果，如安全配置核查系统（BVS）。

5.2.4　主机安全测评的实施

本内容主要针对主机测评对象进行分类，按照数据库管理系统、虚拟化软件、操作系统这三类重点对主机测评对象进行分类。

详细介绍针对主机安全的恶意代码防范、安全标记、剩余信息保护、可信路径、安全审计、资源控制、身份鉴别、入侵防范、访问控制等方面的测评过程。

主机安全测评访谈通常是首先开展的工作，在主机安全访谈过程中测评方应确保所访谈的信息能满足主机安全测评的信息采集要求，确保能获取到所需要的信息，如有信息遗漏的情况，可以安排进行补充访谈。主机安全测评需要综合采用访谈、检查和测试的测评方式。应在测评方与被测评方充分沟通的基础上，确定访谈的计划安排，包括访谈配合人员、访谈部门、访谈时间、访谈对象等。

主机安全访谈中的主机情况调查至少应包括主机的系统版本/补丁、管理员、品牌、承载的业务应用、物理位置、IP地址、型号、名称、重要程度等信息，并根据具体的主机安全测评项进行扩充。测评方应填写资料接收单，并做好资料的安全保管。

5.2.5 Windows操作系统身份鉴别机制测评

此处以Windows 2008 Server为例，其他版本的Windows服务器操作系统与其类似，讲解主机安全测评。

采用现场检查和测试相结合的方式进行测评，这是在针对操作系统访谈结果的基础上进行的。这里以等级保护三级信息系统中的主机为例，基于等级保护三级信息系统的重要性和广泛代表性，其他等级系统中的主机可根据对应级别的基本要求，参照此内容进行调整，以满足自身的安全测评需求，身份鉴别机制测评。

1. 检查系统

检查系统可在命令提示符中输入"net user"或运行"lusrmgr. msc"检查用户识别符列表，对登录用户进行了身份标识和鉴别，通过模拟登录的方式，检查系统是否提供了身份标识，检查登录过程中系统账号是否能登录验证。

2. 检查系统口令

检查系统口令可在"本地组策略编辑器"中依次打开"计算机配置"→"Windows设置"→"安全设置"→"账户策略"→"密码策略"，是否有复杂度和定期更换的要求，查看被测主机操作系统的密码复杂性要求、密码长度最小值和密码最长使用期限等设置情况。

3. 检查系统登录失败处理功能

检查系统是否启用了登录失败处理功能，查看被测主机操作系统的账户锁定阈值和账户锁定时间。可进入"本地组策略编辑器"，依次打开"计算机配置"→"Windows设置"→"安全设置"→"账户策略"→"账户锁定策略"。

4. 检查远程管理

检查远程管理是否具备防窃听措施，对于采用了远程管理的操作系统，可打开"控制面板"，依次进入"管理工具"→"远程桌面服务"→"远程桌面会话主机配置"→"RDP–TCP属性"→"常规"，查看"安全层"是否选择了SSL。

5. 检查用户名

检查用户名是否存在过期或多余的用户名，是否具有唯一性。查看其中的用户名是否具有唯一性，并查看是否存在过期或多余的用户名，可进入DOS命令提示符，输入"lusrmgrmsc"并按"回车"，单击"用户"。

6. 检查是否采用多种鉴别技术

检查是否以远程方式登录主要服务器操作系统，是否采用了两种或两种以上组合的鉴别技术对管理用户进行身份鉴别。查看身份鉴别是否采用两个或两个以上身份鉴别技术的组合来进行身份鉴别。通过本地控制台管理主机设备操作系统，查看是否采用两种或两种以上身份鉴别技术。结合访谈和文档查阅的结果进行综合判定。

7. 测试用户口令

测试用户口令使用fgdump工具取服务器的SAM文件，使用John the Ripper（Windows版）尝试破解登录口令，测试用户口令是否易被破解。尝试用破解出的口令登录服务器。

8. 测试系统是否有可被绕过的漏洞

测试系统使用nc监听端口，利用ms06040rpc.exe漏洞溢出工具对目标主机进行溢出攻击，测试系统是否存在认证方式可被绕过的漏洞。查看nc界面确认溢出是否成功获得操作系统的控制权限。

5.2.6　访问控制机制测评

1. 检查是否启用访问控制功能

检查是否启用访问控制功能了解操作系统是否配置了操作系统的安全策略：进入"控制面板"→"管理工具"→"服务"，查看"远程桌面服务"是否关闭；访谈系统管理员，检查Administrators组中的用户，查看是否有普通用户、应用账户等非管理员账户属于管理组。

检查重要文件夹的用户访问权限，查看系统是否对重要文件的访问去哪先进行了限制；使用注册表编辑器，依次打开"HKEY LOCAL MACHINE"→"SYSTEM"→"Current Control Set"→"Control"→"Lsa"查看"restrictanonymous"的值是否为1，以检查共享是否开启；users组合Administrator组重要文件夹访问权限的区别，访问权限分为完全控制、修改、读取和运行、读取、写入等。

使用DOS命令行模式下的"net share"，检查是否存在默认共享文件，包括所有的逻辑盘以及命名管道资源。

2. 检查用户指派不同的权限

检查是否为不同的用户指派不同的权限，进入"控制面板"→"管理工具"→"本地安全策略"→"安全设置"→"本地策略"→"用户权限分配"，查看"安全设置"一栏中是否设置了不同的用户。

3. 检查是否限制默认账户访问权限

检查是否严格限制了默认账户的访问权限，进入"控制面板"→"管理工具"→"计算机管理"→"系统工具"→"本地用户和组"→"用户"，右键单击"Guest"，选择"属性"，检查操作系统中匿名/默认用户的访问权限是否已被禁用或者严格限制；进入"控制面板"→"管理工具"→"计算机管理"→"系统工具"→"本地用户和组"→"用户"，检查默认用户名Administrator是否重命名。重命名系统默认账户并修改默认口令。

4. 检查敏感标记、标记方法

主要通过访谈和文档查阅的方式。检查是否对重要信息资源设置了敏感标记及标记方法。

5. 检查是否严格控制信息资源操作

主要通过访谈和文档查阅的方式，检查是否对敏感标记进行分类，是否对敏感标记设定了访问权限，是否对敏感标记进行策略设置。

6. 检查不必要服务

检查是否存在不必要的服务。可使用端口扫描工具对操作系统进行扫描或使用telnet等命令来探测主机是否开放了不必要的服务，如Web、FTP等。

7. 检查进出操作系统是否有效控制

可使用"ipconfig"命令查看网卡配置，使用"route print"命令查看路由配置，检查所有进出操作系统的网络访问是否得到了有效控制。以判断操作系统在网络中的访问路径。

5.2.7 安全审计机制测评

1. 检查安全审计功能

检查是否启用了安全审计功能以及审计覆盖范围。查看审核策略的安全设置是否设置为"成功，失败"，以覆盖各类重要安全事件。在DOS命令提示符下输入secpol.msc，依次进入"安全设置"→"本地策略"→"审核策略"。

2. 检查审计日志是否符合安全要求

检查审计日志配置是否符合安全要求。查看审计日志的存储路径、日志最大大小、日志覆盖策略等信息。依次进入"控制面板"→"管理工具"→"服务器管理器"→"诊断"→"事件查看器"→"Windows日志"，右键单击"安全"选择"属性"。

3. 检查事件记录的内容

检查事件记录的内容，依次进入"控制面板"→"管理工具"→"服务器管理器"→"诊断"→"事件查看器"，查看事件记录的具体内容。判断审计内容是否包括事件的日期、时间、类型、主客体标识、结果等信息。

4. 检查是否为授权用户

检查是否为授权用户提供了浏览和分析审计记录的功能，通过访谈、文档查阅，结合Windows系统服务器管理器中的事件查看器，判断系统是否具备上述功能，或提供了相应的审计工具。是否可以根据需要自动生成不同格式的审计报表。

5. 检查是否对审计进程进行保护

检查是否对审计进程进行了保护，通过访谈和文档查阅，检查主要服务器操作系统、重要终端操作系统是否可通过非审计员的其他账户试图中断审计进程，避免受到未预期的中断。判断检查审计进程是否受到保护以及是否有相应的审计保护工具。

6. 检查审计记录保护情况

检查是否对审计记录进行了保护，通过访谈和文档查阅，检查是否有对审计记录的存储、备份和保护的措施，检查是否有日志服务器。避免受到未预期的删除、修改或覆盖。以普通账号登录操作系统，表明审计记录受到保护，查看系统是否显示日志无法删除，执行删除系统审计记录的操作。

5.2.8　剩余信息保护机制测评

1. 检查系统用户鉴别信息存储空间

检查系统用户鉴别信息所在的存储空间包括硬盘和内存，打开"本地安全策略"→"安全设置"→"本地策略"→"安全选项"，查看"不显示最后的用户名"是否已启用，结合针对系统管理员的访谈结果进行判断。被释放或再分配给其他用户前是否得到了完全清除。

2. 检查系统文件、目录和数据库存储空间

检查系统内的文件、目录和数据库记录等资源所在的存储空间，通过访谈和文档查阅，打开"本地安全策略"→"安全设置"→"本地策略"→"安全选项"，查看"关机清除虚拟内存页面文件"是否已启用，打开"本地安全策略"→"安全设置"→"账户策略"→"密码策略"，查看"用可还原的加密来存储密码"选项是否已启用。被释放或重新分配给其他用户前是否得到了完全清除。检查主要操作系统维护操作手册中是否明确文件、目录和数据库记录等资源所在的存储空间被释放或重新分配给其他用户前的处理方法和过程。

5.2.9　入侵防范机制测评

1. 检查系统是否能够检测入侵行为

检查系统是否能够检测到严重的入侵行为，具体包括系统是否安装了

主机入侵检测软件或第三方入侵检测系统，是否经常查看日志，是否有入侵检测记录，是否采取了入侵防范措施。是否能够记录入侵的源IP、攻击类型、攻击目标、攻击时间，并在发生严重入侵事件时提供报警。

2. 检查系统是否能够完整检测

检查系统是否能够对重要程序的完整性进行检测，通过访谈和文档查阅的方式，检查系统是否提供对重要程序的完整性进行检测，并在检测到完整性受到破坏后具有恢复的措施。是否对重要的配置文件进行了备份，是否使用了文件完整性检查工具对重要文件的完整性进行检查。

3. 检查操作系统是否遵循最小安装原则

检查操作系统是否遵循了最小安装原则。结合访谈和文档查阅的方式，是否启动了不必要的服务，Alerter、Remote Registry Service、Messenge等，判断系统是否仅安装了必要的组件和应用程序。进入"控制面板"→"所有控制面板项"→"管理工具"→"服务"，检查系统已安装的服务。

4. 检查系统是否设置升级服务器

检查系统是否设置了升级服务器保证及时更新补丁。结合访谈和文档查阅方式，实现对操作系统补丁的升级，如WSUS服务器，检查是否设置了专门的升级服务器。进入"控制面板"→"卸载程序"→"查看已安装的更新"，查看所安装的补丁名称、安装时间等信息，判断操作系统补丁是否及时安装。

5. 检查是否开启不必要的端口

检查是否开启了不必要的端口。查看是否存在处于"LISTENING"状态的端口，关闭其中不必要的服务。在命令提示符下输入"netstat-an"查看本机各端口的网络连接情况。

6. 测试系统是否能检测攻击行为

测试系统是否能及时检测到攻击行为。查看入侵防范系统是否及时报警并记录攻击信息，使用扫描工具对目标主机进行扫描攻击。

5.2.10　恶意代码防范机制测评

1. 检查是否安装防恶意代码软件

检查是否安装防恶意代码软件，结合访谈和文档查阅方式，查看任务栏和隐藏的图标，判断系统是否采取恶意代码实时检测与查杀措施，查看防病毒软件是否处于开启状态，并检查病毒库的更新方法，及时更新软件版本和恶意代码库。

2. 检查主机防恶意代码

检查主机防恶意代码产品通过访谈和文档查阅方式，检查两者恶意代码库的区别。是否具有与网络防恶意代码产品不同的恶意代码库。

3. 检查是否支持统一管理

检查是否支持防恶意代码的统一管理。通过访谈和文档查阅方式，是否采用了统一的病毒更新策略和病毒查杀策略，是否具有统一的管理平台。

5.2.11　资源控制机制测评

1. 检查是否通过终端接入

检查是否通过网络地址范围、设定终端接入方式等条件限制终端登录。结合访谈和文档查阅，打开"开始"→"管理工具"→"高级安全Windows防火墙"，查看防火墙策略配置，判断内置防火墙是否能够对出站、入站通信进行双向过滤，打开"开始"→"管理工具"→"本地安全策略"→"IP安全策略"，查看是否使用了IP安全策略来实现对远程访问的地址限制，打开"控制面板"→"查看网络状态和任务"→"本地连接"→"属性"→"Internet协议版本4"并单击"属性"→"高级"→"选项"→"TCP/IP筛选"查看是否对端口进行了限制。

判断系统是否有硬件防火墙限制终端接入、网络地址范围，是否设定了终端接入方式、网络地址范围等条件限制终端登录等。

2. 检查是否设置操作超时锁定

检查是否根据安全策略设置了登录终端的操作超时锁定。结合访谈和文档查阅，查看系统是否对资源进行了监视，包括主机的CPU、硬盘、内存、网络等资源的使用情况，进入"计算机配置"→"管理模板"→"Windows组件"→"远程桌面服务"→"远程桌面会话主机"→"会话时间限制"，查看是否设置了达到时间限制时终止会话，同时按下"Ctrl+Alt+Delete"键，打开"Windows任务管理器"→"性能"→"资源监视器"，进入"控制面板"→"显示"→"更改屏幕保护程序"，查看"在恢复时显示登录屏幕"是否已勾选以及等待时间的设置情况，判断系统是否设置了屏幕锁定，在DOS命令行模式下输入"gpedit msc"打开"组策略"，检查系统管理员是否经常查看"系统资源监控器"，是否有相关工具实现登录终端的操作超时锁定要求。

3. 检查是否限制使用限度

检查是否限制单个用户对系统资源的最大或最小使用限度。打开"计算机"，右键单击要为其启用磁盘配额的磁盘分区，"属性"→"配额"→"配额项"，通过访谈和文档查阅，查看系统是否设置了用户对磁盘的使用配额。检查是否通过安全策略设置了单个用户对系统资源的最大或最小使用限度。

4. 检查是否使用第三方软件来监控操作系统

检查是否使用了第三方软件来监控操作系统资源使用情况，并能够在操作系统资源使用异常时提供报警。

5.3　仿真技术在网络信息安全测评中的实际应用

5.3.1　仿真技术在网络信息安全测评中应用的必要性

1. 信息网络的分布

信息网络是分布式的。其分布性表现在逻辑上和物理上，信息网络本身是个分布式系统。

在逻辑上，各个部件相互之间有许多复杂的指挥、控制关系，功能是并发执行的，是分布的。

在物理上，信息网络各部件相互之间通过有线或无线网连接，可能分布在不同的物理位置。

2. 信息网络需要复杂环境

信息网络安全测试需要复杂的环境。需要向信息网络注入大量的情报数据驱动网络运行。对信息网络安全测试评估，需要将信息网络原型置于复杂的环境中，形成接近实际的测试环境。

3. 信息网络实时性

信息网络安全测试有很强的实时性。信息网络安全测试必须具有实时响应、实时处理、实时控制、实时操作的特性。

4. 信息网络开放的测试

信息网络安全测试是开放的。它的功能发挥和测试系统有密切关系，信息网络不是一个孤立的系统，因此对其测试环境的构建须采用开放性的体系结构使测试平台易于实现与异种平台系统的互联、互通和互操作，易于扩充和扩展。

为客观全面地考核信息网络的安全性，如何节约研制经费，如何有效利用现有测试、测试资源，缩短研制周期，提高信息网络的质量是我们需要面对的问题。需提供接近实际应用环境的测试条件，涉及多种软件、硬件和应用平台。但真实环境测试通常是最昂贵的。

建模与仿真技术的应用，使得信息网络安全测试，不仅可以利用实装的配试设备对网络安全指标进行考核，提高信息网络的质量而且还可以利用仿真系统提供动态的、多样的、可重复的、真实的战场态势对信息网络进行数据链的注入来考核网络安全指标，保证对信息网络安全指标评判结果的科学性、合理性和可操作性。仿真技术具有可靠、无破坏性、可多次重复、安全、经济、不受气象条件和场地空域的限制等特点。

对信息网络安全必须采用仿真结合实装的方法，进行全面系统的评估，产生符合实际战争情况的剧情，为了达到考核信息网络安全的目的，将信息网络置于半实物仿真的实际环境中进行测试。

对于信息网络安全的测试来说，对信息网络的仿真，对信息网络所传递的信息流的仿真，是仿真工作的重点。

5.3.2　仿真可信度评估

1. 实验室测试技术

实验室测试技术的缺点是不能实现实体与环境、环境与环境、实体与实体之间的动态实时交互过程。其借助软件来实现数据仿真。

2. 实兵测试技术

实兵测试技术需要花费大量的人力、物力和财力，同时其测试过程是不可复现的，也是通过实际的环境、实际的任务来检验和评估功能、效能和指标等要素的方法。

3. 仿真测试技术

目前，正在被大力研究并广泛使用的技术是仿真测试技术。仿真测试技术通过仿真环境与实装的动态交互，全面检验信息网络的各项设计性能。仿真测试技术借助计算机和现代仿真技术手段，克服了传统数学仿真的缺点，可以搭建一个可视化仿真的测试环境。

如何分析和评估仿真系统的可信度，其实就是对信息网络仿真模型与信息网络原型系统之间相似程度的研究，其一直以来都是研究的重点和难点。只有保证了仿真的正确性和高可信度，仿真系统才更具生命力，最终得到的仿真结果才有实际应用的价值和意义。

在系统设计和开发过程中，构建高可信度的指挥控制系统，保证仿真的正确性和高可信度。只有这样，仿真才更具生命力、才有实际应用的价值和意义，对于指挥控制系统信息网络的安全性的评价才科学可信。

仿真系统的可信度，建立提高仿真可信度的机制，运用仿真模型的检查、验证和确认技术，能够反映实际系统，能够提供有用的决策信息，能够确认每个仿真模型的设计开发是否具有使用价值。使用权威部门确论过的仿真模型，提高整个仿真系统的可信度。建立模型的检查和验证计划，尽量提高每个仿真模型的逼真度。

仿真可信度评估的定量方法是利用数理统计或者模糊理论等方法说明

仿真模型的可信度。利用层次分析法（AHP）和模糊数学的方法对整个系统的可信度进行评估。针对指挥控制系统信息网络安全模拟仿真模型，可以采用如下的技术思路来定量分析仿真模型可信度，即将整个仿真系统按照其组成分解为若干仿真子系统，这时一个仿真系统的可信度问题就转化为考查各仿真子系统的可信度，以及各子系统可信度对整个仿真系统可信度影响这两个问题。网络仿真可信度评估流程如图5-1所示。

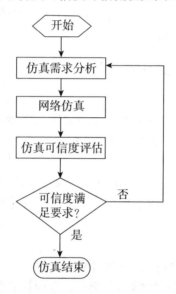

图5-1　网络仿真可信度评估流程图

5.3.3　信息网络安全测试对HLA的借鉴

建模与仿真的HLA作为DIS++所采用的体系结构，主要从时间管理、数据过滤、各仿真之间数据传输的机制等方面对DIS有大的改进。

适于测试业务流仿真的分布交互式仿真技术标准主要有数字化信息系统，国际标准及其改进型DIS++，即高层体系结构两种。

HLA作为适用于所有应用领域的体系结构，其主要目标在于促进测试业务流仿真系统与整个信息网络安全测试评估系统之间的互操作，促进仿真及其部件的重用。

基于DIS国际标准开发的仿真系统是分布式的、实时的、（测试）平台级的系统，它区别于传统的集中式的仿真实现，具有基于普通网络的分布式、开放性、标准化等诸多优点；在网络安全测评领域，到目前为止，国内尚没有采用HLA真正建成并使用的类似于网络安全测试评估系统这样大规模的、符合IEEE 1516系列标准的仿真测试系统。

HLA已成为我国建模与仿真技术的发展方向，能够有效地支持仿真重用和仿真互操作，为测试业务流仿真提供了一个新的思路，为信息网络安全测试提供了一种有效的手段。

在选择网络安全测试评估系统的测试业务流仿真系统的仿真技术标准时，考虑到DIS标准主要是针对分布式平台级测试仿真和模拟训练系统制定的，而网络安全测试评估系统是一个基于信息流的实时仿真系统。

DIS标准并不能完全最优地满足网络安全测试的要求，由于HLA已成为国际标准，其优越性在美军众多的成功应用中已得到证实，并被美国军方确定为建模与仿真的强制执行标准。

HLA作为DIS++主要从时间管理、数据过滤、各仿真之间数据传输的机制等方面对DIS有大的改进。仿真过程中的同步管理机制和消息传递机制有以下两种。

1. 仿真过程中的同步管理机制

网络测试仿真作为分布交互仿真系统，由于网络延迟的随机性，分布在不同地点的节点能进行并发意义上的运行和交互，在没有其他服务支持的情况下，由于网络延迟和各节点处理速度的差异，导致在相同的输入和初始状态下重复试验，在进行交互时可能导致仿真程序以不希望的方式偏离真实情况，可能出现完全不同的仿真结果。

在HLA中，引入了时戳机制使得各节点之间交互的状态消息有了新的含义，在各节点间进行交互的消息中加入时戳信息，便于分布交互仿真时空一致性的实现。

它在原有的空间信息的基础上加入了状态发生时间的信息，用来表明该事件发生的时间，不会出现因果错乱的情况，仿真主程序在进行调度时有了统一的时间标准。

2. 仿真过程中的消息传递机制

消息传输顺序（接收顺序、优先级顺序、因果顺序和时戳顺序），通常会降低可靠性，以减少传输时延为目标。消息传输方式，保证传输的可靠性，要增加传输时延。消息的传输方式分可靠传输和快速传输两种，区别在于系统资源消耗不同，不同类型的消息传递机制提供不同的传输可靠性或不同的传递顺序。

HLA的声明管理为仿真系统提供了类层次上的声明或订购机制，HLA的数据分发管理则提供了实例层次上的声明或订购机制。通过这两项功能，消息消费者向RTI订购自己感兴趣的消息，消息产生者可以向RTI声明自己能产生的消息，RTI保证只将消费者需要的消息传给消费者，从而减少了网络中的数据量，这样大大减少了仿真过程中无用数据的传输和接收，提高了仿真运行的效率。

5.3.4　仿真技术在信息网络安全测试中的应用

在信息网络安全测试中，仿真技术的应用，不仅可以利用实装的配试设备对信息网络安全指标进行考核，特别是对测试业务流的仿真参与到信息网络安全测试，还可以利用测试业务流仿真模块模拟的真实的、多样的、可重复的战场态势对信息网络进行数据链的注入来考核网络的安全性能，将有利于对信息网络安全方案进行及早和全面的把握，从而保证了测试结果的真实可靠。确定需要改进或存在不足的测试能力和测试设施；在测试需求和测试标准之间建立明确的联系。并能降低测试成本与风险，提高考核结果的科学性和合理性。仿真技术在信息网络安全测试中的应用过程如图5-2所示。

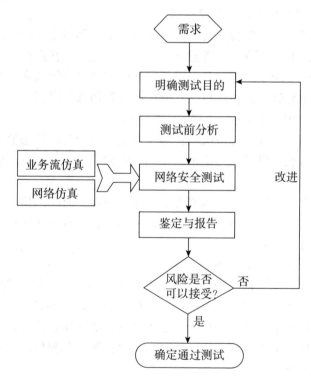

图53　仿真技术在信息网络安全测试中的应用过程

第6章　网络信息安全测试评估模型

对信息网络安全性评估是测试鉴定领域的难题。进行信息网络的安全测试，由此获得更多的与网络安全相关的信息，从而保证能及时有效地发现信息网络存在的漏洞与隐患，进而防范网络攻击，这就是网络信息安全评估的目的。在进行有效的网络信息安全评估的基础上，我们可为信息网络使用提供安全的网络环境，保证其信息传输的完整、保密以及可用性。

用现有的评估方法对网络信息安全进行测评，还存在科学性、合理性和可操作性等方面的问题。针对这些问题，接下来将从网络安全要素机密性、完整性和可用性着手，在给出了网络安全机密性向量、网络安全完整性向量和网络安全可用性向量的定义基础上，讨论两种解决方案：基于AHP的信息网络安全测试定量评估模型；基于等效分组级联BP的信息网络安全评估模型。

6.1 基于AHP的信息网络安全测试定量评估模型研究

6.1.1 AHP判断矩阵

20世纪70年代，美国匹兹堡大学的萨蒂（Thomas L.Saaty）教授提出了一种层次分析方法，这种方法可以把复杂、庞大的系统分解成目标、准则、方案等多个层次，然后再以此为基础进行定性、定量分析决策。这种方法即AHP。

在AHP理论中，往往需要利用到判断矩阵，但是不同的专家给出的判断矩阵有时并不一致。因此，在应用中要对专家给出的判断矩阵做一些修正。一直以来，修正判断矩阵是AHP理论研究的难点和热点。国内外很多专家在这方面做了大量工作。

萨蒂教授构建AHP理论的过程中做了许多模拟试验，最终证明了1～9位标度法可以更有效地把思维判断数量化。由此，萨蒂教授认为不一致矩阵可以经由对某个完全一致的判断矩阵进行恰当的扰动得到。通过构造这种扰动矩阵，找出对原来判断矩阵扰动最大的元素，通过对该元素的调整达到对判断矩阵一致性调整的目的。但是此方法未充分考虑判断矩阵提供的专家判断信息，往往导致修正幅度过大。判断矩阵主要是由专家评估或由经验数据得出，其中最常用的是1~9位标度法。表6-1列出了判断矩阵中1~9位标度的含义。

表6-1　判断矩阵中1~9位标度的含义

标度	对应的含义
1	两个因素具有相同重要性
3	两个因素中，前者比后者稍重要
5	两个因素中，前者比后者明显重要
7	两个因素中，前者比后者强烈重要
9	两个因素中，前者比后者极端重要
2、4、6、8	表示上述相邻判断的中间值
倒数	若因素i与因素j的重要性之比为a_{ij}，那么因素j与因素i重要性之比为$1/a_{ij}$

需要注意，在实际应用当中为了避免其他因素干扰判断矩阵，导致判断结果出现太大偏差，需要判断矩阵基本满足一致性要求。因此，在应用之前，要对判断矩阵做一致性检验。可以依据式（6-1）对判断矩阵进行一致性检验：

$$CR = CI / RI \qquad (6-1)$$

式中，CR（consistency ratio）为一致性比例，当CR<0.1时，就可认为判断矩阵基本满足一致性要求，否则就需要对判断矩阵进行适当修正，直到满足一致性；RI（random index）为随机一致性指标，可查表6-2确定；CI（consistency index）为一致性指标，按式（6-2）计算，即

$$CI = (\lambda_{max} - N) / (N-1) \qquad (6-2)$$

式中，λ_{max}为判断矩阵的最大特征根；N为成对比较因子的个数。利用这个式子可以计算一致性指标。

表6-2　随机一致性指标

矩阵的阶	11	10	9	8	7	6	5	4	3
RI	1.52	1.49	1.45	1.41	1.32	1.24	1.12	0.90	0.58

这里所说的最大特征值，指的是一种相对权重，衡量的是每一个判断矩阵中各因素针对其准则的重要性。对于λ_{max}的计算可以利用和积法求解特征向量W，然后经过归一化，得到的向量即为同一层次相应因素对于上

一层次某因素相对重要性的排序权值。求 λ_{max} 的方法如下：

（1）将判断矩阵每一列正规化：

$$\overline{a}_{ij} = \frac{a_{ij}}{\sum\limits_{k=1}^{N} a_{kj}}, \ i, j = 1, 2, \cdots, N \qquad （6-3）$$

（2）将每一列经正规化后的判断矩阵按行相加：

$$\overline{W}_i = \sum\limits_{j=1}^{n} \overline{a}_{ij}, \ j = 1, 2, \cdots, N \qquad （6-4）$$

（3）对向量 $\overline{W} = [\overline{W}_1, \overline{W}_2, \cdots, \overline{W}_N]^{\mathrm{T}}$ 正规化：

$$W = \frac{\overline{W}_i}{\sum\limits_{k=1}^{N} \overline{W}_k}, \ i = 1, 2, \cdots, N \qquad （6-5）$$

所得到的 $W = [W_1, W_2, \cdots, W_N]^{\mathrm{T}}$ 即为所求特征向量。

（4）判断矩阵最大特征根为

$$\lambda_{max} = \sum\limits_{k=1}^{N} \frac{(AW)_i}{N W_i} \qquad （6-6）$$

6.1.2　基于预排序和上取整函数的AHP判断矩阵

有些AHP判断矩阵并不满足一致性检验。对此，可以利用基于预排序和上取整函数的AHP判断矩阵生成算法。这种算法收敛可达，并且最终修正后的判断矩阵元素满足1~9位标度法。下面将进行具体的讨论。

1. 基本概念

在讨论之前，有必要厘清一些基本概念。

定义6-1　初始判断矩阵。由下面两条规则生成的判断矩阵 $A = (a_{ij})_{N \times N}$ 称为初始判断矩阵。

规则1：将同一目标内的各种因素进行比较，按重要程度进行预排序，可按降序进行排列，得到因素集 $r_1, r_2, \cdots, r_N (N \geqslant 3)$；

规则2：按照以往的数据和结论，一般用1~9位标度法构造判断矩阵 $A = (a_{ij})_{N \times N}$。因为在规则1中已经对因素做了预排序，所以第一行元素都是整数，且有 $1 = a_{11} \leqslant a_{12} \leqslant \cdots \leqslant a_{1N}$。

定义6-2　比较矩阵。

比较矩阵 $B = (b_{ij})_{N \times N}$ 由下面的3条规则构造。

规则1：矩阵 B 的第一行元素满足关系 $b_{11} \leqslant b_{12} \leqslant \cdots \leqslant b_{1N}$，且 $b_{1j} \in \{1, 2, 3, 4, 5, 6, 7, 8, 9\}$，而矩阵 B 的第一列元素值为

$$b_{j1} = 1/b_{1j}(j = 1, 2, \cdots, N)$$

规则2：对于矩阵B的第k行元素值，有$b_{kj} = \left\lceil b_{(k-1)j} / b_{(k-1)k} \right\rceil$，相应的第$k$列元素值为

$$b_{jk} = 1/b_{kj}(j = k, k+1, \cdots, N; 2 \leqslant k \leqslant N),$$

计算矩阵B中的各元素时，需要利用上取整函数。这一点在计算中应当特别留意。

规则3：直到计算出最后一个元素b_{NN}的值，算法才宣告结束。此时，比较矩阵构造完成。

定义6-3 相对误差矩阵。

相对误差矩阵$E = (e_{ij})_{N \times N}$由下面的规则构造。

规则：用初始判断矩阵减去比较矩阵，然后将其相应位置的元素与比较矩阵做对比，可得相对误差矩阵E。它的元素有下面的关系：

$$e_{ij} = \left| a_{ij} - b_{ij} \right| / b_{ij}, \quad i = 1, 2, \cdots, N; j = 1, 2, \cdots, N$$

定义6-4 过渡判断矩阵。

在修正初始判断矩阵的过程中构造的矩阵$G = (g_{ij})_{N \times N}$，称为过渡判断矩阵。

定义6-5 矩阵相异度。

矩阵相异度是指两矩阵主特征向量间的欧氏距离。矩阵$A = (a_{ij})_{N \times N}$和$B = (b_{ij})_{N \times N}$的相异度为

$$d(A, B) = \sqrt{\sum_{k=1}^{n} \left| W_A^k - W_B^k \right|^2} \qquad (6-7)$$

式中，W_A和W_B分别为矩阵A和B的主特征向量；$d(A, B)$的值越小，就说明矩阵$A = (a_{ij})_{N \times N}$和$B = (b_{ij})_{N \times N}$越相似。

定义6-6 目标判断矩阵。

目标判断矩阵$D = (d_{ij})_{N \times N}$是初始判断矩阵经过修正后得到的最终判断矩阵。

定理6-1 比较矩阵的阶数在30以下时，根据仿真验证，都能满足一致性要求（由于实验条件的限制，阶数在30以上的比较矩阵还未进行仿真验证）。

证明：按照定义6-2可以知道，N阶比较矩阵由其第一行的后N-1个数据来进行确定，此外，N阶比较矩阵的总数存在限度，共有$\sum_{k=1}^{9} \binom{8}{k-1}\binom{n-1}{k-1}$个$(k = 1, 2, \cdots, 9, n \geqslant 3)$。

我们在表6-3列出了3～29阶比较矩阵的总数。由此，完全可以利用枚举法检测阶数小于30的所有比较矩阵的一致性。

表6-3　3～29阶比较矩阵数量

矩阵阶数	矩阵数量	矩阵阶数	矩阵数量	矩阵阶数	矩阵数量
29	30260340	20	2220075	11	43758
28	23535820	19	1562275	10	24310
27	18156204	18	1081575	9	12870
26	13884156	17	735471	8	6435
25	10518300	16	490314	7	3003
24	7888725	15	319770	6	1287
23	5852925	14	203490	5	495
22	4292145	13	125970	4	165
21	3108105	12	75582	3	45

我们利用以下的一致性验证遍历嵌套算法就可证明定理6-1的正确性，具体算法流程如下：

步骤1：初始化

（1）输入矩阵的阶 N（$N \geq 3$）；

（2）用变量 $m=N-1$ 控制程序嵌套层数。

步骤2：for $n_1=1$ to 9

步骤3：if（$m \geq 1$）for $n_2=n_1$ to 9

步骤4：if（$m \geq 1$）for $n_3=n_2$ to 9

$$\vdots$$

步骤 $N-1$：if（$m \geq 1$）for $n_{N-2}=n_{N-3}$ to 9

步骤 N：if（$m \geq 1$）for $n_{N-1}=n_{N-2}$ to 9

（1）$b_{11}=1$，$b_{12}=n_1$，$\cdots$，$b_{1N}=b_{N-1}$，向量（b_{11}，b_{12}，$\cdots$，b_{1N}）作为比较矩阵的第一行，调用预排序和上取整函数算法构建比较矩阵 B；

（2）按式（6-3）列正规化比较矩阵；

（3）按式（6-4）比较矩阵按行相加，得向量 $\overline{W}$；

（4）按式（6-5）得正规化的 W，即为所求特征向量；

（5）按式（6-6）计算比较矩阵最大特征根 λ_{max}；

（6）如果 CR=（$\lambda_{max}-N$）/（$N-1$）RI ≥ 0.10，说明不满足一致性要求。

步骤 $N+1$：算法结束。

利用Matlab编程可以实现上述算法流程。对阶数为3～29的比较矩阵进行AHP判断，仿真的结果显示它们全部满足要求一致性检验。例如，专家给出的矩阵第一行向量为（1，1，2，4，6，6，7，8，9，9），则生成的比较矩阵为

$$B=\begin{pmatrix} 1 & 1 & 2 & 4 & 6 & 6 & 7 & 8 & 9 & 9 \\ 1 & 1 & 2 & 4 & 6 & 6 & 7 & 8 & 9 & 9 \\ 1/2 & 1/2 & 1 & 2 & 3 & 3 & 4 & 4 & 5 & 5 \\ 1/4 & 1/4 & 1/2 & 1 & 2 & 2 & 2 & 2 & 3 & 3 \\ 1/6 & 1/6 & 1/3 & 1/2 & 1 & 1 & 1 & 1 & 2 & 2 \\ 1/6 & 1/6 & 1/3 & 1/2 & 1 & 1 & 1 & 1 & 2 & 2 \\ 1/7 & 1/7 & 1/4 & 1/2 & 1 & 1 & 1 & 1 & 2 & 2 \\ 1/8 & 1/8 & 1/4 & 1/2 & 1 & 1 & 1 & 1 & 2 & 2 \\ 1/9 & 1/9 & 1/5 & 1/3 & 1/2 & 1/2 & 1/2 & 1/2 & 1 & 1 \\ 1/9 & 1/9 & 1/5 & 1/3 & 1/2 & 1/2 & 1/2 & 1/2 & 1 & 1 \end{pmatrix}$$

经过一致性检验后，可得λ_{max}=10.0629，CR=0.0047<0.1，很显然，这满足一致性的要求。

2. AHP判断矩阵调整算法实现

AHP判断矩阵生成算法（基于预排序和上取整函数）的实现，第一步是构造一个初始判断矩阵。第二步是遍历所有与初始判断矩阵同阶的比较矩阵。此外还要针对每个同阶的比较矩阵，构造一个与初始判断矩阵等价的过度判断矩阵。

相对误差矩阵由过度判断矩阵与比较矩阵生成，此时依据相对误差矩阵中各元素的降序排列，用比较矩阵中相应位置的值去替换过度判断矩阵中相应位置的值。如此操作，直到矩阵满足一致性检验。得到的满足一致性检验的过渡判断矩阵，其中与初始判断矩阵相异度最低的就是目标判断矩阵。这一过程用计算机算法表示如下：

步骤1：初始化

（1）输入N初始判断矩阵$A=(a_{ij})_{N \times N}$，并令目标判断矩阵$D=(d_{ij})_{N \times N}=A$（$N \geqslant 3$）；

（2）用变量$m=N-1$控制程序嵌套层数；

（3）最小的矩阵相异度$d=20000.0$。

步骤2：if（$n_1=1$）for $n_1=1$ to 9

步骤3：if（$n_1=1$）for $n_2=n_1$ to 9

步骤4：if（$n_1=1$）for $n_3=n_2$ to 9

$\vdots$

步骤$N-1$：if（$n_1=1$）for $n_{N-2}=n_{N-3}$ to 9

步骤N：if（$n_1=1$）for $n_{N-1}=n_{N-2}$ to 9

（1）$n_{11}=1$，$b_{12}=n_1$，$\cdots$，$b_{1N}=b_{N-1}$，向量（b_{11}，b_{12}，$\cdots$，b_{1N}）作为比较矩阵的第一行，调用预排序和上取整函数算法构建比较矩阵B，并生成过度判断矩阵$G=(g_{ij})_{N \times N}=A$；

（2）根据定义6-3，由矩阵G和B生成相对误差矩阵$E=(e_{ij})_{N \times N}$；

（3）按相对误差矩阵E元素值的降序次序，逐个用相应位比较矩阵B的值置换过渡判断矩阵G相应位的值，而对称位的元素值也做相应的置换，直至矩阵G满足一致性要求。如矩阵G与A的矩阵相异度小于d，则令d等于矩阵G与A的矩阵相异度，并且令目标判断矩阵$D=G$（验证一致性算法与判断矩阵一致性验证遍历嵌套算法相同）。

步骤$N+1$：此时矩阵相异度值对应的目标判断矩阵即为所求解。

3. 矩阵修正算法的有效性分析

想要判断矩阵修正算法的有效性，从算法的可达性出发，去判断矩阵调整前后的相异度和矩阵元素的最大调整幅度三个方面是否符合要求。若按照1～9位标度法和定义6-1可以发现，初始判断矩阵具有几个特征：主对角线上的元素全部是1；上三角矩阵元素是1～9中的任一整数；下三角矩阵元素恰好是上三角矩阵元素的倒数。因此，N阶初始判断矩阵的数量是$17^{(N-1)N/2}(N \geqslant 3)$。

初始判断矩阵的数量会随着矩阵阶数的增加而呈现指数级增长，这个仿真试验带来了困难。因此，在实际仿真试验中，往往采用小子样的方法进行抽样试验。这种抽样方法并不十分严谨，但大体上能反映两种调整算法的真实情况。实际仿真试验结果如表6-4和图6-1和～6-2所示。

在表6-4中，Ⅰ列记录的是不满足一致性的初始判断矩阵抽样数；Ⅱ列记录了不满足一致性的试验矩阵中相异度小于萨蒂算法的比例；Ⅲ列记录了不满足一致性的试验矩阵中最大调整幅度小于萨蒂算法的比例。

表6-4　3～9阶初始判断矩阵的试验比对

矩阵阶数	Ⅰ	Ⅱ	Ⅲ
15	600000	0.6785	0.6643
14	600000	0.6883	0.6732
13	500000	0.6982	0.6865
12	500000	0.7083	0.7325
11	400000	0.7276	0.7524
10	400000	0.7454	0.7863
9	300000	0.7648	0.8058
8	300000	0.7866	0.8333
7	200000	0.8262	0.8567
6	200000	0.8534	0.8763
5	100000	0.8820	0.8925
4	100000	0.9062	0.9074
3	全部	0.9121	0.9242

在图6-1、图6-2中，统计了3～15阶不满足一致性的试验矩阵的矩阵相异度值和最大调整幅度值，横坐标表示矩阵的阶数，纵坐标表示本书算法的矩阵相异度优于萨蒂算法的比率。

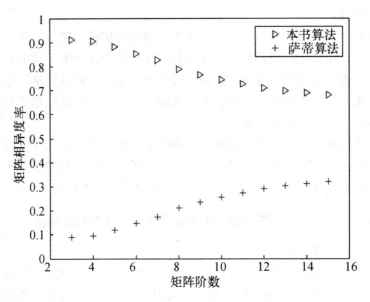

图6-1　矩阵相异度的对比

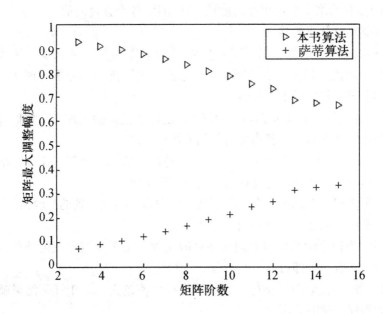

图6-2　矩阵最大调整幅度值的对比

由图6-1、图6-2和表6-4可知，一般情况下矩阵修正算法的矩阵相异度和最大调整幅度比萨蒂算法要好。但是，当矩阵阶数逐渐增加，误差的不断累积就会导致这种优势逐渐下降。不过，在实际应用中，矩阵的阶数通常不会超过9。

我们在基于AHP的信息网络安全测试定量评估模型建模方法中，可以由基于预排序和上取整函数的AHP判断矩阵生成算法对专家给出的不满足一致性要求初始判断矩阵进行调整，直至使其满足一致性要求。然后，由AHP方法计算出权向量，再根据网络攻击方法获得的测试数据就可对信息网络的安全性进行定量评估。

基于预排序和上取整函数的AHP判断矩阵生成算法求解权重的方法是在专家给出的初始判断矩阵基础上，对其进行最小限度的调整。所以，这一模型具有很强的真实性，可以在实际运用中发挥有力作用。

6.1.3　基于AHP的信息网络安全测试定量评估模型

1. 获取评估指标值

首先要选取包含N个主机的目标网络，然后对其进行网络攻击，以获取各个主机的相应最高操作权限，并由网络安全的R_W转换模型进行状态变换，从而获得了网络安全机密性向量$V_c = (v_c(i))_N$、网络安全完整性向量$V_I = (v_I(i))_N$和网络安全可用性向量$V_A = (v_A(i))_N$各个分量的值。

2. 理想比较标准的建立

第一步，确定最优与最劣基点（都是理想化的）；第二步，比较其他评估值和最优、最劣基点的距离；第三步，进行排序、分析与评估。因此，我们有必要先明确下面的概念。

（1）定义$v_0^+ = \{v_0^+(1), v_0^+(2), \cdots, v_0^+(N)\}$是评估指标的正理想比较标准，以此序列作为评估数据，各指标将得到最优评价结果。

（2）定义$v_0^- = \{v_0^-(1), v_0^-(2), \cdots, v_0^-(N)\}$是评估指标的负理想比较标准，以此序列作为评估数据，各指标将得到最差评价结果。

正、负理想比较标准是在实际测量过程中多次测试得到的经验值。

3. 无量纲化灰色处理评估指标元素

下面的两种方法都可以对测试序列原始数据做无量纲化灰色处理。实际操作中，选取一种即可。

（1）如果v是效益型指标，则说明指标数值越大，对于评估结果就越有利的指标。这时，可令

$$v'(i) = \frac{v(i) - \min\{v_0^+(i), v_0^-(i)\}}{|v_0^+(i) - v_0^-(i)|} \qquad (6-8)$$

（2）如果 v 是成本型指标，则说明指标数值越大，对于评估结果就是越有害的指标。这时，可令

$$v'(i) = \frac{\max\{v_0^+(i), v_0^-(i)\} - v(i)}{|v_0^+(i) - v_0^-(i)|} \qquad (6-9)$$

进行无量纲化处理后，得到评估序列 $V' = (v'(1), v'(2), \cdots, v'(N))$。据此方法对 $V_C = (v_C(i))_N$、$V_I = (v_I(i))_N$ 和 $V_A = (v_A(i))_N$ 进行无量纲化处理，分别得到新的评估序列 $V_C' = (v_C'(i))_N = V_I' = (v_I'(i))_N$ 和 $V_A' = (v_A'(i))_N$。

4. 评估建模

（1）图6-3所示为信息网络安全评估指标的层次化结构模型1。

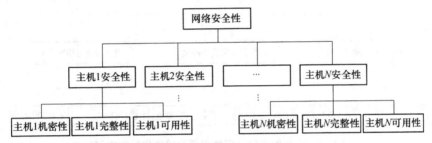

图6-3 信息网络安全评估指标的层次化结构模型1

1）忽略评估指标间的相对重要性，经过正确的无量纲化灰色处理后各评估指标均值的计算公式为

$$S = \frac{1}{3N} \sum_{i=1}^{N} (v_C'(i) + v_I'(i) + v_A'(i)) \qquad (6-10)$$

此处 S 的定义是网络安全评估结果。

2）这时候我们要考虑到各主机之间的相对重要性，并通过基于预排序和上取整函数的AHP判断矩阵生成算法确定权向量 $(w_h(1), w_h(2), \cdots, w_h(N))$，那么，网络安全性评估的计算公式为

$$S = \frac{1}{N} \sum_{i=1}^{N} w_h(i)(v_C'(i) + v_I'(i) + v_A'(i)) \qquad (6-11)$$

3）考虑各主机的网络安全机密性、网络安全完整性和网络安全可用性元素之间的相对重要性，并由基于预排序和上取整函数的AHP判断矩阵生成算法计算各权向量分别为 $(w_C(1), w_I(1), \cdots, w_A(1))$，$(w_C(2), w_I(2), \cdots, w_A(2))$，$\cdots$，$(w_C(N), w_I(N), \cdots, w_A(N))$。那么，网络安全性评估的计算公式为

$$S = \frac{1}{3}\sum_{i=1}^{N}(w_C(i) \cdot v_C'(i) + w_I(i) \cdot v_I'(i) + w_A(i) \cdot v_A'(i)) \qquad (6\text{-}12)$$

4）如果既考虑各主机之间的相对重要性，又考虑各主机的网络安全机密性、网络安全完整性和网络安全可用性元素之间的相对重要性。那么，网络安全性评估的计算公式为

$$S = \sum_{i=1}^{N}w_h(i)(w_C(i) \cdot v_C'(i) + w_I(i) \cdot v_I'(i) + w_A(i) \cdot v_A'(i)) \qquad (6\text{-}13)$$

根据图6-3的指标体系对目标网络的安全性进行评估，各级因素间的权重都要考虑，因此，一般用式（6-13）来评估网络安全性。

（2）图6-4所示的网络安全评估指标的层次化结构模型2。

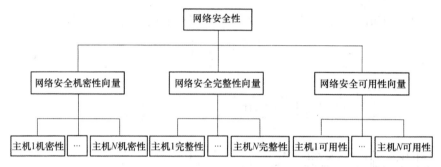

图6-4　信息网络安全评估指标的层次化结构模型2

1）忽略评估指标间的相对重要性，经无量纲化灰色处理后各评估指标均值的计算公式为

$$S = \frac{1}{3N}\sum_{i=1}^{N}(v_C'(i) + v_I'(i) + v_A'(i)) \qquad (6\text{-}14)$$

这里S的定义是网络安全评估结果。

2）这时我们要考虑网络安全机密性向量、网络安全完整性向量和网络安全可用性向量之间的相对重要性，并通过基于预排序和上取整函数的AHP判断矩阵生成算法确定权向量$(w_C, w_I, \cdots, w_A)$。那么，网络安全性评估的计算公式为

$$S = \frac{1}{3}\sum_{i=1}^{N}(w_C \cdot v_C'(i) + w_I \cdot v_I'(i) + w_A \cdot v_A'(i)) \qquad (6\text{-}15)$$

3）此时我们考虑各向量元素分别相对于网络安全机密性向量、网络安全完整性向量和网络安全可用性向量的相对重要性，并且根据基于预排序和上取整函数的AHP判断矩阵生成算法计算各向量元素之间的权向量分别为 $(w_C(1), w_C(2), \cdots, w_C(N))$ ， $(w_I(1), w_I(2), \cdots, w_I(N))$ ， $\cdots$ ，

$(w_A(1), w_A(2), \cdots, w_A(N))$。那么，网络安全性评估的计算公式为

$$S = \frac{1}{3}\sum_{i=1}^{N}(w_C(i) \cdot v_C'(i) + w_I(i) \cdot v_I'(i) + w_A(i) \cdot v_A'(i)) \qquad （6-16）$$

④若我们既要考虑网络安全可用性向量、网络安全完整性向量和网络安全机密性向量之间的相对重要性，同时也要考虑各向量元素之间的相对重要性，则网络安全性评估的计算公式为

$$S = \sum_{i=1}^{N}(w_C \cdot w_C(i) \cdot v_C'(i) + w_I \cdot w_I(i) \cdot v_I'(i) + w_A \cdot w_A(i) \cdot v_A'(i))$$

$$（6-17）$$

按图6-4的指标体系对目标网络的安全性做具体评估，要考虑到各级间的权重因素，因此，通常用式（6-17）去评估网络安全性。

现在继续考虑评估模型S，其输出结果在区间[0，1]中取值，如果用"a、b、c、d"作为网络安全性评价模式分类值，我们可以分别用定性指标"安全、基本安全、不安全、很不安全"的方式进行评价描述，具体说明见表6-5。

表6-5　评语等级说明表

等级		说明
a	安全	网络具有较强的安全保障能力，网络应用安全
b	基本安全	网络具有一定的安全保障能力，网络应用基本安全
c	不安全	网络安全保障能力有限，网络应用存在安全隐患
d	很不安全	网络安全保障能力较差，网络应用安全形势严峻

统计数据说明，对于一个要评估的包含有N个主机的中等规模的目标网络，我们可以就定下面的规则：

1）如果未授权用户至多获得了网络中1台主机的$read_{root}$权限，就说明目标网络基本安全。

2）如果未授权用户获得了网络中1～3台主机的$read_{root}$权限，就说明目标网络不安全。

3）如果未授权用户至少获得了网络中3台以上主机的$read_{root}$权限，就说明目标网络很不安全。

根据上述分析，可以得到下面这些关系：$0 \leqslant a \leqslant (read_{remote\_user})/3N$，$(read_{remote\_user})/3N \leqslant b < (read_{root})/3N$，$(read_{root})/3N \leqslant c < (read_{root})/N$，$(read_{root})/N \leqslant d < 1.0$，（$read_{remote\_user}$、$read_{root}$为归一化的量化值）。

6.1.4 定量评估模型的应用

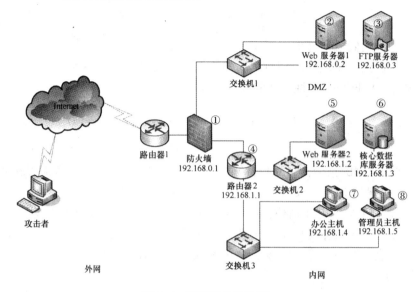

图6-5 测试网络拓扑图

以图6-5所示的包含有8台主机的信息网络的安全测试评估为例，根据图6-4所示的网络安全性评估指标体系结构图，网络安全性评估模型为

$$S = \sum_{i=1}^{8} (w_C(i) \cdot w_C(i) \cdot v'_C(i) + w_I \cdot w_I(i) \cdot v'_I(i) + w_A \cdot w_A(i) \cdot v'_A(i))$$

式中，各因素的求解如下：

（1）机密性、完整性和可用性权向量(w_C, w_I, w_A)。专家给出的初始判断矩阵为

$$A_{W_{CIA}} = \begin{pmatrix} 1 & 2 & 2 \\ 1/2 & 1 & 1 \\ 1/2 & 1 & 1 \end{pmatrix}$$

初始判断矩阵满足一致性要求，由AHP求出其权向量$(w_C, w_I, w_A) =$（0.5，0.25，0.25）。

（2）机密性权向量$(w_C(1), w_C(2), \cdots, w_C(8))$。首先根据目标网络中的八个主机：①防火墙（192.168.0.1）、②Web服务器1（192.168.0.2）、③FTP服务器（192.168.0.3）、④路由器2（192.168.1.1）、⑤Web服务器2（192.168.1.2）、⑥核心数据库服务器（192.168.1.3）、⑦办公主机（192.168.1.4）和⑧管理员主机（192.168.1.5）的机密性相对于网络安全的重要程度，对因素集进行预排序为（⑥、⑧、⑦、⑤、④、①、②、③）。

专家给出的初始判断矩阵为

$$A_{w_C} = \begin{pmatrix} 1 & 2 & 4 & 4 & 6 & 8 & 8 & 8 \\ 1/2 & 1 & 2 & 2 & 3 & 4 & 6 & 4 \\ 1/4 & 1/2 & 1 & 1 & 2 & 2 & 2 & 4 \\ 1/3 & 1/2 & 1 & 1 & 2 & 2 & 2 & 2 \\ 1/6 & 1/3 & 1/2 & 1/2 & 1 & 1 & 1 & 3 \\ 1/4 & 1/4 & 1/2 & 1/2 & 1 & 1 & 2 & 1 \\ 1/8 & 1/4 & 1/2 & 1/2 & 1 & 1 & 1 & 1 \\ 1/8 & 1 & 1/2 & 1/2 & 1 & 2 & 1 & 1 \end{pmatrix}$$

初始判断矩阵 A_{w_C} 不满足一致性要求。

由基于预排序和上取整函数的AHP判断矩阵生成算法得到的比较判断矩阵为

$$B_{w_C} = \begin{pmatrix} 1 & 2 & 4 & 4 & 6 & 8 & 8 & 8 \\ 1/2 & 1 & 2 & 2 & 3 & 4 & 4 & 4 \\ 1/4 & 1/2 & 1 & 1 & 2 & 2 & 2 & 2 \\ 1/4 & 1/2 & 1 & 1 & 2 & 2 & 2 & 2 \\ 1/6 & 1/3 & 1/2 & 1/2 & 1 & 1 & 1 & 1 \\ 1/6 & 1/4 & 1/2 & 1/2 & 1 & 1 & 1 & 1 \\ 1/8 & 1/4 & 1/2 & 1/2 & 1 & 1 & 1 & 1 \\ 1/8 & 1/4 & 1/2 & 1/2 & 1 & 1 & 1 & 1 \end{pmatrix}$$

由基于预排序和上取整函数的AHP判断矩阵生成算法得到的目标判断矩阵为

$$D_{w_C} = \begin{pmatrix} 1 & 2 & 4 & 4 & 6 & 8 & 8 & 8 \\ 1/2 & 1 & 2 & 2 & 3 & 4 & 6 & 4 \\ 1/4 & 1/2 & 1 & 1 & 2 & 2 & 2 & 4 \\ 1/3 & 1/2 & 1 & 1 & 2 & 2 & 2 & 2 \\ 1/6 & 1/3 & 1/2 & 1/2 & 1 & 1 & 1 & 3 \\ 1/4 & 1/4 & 1/2 & 1/2 & 1 & 1 & 2 & 1 \\ 1/8 & 1/4 & 1/2 & 1/2 & 1 & 1 & 1 & 1 \\ 1/8 & 1/4 & 1/2 & 1/2 & 1 & 2 & 1 & 1 \end{pmatrix}$$

目标判断矩阵 D_{w_C} 满足一致性要求，由AHP方法求出其权向量 $(w_C(1), w_C(2), \cdots, w_C(8)) = (\, 0.059394,\ 0.054230,\ 0.048278,\ 0.062638,$ $0.100343,\ 0.371517,\ 0.106972,\ 0.196628\,)$。

（3）完整性权向量 $(w_I(1), w_I(2), \cdots, w_I(8))$。首先根据目标网络中的八个主机：①防火墙（192.168.0.1）、②Web服务器1（192.168.0.2）、③FTP服务器（192.168.0.3）、④路由器2（192.168.1.1）、⑤Web服务器2（192.168.1.2）、⑥核心数据库服务器（192.168.1.3）、⑦办公主机（192.168.1.4）和⑧管理员主机（192.168.1.5）的完整性相对于网络安全的重要程度，对因素集进行预排序为（⑥，⑧，⑦，⑤，④，②，③，①）。

专家给出的初始判断矩阵为

$$
A_{w_I} = \begin{pmatrix}
1 & 2 & 4 & 6 & 6 & 7 & 8 & 9 \\
1/2 & 1 & 2 & 3 & 3 & 5 & 4 & 5 \\
1/4 & 1/2 & 1 & 2 & 3 & 2 & 2 & 3 \\
1/5 & 1/3 & 1/2 & 1 & 1 & 2 & 1 & 2 \\
1/6 & 1/4 & 1/2 & 1 & 1 & 1 & 1 & 2 \\
1/7 & 1/4 & 1/3 & 1 & 1 & 1 & 1 & 2 \\
1 & 1/2 & 1/2 & 1 & 1 & 1 & 1 & 2 \\
1/9 & 1/5 & 1/3 & 1/2 & 1/3 & 1/2 & 1/2 & 1
\end{pmatrix}
$$

初始判断矩阵 A_{w_I} 不满足一致性要求。

由基于预排序和上取整函数的AHP判断矩阵生成算法得到的比较判断矩阵为

$$
B_{w_I} = \begin{pmatrix}
1 & 2 & 4 & 6 & 6 & 7 & 8 & 9 \\
1/2 & 1 & 2 & 3 & 3 & 5 & 4 & 5 \\
1/4 & 1/2 & 1 & 2 & 2 & 2 & 2 & 3 \\
1/6 & 1/3 & 1/2 & 1 & 1 & 1 & 1 & 2 \\
1/6 & 1/4 & 1/2 & 1 & 1 & 1 & 1 & 2 \\
1/7 & 1/4 & 1/3 & 1 & 1 & 1 & 1 & 2 \\
1/8 & 1/4 & 1/2 & 1 & 1 & 1 & 1 & 2 \\
1/9 & 1/5 & 1/3 & 1/2 & 1/3 & 1/2 & 1/2 & 1
\end{pmatrix}
$$

由基于预排序和上取整函数的AHP判断矩阵生成算法得到的目标判断矩阵为

$$D_{w_I} = \begin{pmatrix} 1 & 2 & 4 & 6 & 6 & 7 & 8 & 9 \\ 1/2 & 1 & 2 & 3 & 3 & 5 & 4 & 5 \\ 1/4 & 1/2 & 1 & 2 & 3 & 2 & 2 & 3 \\ 1/5 & 1/3 & 1/2 & 1 & 1 & 2 & 1 & 2 \\ 1/6 & 1/4 & 1/2 & 1 & 1 & 2 & 1 & 2 \\ 1/7 & 1/4 & 1/3 & 1 & 1 & 1 & 1 & 2 \\ 1/8 & 1/2 & 1/2 & 1 & 1 & 1 & 1 & 2 \\ 1/9 & 1/5 & 1/3 & 1/2 & 1/3 & 1/2 & 1/2 & 1 \end{pmatrix}$$

目标判断矩阵 D_{w_I} 满足一致性要求，由AHP方法求出其权重向量 $(w_I(1), w_I(2), \cdots, w_I(8)) = (0.040160, 0.059642, 0.057330, 0.065516, 0.069232, 0.386107, 0.117313, 0.204700)$。

（4）可用性权向量 $(w_A(1), w_A(2), \cdots, w_A(8))$。首先根据目标网络中的八个主机：①防火墙（192.168.0.1）、②Web服务器1（192.168.0.2）、③FTP服务器（192.168.0.3）、④路由器2（192.168.1.1）、⑤Web服务器2（192.168.1.2）、⑥核心数据库服务器（192.168.1.3）、⑦办公主机（192.168.1.4）和⑧管理员主机（192.168.1.5）的可用性相对于网络安全的重要程度，对因素集进行预排序为（⑥，⑧，⑦，⑤，④，①，②，③）。

专家给出的初始判断矩阵为

$$A_{w_A} = \begin{pmatrix} 1 & 2 & 2 & 3 & 5 & 6 & 9 & 9 \\ 1/2 & 1 & 1 & 2 & 3 & 4 & 5 & 5 \\ 1/2 & 1 & 1 & 2 & 2 & 3 & 4 & 5 \\ 1/3 & 1/2 & 1/2 & 1 & 2 & 2 & 4 & 3 \\ 1/5 & 1/3 & 1/3 & 1/3 & 1 & 1 & 2 & 3 \\ 1/6 & 1/4 & 1/3 & 1/2 & 1 & 1 & 1 & 2 \\ 1/9 & 1/5 & 1/5 & 1/3 & 1/3 & 1 & 1 & 2 \\ 1 & 1/5 & 1/5 & 1/3 & 1/3 & 1/2 & 1/2 & 1 \end{pmatrix}$$

初始判断矩阵 A_{w_A} 不满足一致性要求。

由基于预排序和上取整函数的AHP判断矩阵生成算法得到的比较判断矩阵为

$$B_{w_A} = \begin{pmatrix} 1 & 2 & 2 & 3 & 5 & 6 & 9 & 9 \\ 1/2 & 1 & 1 & 2 & 3 & 3 & 5 & 5 \\ 1/2 & 1 & 1 & 2 & 3 & 3 & 5 & 5 \\ 1/3 & 1/2 & 1/2 & 1 & 2 & 2 & 3 & 3 \\ 1/5 & 1/3 & 1/3 & 1/2 & 1 & 1 & 2 & 2 \\ 1/6 & 1/3 & 1/3 & 1/2 & 1 & 1 & 1 & 2 \\ 1/9 & 1/5 & 1/5 & 1/3 & 1/2 & 1 & 1 & 2 \\ 1/9 & 1/5 & 1/5 & 1/3 & 1/2 & 1/2 & 1/2 & 1 \end{pmatrix}$$

由基于预排序和上取整函数的AHP判断矩阵生成算法得到的目标判断矩阵为

$$
D_{w_A} = \begin{pmatrix}
1 & 2 & 2 & 3 & 5 & 6 & 9 & 9 \\
1/2 & 1 & 1 & 2 & 3 & 4 & 5 & 5 \\
1/2 & 1 & 1 & 2 & 2 & 3 & 4 & 5 \\
1/3 & 1/2 & 1/2 & 1 & 2 & 2 & 4 & 3 \\
1/5 & 1/3 & 1/3 & 1/3 & 1 & 1 & 2 & 3 \\
1/6 & 1/4 & 1/3 & 1/2 & 1 & 1 & 1 & 2 \\
1/9 & 1/5 & 1/5 & 1/3 & 1/3 & 1 & 1 & 2 \\
1/9 & 1/5 & 1/5 & 1/3 & 1/3 & 1/2 & 1/2 & 1
\end{pmatrix}
$$

目标判断矩阵 D_{w_A} 满足一致性要求，由AHP方法求出其权向量 $(w_A(1), w_A(2), \cdots, w_A(8)) = ($ 0.055890，0.041281，0.031377，0.066037，0.113302，0.339863，0.160279，0.191971 $)$。

（5）网络安全向量的获取。第一，对目标网络中的各节点，分别进行主机安全机密性漏洞树、主机安全完整性漏洞树和主机安全可用性漏洞树建模；第二，用各漏洞树对各节点进行攻击，获得网络中所有主机的最高读权限、最高写权限和拒绝服务的最大程度值；第三，得到网络安全机密性向量 $V_C = ($ 0，4，0，0，2，1，5，1 $)$、网络安全完整性向量 $V_I = ($ 0，0，4，0，0，1，2，5 $)$ 和网络安全可用性向量 $V_A = ($ 0，0，2，0，1，4，3，1 $)$。

对网络安全机密性向量 $V_C = ($ 0，4，0，0，2，1，5，1 $)$ 和网络安全完整性向量 $V_I = ($ 0，0，4，0，0，1，2，5 $)$ 进行R_W状态转换，网络安全机密性向量和网络安全完整性向量分别变为 $V_C^* = ($ 0，4，0，0，5，5，5，1 $)$ 和 $V_I^* = ($ 0，0，4，0，5，5，2，5 $)$。对网络安全机密性向量 $V_C^* = ($ 0，4，0，0，5，5，5，1 $)$、网络安全完整性向量 $V_I^* = ($ 0，0，4，0，5，5，2，5 $)$、网络安全可用性向量 $V_A = ($ 0，0，2，0，1，4，3，1 $)$ 进行无量纲化和单位化处理，获得的向量为：

1）网络安全机密性向量 $V_C' = ($ 0，0.8，0，0，1，1，1，0.2 $)$。

2）网络安全完整性向量 $V_I' = ($ 0，0，0.8，0，1，1，0.4，1 $)$。

3）网络安全可用性向量 $V_A' = ($ 0，0，0.4，0，0.2，0.8，0.6，0.2 $)$。

（6）进行网络安全性的评估。根据网络安全性评估模型式（6-17），即 $S = \sum_{i=1}^{8} (w_C(i) \cdot w_C(i) \cdot v_C'(i) + w_I \cdot w_I(i) \cdot v_I'(i) + w_A \cdot w_A(i) \cdot v_A'(i)) = 0.629$ 表示目标网络"很不安全"。

上述实验结果说明评测结果与网络的实际安全状况基本一致。因此，我们判定上述评估方法可以有效运用与实践。

6.2 基于等效分组级联BP的信息网络安全评估模型研究

6.2.1 级联BP神经网络模型

近些年，BP神经网络获得了广泛的实际应用。例如，对磁流体减震器进行仿真建模和控制；对工厂效益和业绩进行综合评估等。

理论与实践都已经证明，在不限制隐含层节点数的情况下，只有一个隐层的BP神经网络可以模拟任意线性与非线性函数，但当样本的维数很高时，为减少网络规模，BP神经网络需要有两个隐含层。BP神经网络是基于误差反向传播学习算法的多层前馈神经网络。

考虑一种高维BP神经网络，它的输入层有M个节点、输出层有d个节点，而且第一隐含层有L_1个节点、第二隐含层有L_2个节点。我们将这种高维神经网络记为BP（M，L_1，L_2，d）神经网络。

对于BP（M，L_1，L_2，d）神经网络来说，要具有良好的预测能力和模式识别能力，训练样本集的大小N应该满足式（6-18）：

$$N = O\left(\frac{W}{\varepsilon}\right) \qquad (6-18)$$

式中，W为网络中自由参数的总数；ε为测试数据中允许分类误差；O（·）为所包含的量的阶数。

我们经过计算容易得出，在高维BP（M，L_1，L_2，d）神经网络中，总的自由参数为：

$$W = M \cdot L_1 + L_1(L_2 + 1) + L_2(d + 1) + d \qquad (6-19)$$

由式（6-18）和式（6-19）可得，对于允许分类误差固定的BP（M，L_1，L_2，d）神经网络，我们想要产生一个好的泛化，训练样本集的大小与输入节点数、隐含层节点数、输出层节点数是呈线性关系的。

但是，如果考虑的是BP神经网络，隐层节点数的多少对网络性能的影响较大。当隐层节点数太小的时候，相应的网络容错能力就比较小，就会出现网络输出与希望输出之间拟合度不高的情况，从而也就不能充分发挥BP（M，L_1，L_2，d）神经网络的高度拟合性的主要特点。此外，隐层神经元数目的选取是一个非常复杂的问题，但隐含层的节点根据以下经验公式进行设计：

$$L = \sqrt{M+d} + \lambda \qquad (6-20)$$

式中，λ是1～10的常数；d是输出节点个数；M是输入节点个数；L是隐含层节点个数。

由式（6-20）的结构可以知道，对于一个输入和输出节点数已知的 BP（M，L_1，L_2，d）神经网络，它的隐含层节点的个数L在一个整数区间 $\left[\left\lceil\sqrt{M+d}+1\right\rceil, \left\lceil\sqrt{M+d}+10\right\rceil\right]$ 范围内变化。在这个区间中，d是输出节点个数，显然这是已经确定的。因此，隐含层节点个数就主要是由输入节点数来确定。

从上述分析可以知道，如果我们为了获得一个具有良好泛化能力的BP神经网络，那么，输入节点数将是确定满足式（6-21）的训练样本集大小的主要因素。

1. 等效分组级联模型

在讨论之前，首先应厘清一些基本的概念和结论。

定义6-7 级联BP神经网络模型。

级联BP神经网络模型（Cascaded BP，CBP）是指，由前一级多个BP神经网络的输出作为下一级BP神经网络的输入构建的BP神经网络的多级互联模型。

如图6-7所示为二级级联BP神经网络模型。在图6-6所示的二级级联BP神经网络模型中，第一级是k个含有L_1个节点的单隐层BP神经网络，输入节点分别为（$x_{i1}, x_{i2}, \cdots, x_{im(i)}$），输出节点为$y_i(1 \leq i \leq k)$，$m(i)$为第$i$个BP神经网络的输入维数；第二级是一个含有$L_2$个节点的单隐层BP神经网络，是以第一级BP神经网络的输出作为输入，故其输入节点为（$y_1, y_2, \cdots, y_k$），输出节点有d个，分别为$o_1, o_2, \cdots, o_d$。此二级级联BP神经网络模型可记为 CBP（$k, m(1), \cdots, m(k), L_1, L_2, d$）。

如图6-2-2所示为三级级联BP神经网络模型。

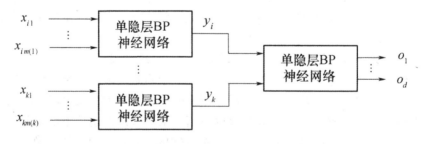

图6-6 二级级联BP神经网络模型

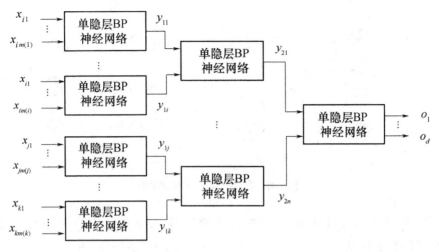

图6-7　三级级联BP神经网络模型

如图6-7所示的三级级联BP神经网络模型，其中第一级共有k个单隐层BP神经网络，输入节点分别为（$x_{i1},x_{i2},\cdots,x_{im(i)}$），输出节点为$y_i(1\leqslant i\leqslant k)$，$m(i)$为第$i$个BP神经网络的输入维数；第二级共有$n$个BP神经网络，并且是以第一级BP神经网络的输出作为输入，输入节点分别为（$y_{11},y_{12},\cdots,y_{1i}$），$\cdots$，（$y_{1j},\cdots,y_{1k}$），其输出节点为（$y_{21},y_{22},\cdots,y_{2n}$）$(1\leqslant i\leqslant j\leqslant k)$；第三级BP神经网络是以第二级BP神经网络的输出作为输入，故其输入节点为（$y_{21},y_{22},\cdots,y_{2n}$），输出节点为$o_1,o_2,\cdots,o_d$。

另外，多级级联BP神经网络模型类似图6-7，有多少级就要级联多少级。

定义6-8　松弛级联BP神经网络模型。

松弛级联BP神经网络模型（Loosely Cascaded BP，LCBP）是指在级联BP神经网络模型中，前一级的多个输出与下一级的输入在物理上并不相连的级联BP神经网络模型。

定义6-9　紧密级联BP神经网络模型。

紧密级联BP神经网络模型（Tightly Cascaded BP，TCBP）是指在级联BP神经网络模型中，前一级的多个输出与下一级的输入在物理上直接相连的级联BP神经网络模型。

定义6-10　BP神经网络的分组级联模型。

高维BP神经网络的分组级联模型（Grouping-Cascaded BP，GCBP）是指，第一级的多个输入是由一个高维BP神经网络的输入样本经过分组得到的级联BP神经网络模型。

图6-8所示为高维BP神经网络结构图。

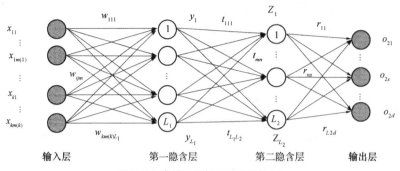

图6-8 高维BP神经网络结构图

如图6-8所示的高维BP神经网络，输入节点共有$\sum_{i=1}^{k}m(i)$个，输入节点分别为（$x_{11},x_{12},\cdots,x_{1m(1)}$），$\cdots$，（$x_{i1},x_{i2},\cdots,x_{im(i)}$），$\cdots$，（$x_{k1},x_{k2},\cdots,x_{km(k)}$），输出节点有$d$个，分别为$o_{21},\cdots,o_{2s},\cdots,o_{2d}$；有两个隐含层；第一隐含层有$L_1$个节点，第二隐含层有$L_2$个节点；$w_{ijm}$表示输入节点与第一隐含层各节点之间的权重关系，$t_{mn}$表示第一隐含层各节点与第二隐含层各节点之间的权重关系，r_{ns}表示第二隐含层各节点与输出节点之间的权重关系。第一隐含层、第二隐含层和输出层所用的激活函数分别为$f_1(\cdot)$，$f_2(\cdot)$，$f_3(\cdot)$，激活函数可以是线性函数、logistic函数或正切函数的任意一个。其中，$1\leq i\leq k$，$1\leq j\leq m\ (i)$，$1\leq m\leq L_1$，$1\leq n\leq L_2$，$1\leq s\leq d$（下文中，如无特别指出，相同变量的取值范围也是这些关系）。

定义6-11　BP神经网络的等效性。

考虑两个已经训练好的BP神经网络，如果它们理论上为无偏估计，且对任意一个有效输入样本，它们的输出在任何情况下都是一样的，则说明这两个BP神经网络是等效的。

定义6-12　BP神经网络的等效分组级联模型。

如果一个高维BP神经网络与其分组级联模型是等效的，我们就称这样的BP神经网络分组级联模型为此高维BP神经网络的等效分组级联模型。

定理6-2　等效性定理。

对于一个高维BP神经网络，总能找到一个与其等效的级联BP神经网络模型。类似地，对于一个级联BP神经网络模型，总能找到一个与其等效的高维BP神经网络。（证明见下文"BP神经网络等效性证明"）。

2. **构建分组级联BP神经网络模型**

如图6-8所示的高维BP神经网络，其二级分组级联BP神经网络模型为：第一级共有k个BP神经网络，每个BP神经网络都是隐含层有L_1个节点的单隐层单输出网络，BP神经网络的输入节点数分别为

$m(1)$，$\cdots$，$m(i)$，$\cdots$，$m(k)$，输入样本分别为（$x_{11},x_{12},\cdots,x_{1m(1)}$），$\cdots$，（$x_{i1},x_{i2},\cdots,x_{im(i)}$），$\cdots$，（$x_{k1},x_{k2},\cdots,x_{km(k)}$）；第二级BP神经网络是一个隐含层有$L_2$个节点的单隐层网络，此BP神经网络的输入节点数为k，输入数据为第一级BP神经网络的输出，输出节点有d个，分别为$o'_{21},\cdots,o'_{2s},\cdots,o'_{2d}$。BP神经网络的分组级联模型结构如图6-9所示。

如图6-9所示，BP神经网络的分组级联模型结构图由几个级别构成。第一级的第i个BP神经网络的各输入节点与隐含层各节点之间的权重关系用w'_{ijm}表示，隐含层各节点与输出节点o_{1i}之间的权重关系用p_{im}表示；第二级的BP神经网络的各输入节点与隐含层各节点之间的权重关系用q_{in}表示，隐含层各节点与输出节点o'_{2s}之间的权重关系用r'_{ns}表示。第一级BP神经网络的隐含层、第二级BP神经网络的隐含层和输出层所用的激活函数分别为$f_1(\cdot)$，$f_2(\cdot)$，$f_3(\cdot)$，激活函数可以是线性函数、logistic函数或正切函数的任一个。

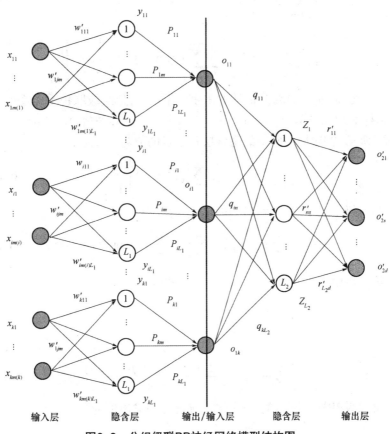

图6-9　分组级联BP神经网络模型结构图

3. BP神经网络等效性证明

下面将用理论推导的方法进行证明定理6-2。

如图6-8，对于已训练好的无偏估计的高维BP神经网络，如输入样本为$(x_{11}, x_{12}, \cdots, x_{1m(1)})$，$\cdots$，$(x_{i1}, x_{i2}, \cdots, x_{im(i)})$，$\cdots$，$(x_{k1}, x_{k2}, \cdots, x_{km(k)})$，则第一隐含层各节点的值为

$$y_m = f_1\left[\sum_{i=1}^{k}\sum_{j=1}^{m(i)}(x_{ij} \cdot w_{ijm})\right] \tag{6-21}$$

第二隐含层各节点的值为

$$z_n = f_2\left[\sum_{m=1}^{L_1}(y_m \cdot t_{mn})\right] = f_2\left\{\sum_{m=1}^{L_1}\left[f_1\left(\sum_{i=1}^{k}\sum_{j=1}^{m(i)}(x_{ij} \cdot w_{ijm})\right) \cdot t_{mn}\right]\right\} \tag{6-22}$$

BP神经网络的第s个输出神经元的输出值为

$$o_{2s} = f_3\left[\sum_{n=1}^{L_2}(z_n \cdot r_{ns})\right]$$

$$= f_3\left\{\sum_{n=1}^{L_2}\left[f_2\left[\sum_{m=1}^{L_1}\left[f_1\left[\sum_{i=1}^{k}\sum_{j=1}^{m(i)}(x_{ij} \cdot w_{ijm})\right] \cdot t_{mn}\right]\right] \cdot r_{ns}\right]\right\} \tag{6-23}$$

对于已训练好的无偏估计的BP神经网络的分组级联模型（图6-9），如输入样本为$(x_{11}, x_{12}, \cdots, x_{1m(1)})$，$\cdots$，$(x_{i1}, x_{i2}, \cdots, x_{im(i)})$，$\cdots$，$(x_{k1}, x_{k2}, \cdots, x_{km(k)})$，则第一级第$i$个BP神经网络的隐含层各节点的值为

$$y_{im} = f_1\left[\sum_{j=1}^{m(i)}(x_{ij} \cdot w'_{ijm})\right] \tag{6-24}$$

第一级第i个BP神经网络的输出值为

$$o_i = \sum_{m=1}^{L_1}(y_{im} \cdot p_{im}) = \sum_{m=1}^{L_1}\left\{f_1\left[\sum_{j=1}^{m(i)}(x_{ij} \cdot w'_{ijm})\right] \cdot p_{im}\right\} \tag{6-25}$$

第二级BP神经网络的隐含层各节点的值为

$$z_n = f_2\left[\sum_{i=1}^{k}(o_i \cdot q_{in})\right]$$

$$= f_2\left\{\sum_{i=1}^{k}\sum_{m=1}^{L_1}\left[f_1\left[\sum_{j=1}^{m(i)}(x_{ij} \cdot w'_{ijm})\right] \cdot p_{im} \cdot q_{in}\right]\right\} \tag{6-26}$$

第二级BP神经网络的第s个输出神经元的输出值为

$$o'_{2s} = f_3\left[\sum_{n=1}^{L_2}(z_n \cdot r'_{ns})\right]$$

$$=f_3\left\{\sum_{n=1}^{L_2}\left[f_2\left[\sum_{i=1}^{k}\sum_{m=1}^{L_1}\left[f_1\left[\sum_{j=1}^{m(i)}(x_{ij} \cdot w'_{ijm})\right] \cdot p_{im} \cdot q_{in}\right]\right] \cdot r'_{ns}\right]\right\} \quad （6-27）$$

依据定义6-11，如果图6-8和图6-9中的两个网络是等价的，则对于任意有效的输入样本，两个网络的输出值是相同的，则式（6-23）和式（6-27）相等，即

$$o_{2s} = f_3\left\{\sum_{n=1}^{L_2}\left[f_2\left[\sum_{m=1}^{L_1}\left[f_1\left[\sum_{i=1}^{k}\sum_{j=1}^{m(i)}(x_{ij} \cdot w_{ijm}) \cdot t_{mn}\right]\right] \cdot r_{ns}\right]\right\}$$

$$= o'_{2s} \quad （6-28）$$

$$=f_3\left\{\sum_{n=1}^{L_2}\left[f_2\left[\sum_{i=1}^{k}\sum_{m=1}^{L_1}\left[f_1\left[\sum_{j=1}^{m(i)}(x_{ij} \cdot w'_{ijm})\right] \cdot p_{im} \cdot q_{in}\right]\right] \cdot r'_{ns}\right]\right\}$$

对于已训练好的分组级联模型（图6-8或图6-9），令

$$\left\{\begin{array}{l} t_{mn} = \sum_{i=1}^{k}\left(p_{im} \cdot q_{in}\right) \\ r_{ns} = r'_{ns} \end{array}\right\} \quad （6-29）$$

则由式（6-29）可推知：当激活函数 $f_1(\cdot)$ 是线型函数时，有

$$w_{ijm} = w'_{ijm} \quad （6-30）$$

按照式（6-29）和式（6-30）计算出的权重值，就可构建与分组级联模型等效的BP神经网络，即对于一个级联BP神经网络模型，总能找到一个与其等效的高维BP神经网络。

同理，对于已训练好的高维BP神经网络（图6-8），令

$$\left\{\begin{array}{l} \sum_{i=1}^{k}\left(p_{im} \cdot q_{in}\right) = t_{mn} \\ r'_{ns} = r_{ns} \end{array}\right\} \quad （6-31）$$

则由式（6-28）可推知：当激活函数 $f_1(\cdot)$ 是线性函数时，有

$$w'_{ijm} = w_{ijm} \quad （6-32）$$

根据式（6-31）和式（6-32）计算出各权值，然后就可以构造和高维BP神经网络等效的分组级联模型。也就是说，即对于一个高维BP神经网络，我们总有办法找到一个与其等效的级联BP神经网络模型。至此，定理6-2得以证明。

4. 分析级联BP神经网络模型需要的训练样本数量

依据式（6-18），我们发现，如果允许一定的误差，神经网络所需训练样本数由网络中自由参数的总数决定。图6-8和图6-9中不同类型神经网络自由参数的总数求法，可以依据式（6-33）、式（6-34）和式（6-35）得到。

（1）对于图6-8所示的高维BP神经网络来说，自由参数的总数由下式得到：

$$W_{BP} = \left(\sum_{i=1}^{k} m(i) + 1 \right) L_1 + (L_1 + 1) L_2 + (L_2 + 1) d \qquad （6-33）$$

（2）对于图6-9所示的松弛级联BP神经网络模型来说，自由参数由式（6-34）得到：

$$W_L = \max \begin{cases} m(i) L_1 + 2 L_1 + 1 \\ (k + d + 1) L_2 + d \\ 1 \leqslant i \leqslant k \end{cases} \qquad （6-34）$$

式（6-34）中，自由参数选取的是最大值。

（3）对于图6-9所示的紧密级联BP神经网络模型来说，自由参数由式（6-35）得到：

$$W_T = \left(\sum_{i=1}^{k} m(i) + k \right) L_1 + (k \cdot L_1 + k + k \cdot L_2 + L_2) + (L_2 + 1) d \qquad （6-35）$$

通过比较式（6-33）、式（6-34）和式（6-35）可知，无论在何种情况下，总有$W_L < W_T$；而在训练样本分组不是太多，即k不是很大的情况下，有$W_L < W_{BP}$。

综上分析，可得以下结论：

结论6-1 如果允许相同训练误差，则松弛级联BP神经网络模型的训练样本数量总是比紧密级联BP神经网络模型的训练样本数量和BP神经网络的训练样本数量都要小。

为比较W_{BP}和W_T的大小，定义$W_{BP-T} = W_{BP} - W_T$，则有

$$W_{BP-T} = L_1 \cdot L_2 + L_1 - 2k \cdot L_1 - k \cdot L_2 - k \qquad （6-36）$$

图6-10所示为当训练样本被分为2组，即$k=2$，并且L_1和L_2在4~20之间取值时，W_{BP}和W_T的差$W_{BP}-W_T$的值。

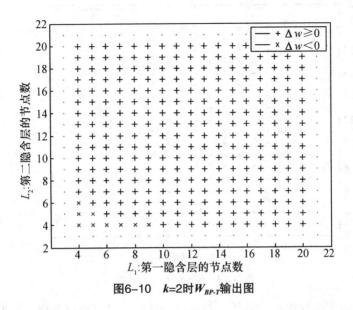

图6-10 $k=2$时W_{BP-T}输出图

图6-11所示为当训练样本被分为3组，即$k=3$，并且L_1和L_2取值为4~20之间时，W_{BP}和W_T的差$W_{BP}-W_T$的值。

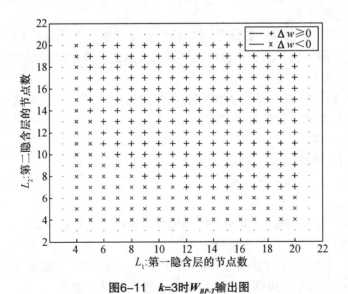

图6-11 $k=3$时W_{BP-T}输出图

图6-12所示为当训练样本被分为4组，即$k=4$，并且L_1和L_2取值为4~20之间时，W_{BP}和W_T的差$W_{BP}-W_T$的值。

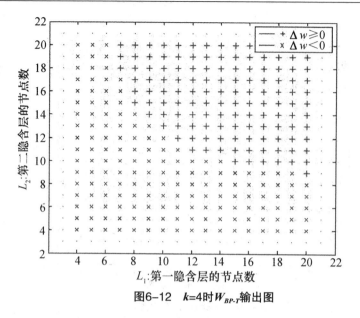

图6-12　$k=4$时W_{BP-T}输出图

依据对图6-10图6-12的统计数据进行分析，可以得出下列三个事实：

（1）如果将训练样本分为2组，则两个隐含层节点数都不大于等于5的高维BP神经网络的自由参数总数比其等效分组紧密级联BP神经网络模型的自由参数总数要大。

（2）如果将训练样本分为3组，则两个隐含层节点数都不大于等于8的高维BP神经网络的自由参数总数比其等效分组紧密级联BP神经网络模型的自由参数总数要大。

（3）如果将训练样本分为4组，则两个隐含层节点数都不大于等于11的高维BP神经网络的自由参数总数比其等效分组紧密级联BP神经网络模型的自由参数总数要大。

从以上分析的结果，我们可以总结出下面三个结论：

结论6-2　在训练样本被分为2组的情况下，若允许同样训练误差，且高维BP神经网络的两个隐含层节点数都大于4，BP神经网络训练样本数量要大于其等效的紧密级联BP神经网络模型的训练样本数量。

结论6-3　在训练样本被分为3组的情况下，若允许同样训练误差，且高维BP神经网络的两个隐含层节点数都大于7，BP神经网络训练样本数量要大于其等效的紧密级联BP神经网络模型的训练样本数量。

结论6-4　在训练样本被分为4组的情况下，若允许同样训练误差，且高维BP神经网络的两个隐含层节点数都大于10，BP神经网络训练样本数量要大于其等效的紧密级联BP神经网络模型的训练样本数量。

6.2.2　基于TCBP的信息网络安全评估模型

接下来将对网络安全机密性向量，网络安全完整性向量，网络安全可用性向量的训练和测试输入样本空间被分为2组、3组和4组情况，分别建立基于TCBP的信息网络安全测试评估模型，并与高维BP神经网络的分类识别性能进行比较。

我们已经知道，信息网络安全测试可用等效分组级联BP神经网络模型进行评估。在用效率优先的主机安全属性漏洞树对目标网络进行攻击测试获得网络安全机密性向量$(V_C(IP_1)$，$V_C(IP_2)$，$\cdots$，$V_C(IP_N))$、网络安全完整性向量$(V_I(IP_1)$，$V_I(IP_2)$，$\cdots$，$V_I(IP_N))$和网络安全可用性向量$(V_A(IP_1)$，$V_A(IP_2)$，$\cdots$，$V_A(IP_N))$的测试数据后，用网络安全状态R_W模型对网络安全机密性向量和网络安全完整性向量进行转换，就可由等效分组级联BP神经网络模型对信息网络安全测试进行评估。

1. TCBP的信息网络安全评估模型的二分组情况

以图6-5所示的包含有8台主机的信息网络的安全测试评估为例，对二分组TCBP的信息网络安全测试评估模型进行讨论（图6-13）。

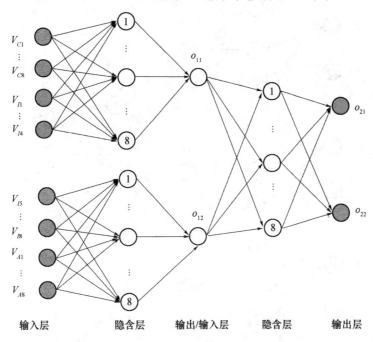

图6-13　二分组TCBP的信息网络安全测试评估模型

在如图6-13所示的二分组TCBP神经网络评估模型中，第一级BP神经网络含有8个节点，第二级BP神经网络含有8个节点；输入被分为两组，网络安全机密性向量和网络安全完整性向量的前4个元素作为一组训练和测试样本，网络安全完整性向量的后4个元素和网络安全可用性向量分别作为另一组训练和测试样本；输出有两个节点，输出值为(0，0)、(0，1)、(1，0)和(1，1)分别表示安全、基本安全、不安全和很不安全。这样便构建了可描述为TCBP(2，12，12，8，8，2)的等效分组级联BP神经网络评估模型。

2. TCBP的信息网络安全评估模型的三分组情况

以图6-5所示的包含有8台主机的信息网络的安全测试评估为例，对三分组TCBP的信息网络安全测试评估模型进行讨论（图6-14）。

在图6-14所示的三分组TCBP神经网络评估模型中，第一级BP神经网络含有8个节点，第二级BP神经网络含有8个节点；输入被分为三组，网络安全机密性向量、网络安全完整性向量和网络安全可用性向量分别作为模型中的三组训练和测试样本输入；输出有两个节点，输出值为(0，0)、(0，1)、(1，0)和(1，1)分别表示安全、基本安全、不安全和很不安全。这样便构建了可描述为TCBP(3，8，8，8，8，8，2)的等效分组级联BP神经网络评估模型。

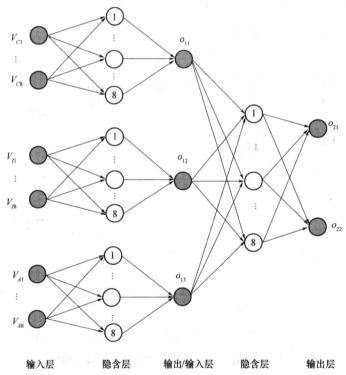

图6-14　三分组TCBP的信息网络安全测试评估模型

3. TCBP的信息网络安全评估模型的四分组情况

以图6-5所示的包含有8台主机的信息网络的安全测试评估为例，对四分组TCBP的信息网络安全测试评估模型仅讨论（图6-15）。

在如图6-15所示的四分组TCBP神经网络评估模型中，第一级BP神经网络含有8个节点，第二级BP神经网络含有8个节点；输入被分为4组，网络安全机密性向量的前6个元素作为一组训练和测试样本、网络安全机密性向量的后两个元素和网络安全完整性向量的前4个元素作为一组训练和测试样本、网络安全完整性向量的后4个元素和网络安全可用性向量的前2个元素作为一组训练和测试样本、网络安全可用性向量的后6个元素作为一组训练和测试样本输入；输出有两个节点，输出值为(0，0)、(0，1)、(1，0)和(1，1)分别表示安全、基本安全、不安全和很不安全。这样便构建了可描述为TCBP(4，6，6，6，6，8，8，2)的等效分组级联BP神经网络评估模型。

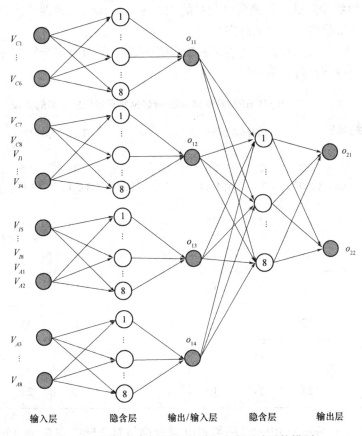

图6-15　四分组TCBP的信息网络安全测试评估模型

4. TCBP、BP的信息网络安全评估模型的性能分析

经过上述讨论，我们已经对TCBP和BP信息网络安全评估模型有一定认识。在此，有必要比较基于TCBP的信息网络安全测试评估模型和高维BP神经网络的分类识别性能。我们以信息网络的安全测试评估为例，在允许同样训练误差情况下，提供相同的训练样本和相同的训练策略，对二分组级联TCBP(2，12，12，8，8，2)神经网络、三分组级联TCBP(3，8，8，8，8，8，2)神经网络、四分组级联TCBP(4，6，6，6，6，8，8，2)神经网络与高维BP(24，8，8，2)神经网络的性能进行训练和测试。

（1）训练和测试方案：1500个训练样本作为训练样本集，平均分为15组，最后1组同时作为测试集；前10组数据作为训练样本集对两种网络做训练，然后用测试集对训练好的网络做下一步测试，分别记下两种网络的识别率；前11组数据作为训练样本集对两种网络做训练，然后用测试集对训练好的网络做测试，得到两种网络的识别率。如此依次做训练，直至每一组都作为训练集对网络训练完为止。

（2）二分组TCBP神经网络和BP神经网络对于网络安全性的分类评估正确识别性能比较，见表6-6。

表6-6　二分组TCBP神经网络和BP神经网络正确识别结果的比较

网络类型　训练集组数	BP神经网络				TCBP神经网络			
	29 (0,0)	31 (0,1)	25 (1,0)	15 (1,1)	29 (0,0)	31 (0,1)	25 (1,0)	15 (1,1)
10	20	21	15	9	24	24	21	11
11	21	21	16	9	24	25	21	11
12	22	23	16	9	25	25	22	12
13	23	23	17	11	25	26	22	12
14	23	24	18	11	26	27	23	13
15	23	24	19	12	27	28	23	14

（3）三分组TCBP神经网络和BP神经网络对于网络安全性的分类评估正确识别性能比较，见表6-7。

表6-7　三分组TCBP神经网络和BP神经网络正确识别结果的比较

网络类型	BP神经网络				TCBP神经网络			
训练集组数	29 (0,0)	31 (0,1)	25 (1,0)	15 (1,1)	29 (0,0)	31 (0,1)	25 (1,0)	15 (1,1)
10	20	21	15	9	25	25	21	11
11	21	21	16	9	25	25	22	11
12	22	23	16	9	26	26	22	12
13	23	23	17	11	26	27	23	13
14	23	24	18	11	27	28	23	14
15	23	24	19	12	28	29	24	15

（4）四分组TCBP神经网络和BP神经网络对于网络安全性的分类评估正确识别性能比较，见表6-8。

表6-8　四分组TCBP神经网络和BP神经网络正确识别结果的比较

网络类型	BP神经网络				TCBP神经网络			
训练集组数	29 (0,0)	31 (0,1)	25 (1,0)	15 (1,1)	29 (0,0)	31 (0,1)	25 (1,0)	15 (1,1)
10	20	21	15	9	17	18	13	8
11	21	21	16	9	18	18	13	9
12	22	23	16	9	18	19	14	9
13	23	23	17	11	20	20	14	10
14	23	24	18	11	20	20	15	10
15	23	24	19	12	21	21	16	11

（5）依据表6-6～表6-8，基于TCBP的信息网络安全测试评估模型和

高维BP神经网络的分类识别性能，如图6-16所示。

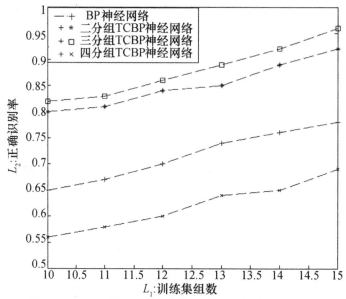

图6-16　TCBP神经网络和高维BP神经网络的分类识别性能

（6）从仿真测试结果可以看出，在同样的训练样本集情况下，二分组级联TCBP（2，12，12，8，8，2）神经网络和三分组级联TCBP（3，8，8，8，8，2）神经网络对于网络安全性测试评估的正确识别率大于BP（24，8，8，2）神经网络的正确识别率；四分组级联TCBP（4，6，6，6，6，8，8，2）神经网络对于网络安全性测试评估的正确识别率要小于BP（24，8，8，2）神经网络的正确识别率。

数据显示，在有限的、高维训练样本空间情况下，网络隐含层小于11的情况下，二分组TCBP神经网络和三分组TCBP神经网络的模式识别和预测能力比BP神经网络的要优越一些。因此，在具体实际应用中应该优先考虑二分组TCBP神经网络或三分组TCBP神经网络。这里得到的结论与结论6-2、结论6-3和结论6-4一致。

经过以上分析可知，分组级联BP神经网络模型一般应以级联二级或三级为限。超过这个级联，模型有效性将受到限制。

参考文献

[1] 兰巨龙，江逸茗，胡宇翔，等．网络安全传输与管控技术[M]．北京：人民邮电出版社，2016．

[2] 王梦龙，毕雨，沈建．网络信息安全原理与技术[M]．北京：中国铁道出版社，2009．

[3] 戚文静．网络安全与管理[M]．北京：中国水利水电出版社，2008．

[4] 周苏．信息安全技术[M]．北京：科学出版社，2007．

[5] 徐茂智，游林．信息安全与密码学[M]．北京：清华大学出版社，2007．

[6] 熊平，朱天清．信息安全原理及应用[M]．北京：清华大学出版社，2016．

[7] William Stallings．密码编码学与网络安全：原理与实践2版．[M]．北京：电子工业出版社，2006．

[8] 王清．0day安全：软件漏洞分析技术[M]．北京：电子工业出版社，2008．

[9] 许治坤，王伟，郭添森，等．网络渗透技术[M]．北京：电子工业出版社，2005．

[10] 中国信息安全产品测评认证中心．信息安全标准与法律法规[M]．北京：北京希望电子出版社，2006．

[11] 冯登国．网络安全原理与技术[M]．北京：科学出版社，2003．

[12] 卿斯汉．安全协议[M]．北京：清华大学出版社，2005．

[13] 蔡皖东．网络信息安全技术[M]．北京：清华大学出版社，2015．

[14] 庞淑英，方娇莉，潘晟旻．网络信息安全技术基础与应用[M]．北京：冶金出版社，2009．

[15] 荆继武．信息安全技术教程[M]．北京：中国人民公安大学出版社，2007．

[16] 马崇华．信息处理技术基础教程[M]．北京：清华大学出版社，2007．

[17] 穆振东．网络安全标准教程[M]．北京：北京理工大学出版社，

2007.

[18] 谢模乾. 计算机信息系统安全培训教程[M]. 北京：群众出版社，2003.

[19] 蒋天发，周迪勋. 网络信息安全[M]. 北京：电子工业出版社，2009.

[20] 段宁华. 网络应用与安全[M]. 长春：吉林大学出版社，吉林音像出版社，2005.

[21] 方勇，刘嘉勇. 信息系统安全导论[M]. 北京：电子工业出版社，2007.

[22] 陈建伟，张辉. 计算机网络与信息安全[M]. 北京：中国林业出版社，2006.

[23] 徐明，刘端阳，张海平，等. 网络与信息安全[M]. 西安：西安电子科技大学出版社，2006.

[24] 邬江兴. 三网融合的发展与历程[J]. 中兴通讯技术，2011，17（4）：1–3.

[25] 秦运龙，孙广玲，张新鹏. 利用运动矢量进行视频篡改检测[J]. 计算机研究与发展，2009，（46）：227–238.

[26] 程圣宇，白英杰，肖瀛，等. 模式匹配算法性能测试[J]. 计算机应用，2003，（S2）：358–360.

[27] 詹克团. 数字电视条件接收（CA）的技术发展趋势[J]. 电视技术，2013，37（2）：25–27.

[28] 唐洪英，付国瑜. 入侵检测的原理与方法[J]. 重庆工学院报，2002，16（2）：71–73.

[29] 瑞星. 计算机病毒命名规则[J]. 计算机安全，2004，（2）：69–70.

[30] 金波，林家骏，王行愚. 入侵检测技术评述[J]. 华东理工大学学报，2000，26（2）：191–197.